과학, 그 위대한 호기심

과학, 그 위대한 호기심

| 과학은 어떻게 인류의 발전에 기여했는가 |

서울대학교 자연과학대학 편

궁리
KungRee

이 책을 펴내며

박성현
서울대학교 자연과학대학장

　　서울대학교 자연과학대학에서는 과학의 대중화에 기여하고, 청소년들에게 과학의 진정한 의미를 알리기 위하여 많은 노력을 하고 있다. 1994년에는 『21세기와 자연과학』, 1996년에는 『21세기 과학의 포커스』란 책을 발간하여 큰 호응을 얻은 바 있다. 또한 94년부터는 매년 〈자연과학 공개강좌〉를 개최하여 청소년들로부터 뜨거운 성원을 얻고 있다. 올해 8월에는 처음으로 〈서울대학교 과학캠프〉를 개최할 예정이며, 청소년들에게 자연과학대학의 실험실을 개방하여 과학을 체험하고 교수들과 많은 얘기를 할 수 있는 기회를 가질 예정이다.

　　이번에 출간된 『과학, 그 위대한 호기심』은 우리 대학이 세 번째로 펴낸 책으로 과학 대중화를 위한 꾸준한 노력의 일환으로 만들어진 것이다. 이 책은 자연과학(또는 기초과학)이 어떻게 인류 문명의 발전에 기여했는가를 보여주는 사례 위주의 내용으로 구성되어 있다. 최근 영국의 BBC 방송이 7월 22일자 인터넷 판에서 보도한 바에 의하면, 지난 반세기

(1952~2002) 동안 인류의 삶에 가장 커다란 영향을 미친 위대한 업적으로, 최초의 제트여객기 상업비행(1952), 동물의 우주선 탑승(1952), 몽타주식 얼굴사진 합성장치(1952), 인공심장 박동기 장착(1952), 가정용 컴퓨터(1952), 우주왕복선 발사(1952), 랩톱 컴퓨터(1952), 복제양 돌리 탄생(1952) 등을 선정하였다. 이외에도 문명사회의 근간을 이루는 인터넷, 반도체, 나일론, 각종 백신 등이 있으며, 이들은 모두 자연과학의 연구에서부터 시작된 것임을 증명할 수 있다. 또한 미래 사회의 핵심 과제인 생명복제기술, 불치병을 치료하는 줄기세포 치료법, 나노과학, 생물정보학, 지구 온난화 등이 모두 자연과학에 바탕을 두고 있다.

과학은 인류 문명의 창조의 뿌리이며 국가 번영의 샘이다. 과학은 국가의 백년지대계이다. 최근 청소년들이 '나만 잘 살기 위해 돈 되고 편한' 일에 관심을 많이 갖는 것처럼 보이는데, '인류의 문명과 국가의 미래에 창조적으로 기여하는 보람된' 일을 택하는 젊은이들이 앞으로 많아지기를 기대한다. 이 책을 읽는 젊은이들이 과학에 매력을 느끼고 앞으로 과학 공부를 해보겠다고 생각한다면, 이 책을 펴낸 자연과학대학 교수들은 큰 보람을 느낄 것이다.

과학을 알면 미래가 보인다는 말은 진실이다. 과학을 알면 앞으로 50년 후 우리 사회의 모습을 예견할 수 있으며, 또한 개인의 생활 모습을 그려볼 수도 있다. 국가의 밝은 미래를 위하여 청소년들에게 과학의 중요성을 알리는 우리 대학의 노력은 끊임없이 계속될 것이다. 이런 뜻깊은 작업에 바쁜 시간을 쪼개어 주옥 같은 글을 써주신 24명의 교수들과, 이 책을 엮는 데 많은 애를 써주신 최재천, 홍성욱 교수, 책을 읽기 편하도록 잘 만들어준 궁리출판에 심심한 감사의 마음을 전하고 싶다.

잃어버린 S를 찾아서

최재천
서울대학교 생명과학부

"아빠, 나 기분 나쁘면 이과 간다"는 자식의 말이 대덕 단지의 박사 아버지들에게 더할 수 없는 협박이라는 소문과 "그랜저 타는 나이가 한의대는 30세, 의대는 35세, 공대는 45세지만, 자연대는 영원히 못 탄다"는 웃지 못할 우스갯소리가 대학가에 나돌며 서울대 이공계 대학원이 미달 사태를 보이더니, 급기야는 대학입시에서 수험생들의 이공계 기피현상이 급격하게 늘어나 이른바 '이공계 위기론'이 심각한 사회문제로 등장했다.

우리나라 이공계 위기의 본질은 최근 한국과학기술인연합의 논평이 간단명료하게 진단했다. "1960~70년대 한국의 과학기술인 우대와 청소년들의 이공계 선망 분위기가 80~90년대의 고도성장을 낳았다. 2000년대 초 이공계 기피현상을 보며 2010년 이후 한국의 모습을 예측하는 것은 어렵지 않은 일이다."

'이공계 위기'는 사실 어제 오늘의 일이 아니다. '이(理)'의 위기는 이미 오래 전에 시작되었다. 이른바 인문학의 위기로 시작된 기초학문의 위기는 벌써 오래전부터 여러 차례 지적되어온 일이다. 다만 최근에 잘 나가는 줄 알았던 '공(工)' 마저 흔들리는 바람에 졸지에 심각한 문제로 부각된 것이다. '이' 의 위기가 결국 '공' 의 위기를 부른 것이라는 점을 분명히 인식할 필요가 있다. 이공계의 위기를 해결한답시고 단기적이고 근시안적인 대책을 마련하여 땜질 처리만 한다면 또다시 '공' 만 간신히 물 밖으로 건져내고 '이' 는 여전히 익사 직전으로 남겨놓는 우를 범하게 될 것이다. 이공계 위기는 본질적으로 기초학문의 위기이다. 기초학문이 제대로 서면 기술발전은 자연히 따라온다.

우리 주변은 '공' 만 남고 '이' 가 사라진 지 오래다. 나는 그 동안 과학의 대중화에 기여한답시고 여기저기 적지 않은 글들을 기고했고 방송 출연도 일부 감수해왔다. 그런데 번번이 내 소속이 '생명공학부' 로 소개된다. 한두 번 그런 일이 발생하여 그 후부터는 '생명공학부' 가 아니라 '생명과학부' 라고 몇 번씩 다짐을 받아두건만 결과는 여전하다. 이미 많은 사람들의 인식세계에서 과학은 기술의 그늘에 파묻힌 모양이다. 어쩌면 이런 인식에는 무시 못할 역사적 배경이 있는지도 모른다. 우리나라에 과학기술이 도입된 과정을 살펴보면 먹고 살기 바쁜 나머지 기술이 먼저 들어와 자리를 잡은 후 뒤늦게 과학이 따라 들어와 빈 자리를 메우기에 바빴다.

우리 정부는 최근 향후 5년간 35조 원을 과학기술 연구개발에 투입하는 기본계획을 발표했다. 현재 세계 21위권인 우리나라의 과학기술 경쟁력을 5년 내로 10위까지 끌어올린다는 목표로 정보기술(IT), 생명공학(BT), 나노공학(NT), 환경공학(ET), 우주항공(ST), 문화콘텐츠(CT) 등 6개를 유망 미래기술 분야로 선정해 집중투자를 하기로 했다. 그런데 어찌 된 일인지 이 6개 분야의 이름을 보면 한결같이 기술(technology)만 있고 과학(science)은 없다. 물론 IT, BT 등의 명칭들은 원래 서양에서 온 것들이라 우리가 뒤늦게 이래라저래라 할 수 있는 문제는 아닐지 모르지만 나는 'S'의 실종을 심각하게 생각한다. 외국의 경우에는 기초과학이 이미 상당한 수준에 와 있기 때문에 '기술'만 이름에 넣어놓아도 그 기술이 과학으로부터 온다는 것을 인식하고 있다. 그래서 나는 우리만큼은 이들을 IST(Information Science and Technology), BST(Bio-Science and Technology), NST(Nano Science and Technology), EST(Environmental Science and Technology), SST(Space Science and Technology), CST(Cultural Science and Technology)라고 부르기를 제안한다.

아리스토텔레스는 일찍이 우리 인간을 가리켜 '사회적 동물'이라 했지만, 나는 그에 앞서 '인간은 과학적 동물(*Homo scientificus*)'이라고 생각한다. 인간은 다른 그 어느 동물들과도 비교가 되지 않을 정도로 거대한 두뇌를 갖도록 진화했고 그 필연적인 결과로 과학이 탄생했다. 과학은 진화의 산물이다. 우리는 바야흐로 과학기술시대에 살고 있다. 나는 감히 인간이라는 동물의 자연서식지는 이제 과학기술로 창조된 세계라고 단언한다. 우리 모두 과학기술 속에서 태어나 성장하다 늙고 병들어 죽는다. 생물학자들에게 현대유전학의 발달에 가장 크게 공헌한 동물을 꼽으라면 대개 노랑초파리를 떠올린다. 노랑초파리도 예전에는 야생에서 살았겠지만, 이제는 더 이상 그들을 야생에서 찾을ㄴ 수 없다. 설령 야외에서 잡힌다 하더라도 그들은 거의 틀림없이 유전학 실험실에서 탈출한 놈들이다. 노랑초파리의 자연서식지는 이제 인간이 만들어놓은 유전학 실험실이 되었다.

속세를 피해 산 속에서 은둔생활을 하는 사람도 이젠 어쩔 수 없이 산성비로 오염된 개울물을 마셔야 하는 세상이 되었다. 다람쥐 쳇바퀴 도는 듯한 세상에서 잠시 쉬겠다며 여행을 떠나는 사람들도 휴대폰을 챙기고 공항이나 호텔마다 인터넷이 그물망을 치고 있다. 우리들 중 일부가 항생제를 남용한 바람에 인류 전체가 점점 더 지독한 병균에 시달리며 살고 있다. 이제 우리 중 그 어느 누구도 본인이 원하든 원하지 않든 더 이상 과학기술의 영향권 밖에서 살 길은 없다. 그리고 길은 한 방향으로만 나 있는 듯 싶다. 이젠 더 이상 과학기술 이전의 시대로 돌아갈 수 없어 보인다. 막무가내로 "자연으로 돌아가라"는 루소의 외침은 더 이상 현실성도 없고 설득력도 지니지 못한다.

동굴시대에도 과학자들이 있었다. 누구는 야생동물들의 행동과 이동경로를 관찰하여 분석하는 데 탁월한 능력을 보였고, 또 다른 이들은 늘 새로운 도구를 고안하기에 바빴을 것이다. 그곳에는 또 이 같은 과학자들의 새로운 발견과 발명에 혜택을 입은 이들과 그렇지 못한 이들이 있었을 것이다. 새로운 지식을 빠르게 습득하여 자신의 생활을 윤택하게 한 사람들이 있었는가 하면, 지식수용에 무관심하거나 느리거나 아니면 정보를 제대로 얻지 못한 이들도 있었을 것이다. 이 두 부류의 석기시대인들이 삶의 질에 있어서 적지 않은 차이를 보였을 것은 쉽게 짐작하고 남으리라. 또 이런 과학자들을 많이 보유하고 있던 부족이 그렇지 못한 부족보다 성공적이었을 것이다. 과학의 힘이 곧 국력일 수밖에 없는 이유는 이처럼 긴 역사적 배경을 지닌다.

역사를 거슬러 올라가보면 헤게모니의 이동이 과학의 주도권 싸움과 결코 무관하지 않음을 쉽게 알 수 있다. 원래 과학의 역사를 주도했던 곳은 중국을 비롯한 동양이었다. 종이, 나침반, 화약, 시계 등 이미 1세기

경에 중국이 보유하고 있던 발명품들이 서구에 등장한 것은 10세기나 그 이후였다. 서양의 과학이 동양을 능가하기 시작한 것은 17세기 이후였고, 본격적으로 그 힘의 불균형이 국제정치에 모습을 드러낸 것은 19세기였다. 1842년에 벌어진 아편전쟁은 그 중 가장 상징적인 예라 할 수 있다. 이처럼 과학만이 살 길임이 너무도 자명한데 우리는 지금 그걸 외면하려 하고 있다.

　　대학 시절 과외선생으로 아르바이트를 할 때의 일이다. 아무리 가르쳐도 잘 알아듣지 못하는 아이와 한창 씨름을 하고 있는데 과일을 깎아 들고 들어온 아이의 어머니가 "시험에 나올 것만 가르쳐주세요"라고 말하는 것이었다. 내가 점쟁이가 아닌 다음에야 시험에 무엇이 날지 어떻게 알겠는가. 또 요행 운이 좋아 내가 집중적으로 가르친 곳에서 문제들이 출제되어 그 아이가 붙었다 한들 그 다음 시험, 또 그 다음 시험은 어떻게 할 것인가. 당장 돈이 될 것 같은 장삿거리나 기술개발에 목을 매는 일에 장래성이 없는 것도 마찬가지다. 운이 좋아 한동안 장사가 될 수도 있고 그런 대로 쓸 만한 기술을 개발할 수도 있다. 그러나 세상은 끊임없이 변하고 있다. 그런 변화에도 흔들림 없이 버티려면 기초가 든든해야 한다. 당장은 돈이 되지 않는 기초학문을 무지스럽다 싶을 정도로 밀고 나가야 하는 이유가 여기에 있다.

　　물론 기술 중에는 반드시 과학에 기초하여 발전하지 않는 것도 있다. 이른바 경험적 기술(experimential technology)을 말한다. 석기시대 인들이 보다 잘 드는 돌도끼를 만들기 위해 반드시 물리학을 공부할 필요는 없었다. 그러나 오늘날의 기술은 거의 대부분이 과학적 기술(scientific technology)이다. 과학의 도움 없이 발달할 수 있는 첨단기술은 거의 없다. 그런데 문제는 기술이 필요로 한다고 해서 언제나 적절한 과학지식이 준비되어 있는 것이 아니다. 기술은 이미 축적된 과학지식을 가지고 새로운 것을 만들 뿐이다.

진화생물학자인 나는 과학과 기술의 관계를 변이(variation)와 진화(evolution) 간의 관계로 비유한다. 다윈의 진화론에 따르면 다음의 4가지 조건이 충족되어야만 진화가 일어난다.

1) 각 개체들간에 변이가 존재한다.
2) 어떤 변이는 유전한다.
3) 생물은 환경이 뒷받침할 수 있는 이상으로 많은 자손을 낳는다.
4) 주어진 환경에 잘 적응하도록 도와주는 형질을 지닌 개체들이 보다 많이 살아남아 더 많은 자손을 남긴다.

진화생물학에서는 이 4가지를 묶어 진화의 필요충분조건이라 부른다. 왜냐하면 이 4가지 조건이 모두 함께 갖춰져야 자연선택이 일어날 수 있고, 또 모두 갖춰지기만 하면 자연선택에 의한 진화가 반드시 일어날 수밖에 없기 때문이다.

자연계에 존재하는 거의 모든 형질들에는 대체로 변이가 존재하기 마련이다. 하지만 만일 변이가 없다면 당연히 선택의 여지도 없다. 형질이 동일한 개체들간에 아무리 선택을 한다 해도 아무런 변화를 기대할 수 없는 것이기 때문에 진화는 변이를 가진 형질에만 일어날 수 있다. 기초과학은 바로 이 같은 변이를 창출하는 과정이고, 응용과학 즉 기술은 그러한 변이들 중 가장 유용한 것들을 선택하여 발전을 도모하는 것이다.

만일 자연선택이 미래에 대해 준비를 할 줄 하는 메커니즘이었다면 지구의 생명은 이처럼 화려한 꽃을 피우지 못했을 것이다. 어차피 미래란 현재를 바탕으로 가늠할 수밖에 없고 보면 지금 잘 나간다고 그에 따라 자신 있게 미래를 설계했다가 급변하는 환경 속에서 큰 낭패를 당하기 일 쑤였을 것이다. 전혀 이롭지 않았던 변이들이 환경이 변하면 갑자기 중요 한 변이들이 된다. 생명은 이처럼 예기치 못한 곳에서 소중한 싹을 틔우며 흘러왔다. 인간 기계문명의 역사가 언제나 모범적인 변이의 도움만으로 발전해온 것이 아님은 우리 모두가 잘 아는 사실이다.

기초학문이 발전해야 나라가 제대로 된다는 것쯤은 이제 초등학생도 알고 정치인도 다 아는 사실이다. 그런데 왜 실천에 옮기지 못하는 것일까? 아직도 뼈저리게 느낄 만큼 명확한 이해가 없어서 그렇다. 기초가 중요하다고 생각은 하면서도 당장 먹고 살기 바쁘다는 핑계로 어영부영 세월만 보내고 있다. 지난 몇십 년간의 우리나라 경제를 한번 돌이켜보라. 참으로 엄청난 도약을 거듭한 것임에는 틀림이 없다. 하지만 근래 몇 년간 우리는 뼈아픈 경험을 해야만 했다. 우리의 노력이 전보다 부족해서도 아니고 우리의 능력이 줄어들어서도 아니다. 다만 우리 경제도 이젠 예전처럼 주먹구구식에 머물 수 없기 때문이다. 국제시장의 변동에 능동적으로 대처하지 못하면 몰락할 수밖에 없는 수준에 왔다.

이 책에 한데 모은 글들은 모두 과학이 어떻게 우리 인류의 발전에 기여했는가를 보여준다. 이렇게 한데 모아놓기 전에는 우리의 삶이 이처럼 철저하게 과학의 덕이었다는 사실을 깨닫지 못했을 것이다. 잃어버린 '시간' 안에서 인간을 그려보려 했던 프랑스의 소설가 프루스트처럼 잃어버린 '과학' 안에서 인간을 되찾아야 할 때가 되었다. 이 책이 그 실종되었던 과학을 되찾아오는 데 도움이 되리라 믿어 의심치 않는다.

1. 정보과학과 정보기술

인터넷 혁명과 WWW

김수봉
서울대학교 물리학부

최근 가정마다 인터넷 통신망이 확보되어 웹페이지를 통한 정보 검색, 홍보, 사이버 대화 등은 아주 흔한 일이 되어버렸다. 그런데 "인터넷 통신은 누가 고안했을까?"라고 물어보면, 아마도 대부분의 사람들은 "그야 미국 국방성이나 CIA에서 군사적인 목적으로……" 라고 답할 것이다. 만약 이것을 물리학자들, 그것도 물질의 기본입자를 탐색하고 연구하는 학자들이 만들었다고 하면 이 사실을 믿는 사람이 얼마나 될까?

과학기술 안에서의 기초과학의 입지가 약해진 요즈음, 비록 당장 응용되지는 못하더라도 기초과학의 연구결과들 대부분은 오랜 세월이 지난 후에 항상 우리의 삶과 생각을 바꾸어놓는 대단한 위력이 있음을 상기해볼 필요가 있다. 예를 들어, 뉴턴이 17세기에 이룩한 고전역학은 수십 년 후 유럽에서 산업혁명의 밑거름이 되었다. 이는 나아가 기계공학, 건축공학 등을 정립시키면서 인류에게 기계문명사회를 선사한 기초과학이었다. 19세기 중반이 지나면서 맥스웰이 완성한 전자기학은 반세기 정도 지난 후에 인류가 전기문명의 혜택을 보게 하였으며, 전기공학과 전자공학 등을 통해 우리의 생활을 획기적으로 바꾸어놓았다. TV 등의 가전제품에서 휴대폰에 이르기까지 전자기학은 1백 년 이상이 지난 오늘날에 그 응용성의 꽃을 피우고 있는 셈이다.

마찬가지로 20세기 초에 등장한 양자역학도 약 1백 년이 지난 지금, 반도체와 신소재 개발 등 여러 응용분야에 널리 사용되고 있어, 대학에 양자공학과가 등장할 날도 멀지 않았다고 본다. 최근 양자컴퓨터의 개발 노력만을 보더라도 양자역학은 단지 물리학의 새로운 한 분야일 뿐만 아니라 인간 문명을 한번 더 획기적으로 바꾸어놓을 유력한 후보자이다.

인터넷 혁명의 WWW도 새로운 입자를 탐색하던 물리학자들의 긴밀한 교류와 효과적 정보교환의 필요성에 의한 것임을 생각해보면, 비록 기초학문의 결과가 그 당시에는 우리의 생활과 동떨어지고 인류문명에 공헌하기 힘들 것 같아 보이지만, 얼마 후에는 인간이 아주 유익하게 사용할 수 있다는 사실을 되새겨봄 직하겠다. 이런 맥락에서 최근 인터넷 통신을 통해 삶의 방식마저도 바꾸어버린 WWW가 등장하게 된 배경과 그 역사를 알아보자.

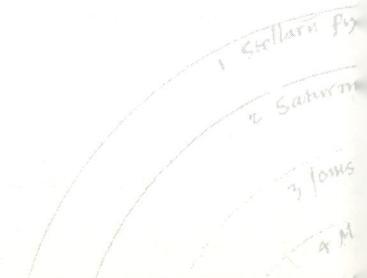

컴퓨터와 현대 과학기술 문명

우선 인터넷 혁명을 가능하게 했던 컴퓨터의 기능과 현대 과학문명에서의 위상을 알아보자. 원래 계산을 목적으로 만들어졌던 컴퓨터는 현재 그 용도가 아주 다양해졌을 뿐만 아니라 인간이 생활하는 데 빠질 수 없는 도구가 되었다. 컴퓨터에서 인터넷을 통한 정보교환과 빠르고 간편한 검색기능으로 컴퓨터 사용이 폭발적으로 늘어나자 급기야는 IT산업이라는 새로운 분야가 탄생했고, 이로 말미암아 경제, 사회, 문화, 예술, 학문 등 여러 방면에서 급속한 변화와 발전이 일어나고 있다. 회사와 관공서에서 문서작성과 전산처리 용도로 컴퓨터가 사용되면서 이제는 사무실에서도 필수품이 되었다. 가전제품, 승용차 등 대부분의 생활 필수품들은 초소형 컴퓨터를 사용하여 다양하게 작동할 수 있게 되거나 자동화가 가능하게 되었다. 무엇보다도 인터넷을 통해 이메일과 웹페이지의 정보전달이 가능해지자, 컴퓨터가 가정마다 보급되었으며, 어린아이에서 노인까지 모두 사용할 수 있게 되었다.

물론 컴퓨터 본래의 기능인 계산의 눈부신 발전 덕택으로도 여러 학문 분야에서 과거에는 상상할 수 없었던 결과들이 쏟아져 나왔다. 이와 더불어 컴퓨터의 그래픽 및 오디오의 기능 향상으로 새로운 제품의 개발, 예술의 창조적 도구로서의 사용, 영화산업에서 애니메이션의 붐, 게임산업의 탄생을 가능하게 하였다. 실로 놀라운 변화와 눈부신 발전이 아닐 수 없다.

하지만, 컴퓨터의 탄생과 발전에 물리학과 물리학자들이 결정적인 공헌을 했다는 사실을 아는 사람은 그리 많지 않은 것 같다. 1930

년대 말 여러 물리학자들은 물리 계산문제를 풀기 위해 초기의 컴퓨터를 개발하고 널리 보급시켰으며, 나중에 컴퓨터는 물리의 연구방식을 바꾸어놓았다. 현재의 인터넷 혁명도 거대한 국제공동협력연구를 수행하던 물리학자들이 이루어냈다. 가속기를 사용하여 입자물리를 연구하는 유럽의 입자물리연구소(CERN)에서 대용량의 데이터 처리와 물리학자들간의 효율적인 협력연구를 도모하기 위해 1991년 WWW이라는 거미줄과 같은 컴퓨터 통신망을 구현했다.

당시, 특정분야의 물리학자들이 정보를 효과적으로 나누어 사용하기 위해 만들어진 도구에 불과했던 것이 겨우 10년이 지난 지금, 우리의 삶의 방식을 이처럼 급격하게 변모시키리라고는 어느 누구도 상상하지 못했을 것이다. 현대 물리학에서 컴퓨터는 빠른 계산장치, 모의실험을 위한 도구, 데이터 획득을 위한 실험장치의 조작 등 연구의 필수품으로 자리잡은 지 오래인데, 최근 물리학자들은 컴퓨터와 인터넷을 마치 과거에 종이와 연필을 쓰듯 사용하고 있다고 해도 과언이 아닐 것이다.

미래의 컴퓨터로서는 물리학에서 물질의 운동을 파동의 확률적 해석으로 기술하는 양자역학의 원리를 흉내낸 양자(Quantum)컴퓨터, 신경망과 뇌의 기능을 모방한 신경망(Neural Net)컴퓨터, 효소에 의해 DNA의 단백질이 결합되는 기능을 모방한 DNA컴퓨터 등이 고려되고 있고 상용화를 위한 노력이 전세계적으로 진행중이다. 60여 년 전에 계산기와 그 사용방식이 근본적으로 달라진 것처럼 1990년대 들어와서도 컴퓨터 자체와 이를 사용하는 방식이 혁신적으로 변했다. 지난 60여 년 동안의 변화보다 더 거센 변화가 지금 다가오고 있다.

그리고 그것은 물리를 통해 얻은 통찰과 경험에서 비롯된 것이었다고 할 수 있다.

컴퓨터를 고안해낸 물리학자들

물리학자가 필요에 의해 인터넷 통신을 고안한 것처럼 컴퓨터도 같은 맥락에서 고안되었다고 할 수 있다. 1930년대 말에 오늘날의 모습과 흡사한 컴퓨터들이 여러 곳에서 개발되기 시작했는데, 당시 컴퓨터가 개발되기 전에는 기계적 작동에 의한 연산을 반복하는 계산기가 유일한 계산의 자동화 도구였다. 1931년 계산기의 선두주자였던 IBM사가 처음으로 곱셈이 가능한 대형 계산기, 즉 과학적 계산에 사용할 만한 계산기를 만들어냈다. 이것은 당시의 대부분 계산기들처럼 펀치카드를 사용한 것이었다.

입자가속기가 만들어지기 전인 19세기 초에 물리학자들은 우주선을 관측하여 인위적으로는 생성하기 어려운 새로운 입자를 찾고자 하였다. 검출기에서 일어나는 무수히 많은 우주선의 충돌과 유사한 배경신호 속에서 흥미있는 데이터들만을 선택적으로 수집하기 위해 다수의 전기신호들을 조건적으로 조합하여 결정하는 방식을 고안했고, 이것은 현재의 디지털 시대를 가져온 첫걸음이었다. AND/OR의 논리연산이 전기회로에 의해 구현되자, 과거의 기계적 작동에 의한 탁상용 혹은 대형 계산기에서 벗어나 1930년대에 전기적 논리연산에 의한 컴퓨터의 등장은 대단한 변신이 아닐 수 없었다. 1942년 아타나소프가 진공관을 이용하여 빠른 속도의 전자식 컴퓨터를 개발하고자 했는데, 세계 최초의 전자식 범용 계산기인 에니악(ENIAC)을 1946년 필라델피아 펜실베이니아대학의 공대 건물 지하에서 완성했다. 나중에 반도체 소자에 대한 물리학의 발전으로 트랜지스터가 등장하면서, 진공관이 대체되고 컴퓨터의 속도와 크기는 괄목할 만한 향상을 보였다.

고가의 대형 계산기를 사용하기 어려웠던 물리학자들은 진공관을 이용하여 전기적으로 논리회로를 구현시키는 전자식 계산기, 즉 오늘날 우리가 사용하는 컴퓨터의 원조에 해당하는 것을 1930년대 말부터 개발하기 시작했다. 필요는 발명의 어머니라고 했던가? 컴퓨터는 복잡한 계산을 필요로 했던 물리학자들에게 개발의 의지를 자극했고, 물리학에서 음극선의 발견은 진공관의 탄생으로 이어졌다. 이 진공관을 물리학자들이 잘 알고 있었다는 사실을 통해, 그들이 컴퓨터를 고안한 계기로 삼았다는 것을 짐작할 수 있다.

핵물리의 발전과 컴퓨터의 보급

이후 컴퓨터의 보급은 핵물리의 발전과 핵폭탄의 개발과 맞물려 진행되었다. '컴퓨터'란 이름을 처음으로 사용한 에니악은 1945년 가을 시험가동된 후 1946년 초 정식으로 완성되었다. 이미 제2차 세계대전이 끝난 직후인데도 미국 정부는 전략적으로 컴퓨터 개발에 막대한 금액을 계속 투자하였다. 컴퓨터의 성능과 대수, 그리고 사용인력이 기하급수적으로 늘어났다.

1943년 초, 미국은 뛰어난 물리학자들을 로스알라모스연구소에

그림1 로스알라모스연구소의 물리학자들이 비밀리에 핵분열을 계산했던 에니악의
프로그램실(1946)

모아 본격적인 핵폭탄 개발에 들어갔다. 여러 어려움 중에서도 특히
골치가 아팠던 문제는 고온, 고압 기체 내에서 고속충격파 및 그러한
상태에서 진행되는 연쇄 핵반응에 대한 계산이었다. 이러한 계산은
핵폭탄을 설계할 때 꼭 필요했다. 이 문제의 해결을 위해 로스알라모
스연구소는 폰 노이만을 고문으로 끌어들였고, 베테, 텔러, 파인만,
메트로폴리스, 그리고 뒤늦게 합류한 페르미 등 쟁쟁한 물리학 대가
들을 투입했지만 만족스런 해결책을 거두지 못했다. 아무리 계산과정
을 단순화, 분업화하고 탁상용 계산기 대수를 늘려도 도저히 주어진
시간 내에 계산을 마칠 수 없었던 것이다.

로스알라모스연구소는 1945년 가을 에니악의 시험가동이 가능해지자 메트로폴리스가 이끄는 팀을 펜실베이니아대학으로 보내 텔러가 주장했던 열핵폭탄의 가능성을 타진하는 계산을 시작했다. 그런데 이 계산은 1급 비밀이었기 때문에 에니악 개발팀의 설명과 시범을 보고 그들을 내보낸 다음, 작업하는 형태로 연말까지 진행되었다. 그리하여 컴퓨터 개발과 사용의 노하우를 고스란히 전수받은 첫 번째 집단은 바로 물리학자들이 되었다. 그들은 핵폭탄 개발은 물론 다른 물리연구에도 컴퓨터를 적극 활용하였으며, 미국 정부는 컴퓨터를 전략자원으로 간주하여 아낌없는 지원을 했다.

　　로스알라모스연구소의 물리학자들은 컴퓨터 발전에 지대한 공헌을 했다. 메트로폴리스와 페르미가 에니악에서 계산했던 원자핵분열 계산을 시험삼아 해보는 것이 한동안 컴퓨터의 정상 작동여부를 판가름하는 방법이었다. 오늘날 프로그램의 구조를 표시할 때 사용하는 흐름도(Flow Chart)도 로스알라모스연구소에서 1950년대 초 메트로폴리스와 폰 노이만 등이 개발한 것이다. 또 전후 여러 대학과 연구소의 컴퓨터 개발계획은 거의 대부분 로스알라모스연구소 출신들이 기획하고 추진하였다. 이 무렵 등장한 컴퓨터 회사들과는 달리 물리학자들의 목적은 물리연구에 컴퓨터를 사용하는 것이었기 때문에 개발과정의 경험을 적극적으로 공유하여 기술을 빠르게 발전시켰고, 많은 학생들을 컴퓨터를 사용할 수 있도록 훈련시켰다. 컴퓨터 산업이 성숙하는 1950년대 중반까지의 컴퓨터 발전과 보급은 핵물리가 중심이 된 미국 물리학계와 정부가 이끈 것이었다.

물리실험과 컴퓨터의 기능 확대

1950년대 후반 미국은 레이더망과 방공부대를 컴퓨터로 연결시키는 전미반자동방공망(SAGE) 건설에 착수하였다. 이 사업은 미국의 프로그래머들 중 2/3가 참여할 만큼 거대했고, 이 프로젝트를 통해 컴퓨터는 다른 기계를 제어하는 데도 쓰였다. 이러한 부가적인 기능으로 오늘날 가전제품부터 각종 실험기기에 이르는 여러 기계들에서 컴퓨터가 사용되고 있음을 쉽게 찾아볼 수 있다.

실험장치를 컴퓨터로 제어하게 된 것도 큰 변화였지만, 사실은 물리학자에게 가장 놀랄 만한 변화는 컴퓨터가 '실험결과를 읽고 분석한다'는 점일 것이다. 이미 19세기 말부터 인간이 실험에서 현상을 눈으로 직접 관찰하지 않고 사진 건판, 전압계나 전류계를 통해 간접적으로 관찰하는 경우가 등장하기 시작했다. 하지만 사진이나 전기장치들은 실험결과를 그대로 기록하거나 변환하는 장치로 여겨지고 실험결과에 어떤 분석이나 판단을 내린다고는 생각하지 않았다. 또한 어떤 결과가 의미있는 것인지 아닌지를 판단하는 것은 철저히 실험학자들의 몫이었다.

이런 상황은 1954년 거품상자(Bubble Chamber)가 발명되면서 급격하게 바뀌었다. 이미 1920년대부터 각종 입자물리 실험장치들이 사진을 수백 장씩 쏟아냈지만, 거품상자는 차원이 달랐다. 버클리대학의 알바레스가 경고했듯이 거품상자는 여러 명의 물리학자들이 일년 내내 바쁘게 분석해야 될 만큼 엄청난 양의 사진을 불과 하루 만에 쏟아냈다. 사이클로트론이 처음으로 만들어진 버클리연구소에서는 사진분석과정의 기획을 담당한 물리학자와 그의 지시를 따르는 여성이 판독작업을 하는 형태로 분업화되었다.

반면에 이와 경쟁관계에 있던 유럽의 CERN에서는 코와르스키의 주도 아래 1960년부터 사진분석과정을 철저히 자동화하려고 했다. 그들은 거품상자에서 나온 필름을 인화해서 광전판 위에 놓고 2미크론 단위로 빛을 쪼이면서 광전판의 전류를 측정했다. 이렇게 해서 인간이 판독하면 거의 하루가 소요되는 것을, 10초 만에 필름 한 장에 나타난 여러 입자들의 궤적을 전부 수치로 바꿀 수 있었다. 요컨대, 1950년대 중반에서 1960년대 초반에 컴퓨터를 입자가속기의 실험결과 분석과정에 도입하면서 인간의 판단과 컴퓨터의 판단의 관계가 대두되었던 것이다. 반자동화된 알바레스 방식에서는 입자가속기 실험결과의 사진들을 대량으로 인간이 직접 입자의 궤적을 판독하고, 정교한 컴퓨터와 판독장치는 인간의 판단을 보조하는 체계를 추구하였다.

반면, 코와르스키 방식에서는 처음부터 인간의 역할을 하나씩 기계로 대치하여 컴퓨터가 입력된 수치들을 통해 궤적을 찾아내는, 궁극적으로는 데이터 처리과정에서 인간이 배제된 체계를 구축하려고 했다. 그러므로 CERN에서는 물리학자들이 궤적인식 프로그램을 짜기 시작했다. 즉 한쪽은 물리학자의 주체적인 판단만을 중시한 반면, 다른 쪽은 기계적인 계산을 통해 걸러낸 결과만이 의미있다고 본 것이다. 이 두 입장은 자연히 충돌할 수밖에 없었다.

코와르스키의 극단적인 예언이 그대로 실현된 것은 아니지만 대세는 그가 예견한 방향으로 흘렀다. 1960년대의 컴퓨터는 예산이 충분한 가속기연구소들에서나 사용하는 대형 컴퓨터들이 주류를 이루었지만 1970년대 들어 미니 컴퓨터가 널리 보급되면서 상황은 바뀌었다. 실험결과를 컴퓨터로 처리하는 일은 대학의 과 단위에서도 가능해졌다. 1971년에 등장한 마이크로프로세서는 점차 컴퓨터로 제어하는 실험장치를 어렵지 않게 찾아볼 수 있게 했다. 그리하여 이제는 컴퓨터로 처리된 실험결과를 사용하는 것에 대한 저항감이 사라졌다. 1960년대 대형 컴퓨터의 계산이 물리학자의 판단을 대체하는 것으로 여겨졌다면, 지금은 소형 컴퓨터를 통해 실험하고 그 결과를 컴퓨터로 보는 것이 자연스러운 일이 되었다.

1980년대의 PC혁명은 컴퓨터의 이미지를 여러 사람이 함께 사용하는 공공시설에서 개인이 마음대로 활용하는 도구로 바꾸어놓았다. 이 PC혁명을 거치면서 컴퓨터의 기능과 용도는 아주 다양해졌다. 컴퓨터는 개인이 손쉽게 사용할 수 있게 되었을 뿐만 아니라, 계산기로서의 역할을 뛰어넘어 문서작성과 사무용으로 널리 보급되면서 대중에게 친근한 도구로 자리잡았다.

1980년대부터 학계나 국방·산업분야 등에서만 사용되기 시작한 이메일은 1990년대 들어서면서 사용자가 개인으로 확대되어 그 숫자는 기하급수적으로 늘어났으며, 컴퓨터는 편지, 문서, 정보를 전달하는 기능까지 그 영역을 넓혀가고 있었다. 이것은 지리적으로 널리 퍼져 있는 컴퓨터를 연결하는 인터넷의 설치를 가속화시켰다.

거미줄(WWW)의 등장과 인터넷 통신혁명

1954년 유럽 12개국 공동의 입자물리연구소로 출범한 CERN은 처음부터 복잡한 운영체제를 유지했다. 상당히 중앙집중적인 형태로 구성된 미국의 가속기연구소들과 달리 다국적 성격을 지닌 CERN은 각 참여국들의 연구 자율성이 상당히 인정되어 연구조직도 상대적으로 분산 독립된 형태를 띠었다. 또 과학자와 엔지니어를 뚜렷이 구별하는 유럽의 문화 때문에 두 집단은 서로 독립적으로 활동하는 경향이 강했다. 이들은 오직 가속기를 중심으로 업무가 복잡하게 얽혀 있었는데, 더 큰 규모의 가속기가 추가로 건설되고 기존 가속기의 여러 부분이 교체되면서 이런 복잡성은 계속 심화되었다.

1980년대에 들어오면서 급증하는 컴퓨터와 컴퓨터 통신망도 복잡성을 더했다. 부서마다 각기 다른 기종을 사용하는 것은 물론, 채택하는 통신 프로토콜도 달랐다. 어떤 부서는 아예 독자적 프로토콜을 만들어 사용하기도 했다. 다행히 1985년부터 인터넷 프로토콜인 TCP/IP가 주도적인 자리를 차지하게 되었다. 하지만 느슨하게 구성되어 있으면서도 점점 더 거대해지는 조직 내에서 정보와 입자 검출기에서 나오는 대량의 데이터를 효과적으로 나누고 처리해야 하는 필요성은 절실해지기만 하고 그 문제점은 해결될 기미가 보이지 않았다.

이런 상황에서 1989년 3월에 제출된 한 제안서는 CERN의 비효율적 생산성이 느슨하게 구성된 조직의 구성원이 계속 바뀌는 것에서 비롯되었음을 지적하였다. 즉 구성원이 CERN에 2년 정도 머무는 것이 보통인데, CERN의 조직과 설비는 새로운 아이디어와 기술이 개발되거나 예기치 못한 문제가 발생할 때마다 계속 바뀌었다. 더욱이 실험이나 검출기를 바꿀 필요성은 대개 어떤 특정 그룹 내에서 제기

그림2 WWW를 탄생시킨 스위스 제네바의 유럽입자물리연구소 (CERN). 직경이 9km인 세계 최대의 원형가속기를 보유하고 있다.

되어, 그때마다 어떤 분야와 구성원이 그 변화의 영향을 받을 것인지 확인해야 했다. 즉, 누가 이 프로그램을 작성했는지, 이 프로젝트에는 어떤 연구실이 관계하는지, 이 장치는 어떤 시스템과 관련이 있는지 등의 정보를 질서정연하게 수집하고 배포하는 것은 그리 쉬운 일이 아니었다. 이 제안서가 제시한 방안은 바로 웹(Web)이었고 1991년 처음으로 CERN에서 구현되었다.

CERN의 버너스 리가 이 WWW(World-Wide Web)를 사용했는데, 그는 URL, HTML, HTTP의 표준을 만들어낸 장본인이다. 같은 해 미국 미네소타대학에서 구현된 고퍼(Gopher)는 모두 키워드에 기반한 하이퍼텍스트 체계였다. 그런데 고퍼는 정돈된 상하위 질

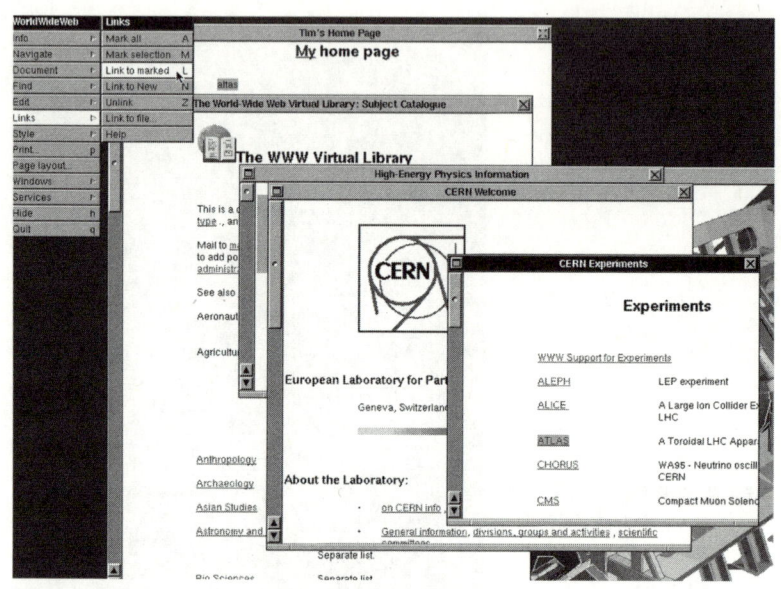

그림3 CERN에서 개발한 초창기(1993)의 WWW 브라우저

서를 가진 체계인 반면, 웹은 거미줄같이 병렬로 연결된 체계였다. 웹은 곧 스탠퍼드 선형가속기센터(SLAC)를 필두로 유럽과 미국의 가속기연구소들로 퍼져나갔다. 고에너지 물리학계는 일찍부터 국경을 초월하여 문화와 관습을 공유했기 때문에 다른 가속기연구소들에게도 웹은 알맞은 도구였다. 그러다가 1993년 최초의 그래픽 형태의 웹 브라우저인 모자익(Mosaic)이 일리노이대학의 국립수퍼컴퓨터센터(NCSA)에 의해 등장하면서 웹은 연구소와 대학을 넘어 폭발적으로 팽창했고, 지금 이 순간에도 인터넷 통신의 중심이 되어 사회 곳곳을 변화시키고 있다.

웹브라우저는 넷스케이프(Netscape), 익스플로러(Explorer)
의 등장으로 개인들에게 더욱 친숙해졌다. 인터넷에 접속된 모든 컴
퓨터는 IPV4라는 체계에 의해 0에서 255까지의 수로 이루어진 4개의
수의 쌍, 즉 고유번호가 각 컴퓨터에 부여되고 이것을 우리는 IP주소
라고 한다. 마치 전화번호처럼 인터넷에 접속되는 컴퓨터에 하나씩
각각 4개의 수의 쌍(예를 들면 147.46.251.236)이 부여되는 것이다.

실제 우리가 컴퓨터에 접속할 때는 숫자로 된 IP주소를 입력하기
보다는 4개의 수에 해당하는 알기 쉬운 주소(ex. www.snu.ac.kr)인
도메인 이름을 사용한다. IPV4는 각 256개의 숫자로 된 네 수의 쌍이
므로 $256 \times 256 \times 256 \times 256 = 4,294,967,296$으로서 최대 약 43억 개의
컴퓨터 주소가 가능하다. 하지만, 최근 컴퓨터의 숫자는 엄청나게 늘
어났고, 앞으로 컴퓨터뿐만 아니라, 냉장고, 전기밥솥 등에도 고유의
번호를 부여하여 컴퓨터로 조작하는 시대가 온다고 가정하면 훨씬 더
많은 주소가 필요하게 되는데, 현재 IPV6라는 새로운 주소체계를 도
입하려 하고 있다.

차세대 인터넷: GRID

컴퓨터, 웹브라우저, 통신장비의 발달로 가능해진 인터넷 통신
혁명은 인류에게 정보화 시대를 열어주었다. 최근 우리나라를 비롯하
여 여러 선진국에서는 초고속 인터넷 전송망을 구축하여 정보화 사
회로의 전환을 추구하고 있다. 초고속 인터넷과 컴퓨터를 합친 신개
념의 통신장비 출현이 기대되며, 고분해능 영상전송 등 다양한 기능

을 포함한 정보통신의 획기적인 발전이 예상되고 있다. 미래에는 테라비트급의 광통신에 의해 현재 2차원 영상에서 3차원 영상의 전송뿐만 아니라, 현실감에 더욱 가까운 가상현상 체험이 가능할 것이다.

최근, 여러 기초과학과 산업기술 연구는 고속연산, 대량의 데이터 처리, 첨단장비의 공유 등이 요구되어 새로운 인터넷 통신을 개발하는 노력이 대두되었다. 이안 포스터 등이 1998년 개발한 GRID는 지리적으로 분산된 고성능 컴퓨터, 다양한 형태의 대용량 DB 및 첨단장비 등의 정보통신자원을 고속 네트워크로 연결하여 상호공유, 이용할 수 있도록 하는 차세대 인터넷 통신이다. WWW가 컴퓨터의 서버와 사용자 사이에 하이퍼텍스트 형태의 단일 자원만을 전송하는 것이라면, GRID는 컴퓨터들이 동등한 위치에서 다양한 형태의 자원을 공동 활용하는 개념이다. 자원의 전송속도도 WWW가 Kbps～Mbps(bps, 초당 전송하는 비트의 수)이라면, GRID는 Gbps～Tbps를 예상하며 브라우저와 소프트웨어는 현재 개발중이다. 이것이 상용화되면 인터넷 이용은 더욱 심화될 예정이고 또 한번의 인터넷 혁명과 함께 우리의 사회와 문화에 큰 변화가 일어날 것으로 기대되고 있다.

참고문헌

1. 이관수, 〈물리와 컴퓨터〉, 한국물리학회지 《물리학과 첨단기술》, 1999년 10월호.

2. (컴퓨터 개발의 역사) "The History of Modern Computers and their Inventors",
   http://ei.cs.vt.edu/~history/overviews.html

3. (인터넷 혁명: WWW) "A Little History of the World Wide Web",
   http://www.w3.org/History.html; "Hobbes' Internet Timeline v5.5",
   http://www.zakon.org/robert/internet/timeline/

4. (GRID)Grid Forum Korea 2001, 한국과학기술정보연구원(KISTI) 주관, 2001년 10월
   25~26일.

정보화 사회와 통계학

박성현
서울대학교 통계학과

통계학(Statistics)은 19세기에 영국을 중심으로 유럽에서 발전한 학문으로, 그 명칭은 국가산술(state arithmetic)이란 라틴어 어원에서 비롯되었다. '통계학'이란 용어는 1797년 영국에서 발행된 브리태니커 백과사전에 처음으로 실렸다. 국가산술은 정치인들이 국가의 살림을 꾸려나가기 위해 필요한 숫자 자료를 체계적, 과학적으로 산출해내는 데 필요한 수리학적 분야이다. 초기 국가산술에 가장 영향을 준 분야는 인구조사(Census)로서 지금도 국가통계에 중요한 몫을 담당하고 있다. 인구조사는 기원전 3000년경 이미 바빌론, 애굽, 중국 등지에서 실행되었다고 하며, 기독교의 구약성경에는 기원전 1440년경에 모세가 출애굽하면서 시나이 광야에서 이스라엘 백성의 인구조사를 상세히 실시한 기록이 민수기(Numbers)에 남아 있다.

대부분의 학문이 그렇듯이 통계학도 역사적으로 발전과 변화를 거듭하고 있다. 19세기 후반에 통계학은 국가산술(정부통계)의 영역을 벗어나 수학자들에 의해 확률, 확률분포 등을 연구하는 응용수학으로 발전하였다. 20세기 초에 모집단과 표본의 개념이 도입되고, 표본 데이터의 정보로부터 모집단의 성질에 관한 검정과 추정을 실시하는 추측학문으로 발전되었다.

20세기 후반에 이르러 통계학은 그 범위가 매우 넓어져서 의사결정과학으로 발전하였다. 즉, 통계학은 '사회, 자연, 인간 생활 등의 온갖 현상을 연구하기 위해 불확실성이 내포된 데이터의 선택, 관찰, 분석, 검정, 추정 등을 통해 의사결정에 필요한 자료의 획득과 처리방법을 연구하는 학문'으로 정의되었다.

새로운 패러다임의 통계학

21세기에 접어들면서 통계학은 또 한번 새로운 패러다임으로 변화하고 있다. 21세기는 지식기반 정보화 사회이다. 통계학은 데이터로부터 정보를 추출하고, 이를 적절히 편집, 가공하여 지식을 창출해내는 정보과학(Information Science)으로 발전하고 있다. 따라서 통계학은 지식기반 정보화 사회에 필수적인 학문으로 자리잡았다. 통계학의 새로운 이름으로 데이터 정보과학(Data Information Science), 통계정보학(Statistical Informatics) 등이 어울리는 것은 바로 이 때문이다. 통계학과 관련하여 지식의 생성과정을 보면 다음과 같다.

다음의 각 단계에서 통계학이 하는 역할은 지대하다. 단계 1에서는 유용한 데이터 수집을 위해 실험계획법, 표본설계 등의 과학적인

그림1 지식의 생성과정

사회, 자연, 인간 생활의 모든 현상 ⇨ 데이터 ⇨ 정보 ⇨ 지식
(단계 1)   (단계 2)   (단계 3)

데이터 수집계획이 연구, 발전되고 있다. 단계 2에서는 데이터로부터 유용한 정보를 다량으로 구하기 위해 수없이 많은 통계적 분석방법들(각종 검정과 추정, 상관분석, 회귀분석, 분산분석, 다변량분석, 비모수 통계분석 등)이 사용되고 있다. 단계 3에서는 얻어진 정보들로부터 유용한 지식을 창출하기 위해 통계데이터베이스 활용, 과학기술에 접목시킨 모형의 개발, 시뮬레이션에 의한 가상지식의 획득 등 여러 가지 연구가 이루어지고 있다.

이러한 발전과정에는 정보기술(IT, Information Technology)의 발전이 큰 몫을 담당하고 있다. 특히 컴퓨터와 통신기술의 발전은 다량 데이터의 수집, 저장, 분석, 해석, 전송 등을 가능하게 하고 있으며, 현대통계학은 IT의 발전과 깊은 관계가 있다. 한마디로 통계학은 IT의 발전과 함께 정보과학의 핵심 학문으로 발전하고 있으며, 지식기반 정보화 사회에서 가장 중요한 인프라를 이루는 기초과학으로 자리잡았다.

〈그림 2〉의 지식삼각형을 보면 우리 주위의 사실과 현상에서 데이터 수집계획, 표본설계, 실험계획법 등에 의해 데이터를 측정하여 얻는다는 것을 알 수 있다. 데이터는 숫자에 불과하므로 통계적 분석으로 정보를 획득한 후 정보 데이터베이스를 활용하여 정보의 편집 및 연결 등을 통해 필요한 지식을 얻는다. 지식 위에 있는 지혜는 신

그림2 지식삼각형

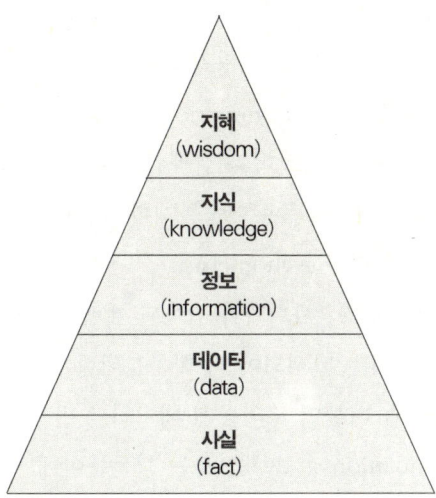

의 경지에 이른 지식의 결정체를 말하는 것으로 현재 여기까지는 이르지 못한 상태이다. 사실→데이터→정보→지식으로 이동하면서 각 단계에서 통계학, 전산과학, 수리과학, 정보과학 등이 유용하게 사용되는 것이다.

정보화 사회의 핵심적 학문, 통계학

통계학이 의사결정과학, 그리고 데이터에 근거한 정보과학으로 발전하면서 정보화 사회에서의 새로운 역할이 증대되고 있다.

첫째, 다른 학문의 계량화, 정보화 발전에 기여하고 있다. 모든 학문은 그의 가설정립에 필요한 데이터 분석이 필요하며, 이러한 계량분석기법은 기존의 학문과 접목되어 새로운 학문분야를 탄생시키고 있다. 예를 들면, 경제학과 접목된 계량경제학(Econometrics), 환경과학과 접목된 환경통계학(Environmetrics), 생물학·의학 등과 접목된 생물통계학(Biometrics), 화학과 접목된 계량화학(Chemometrics), 기술 및 품질관리 등과 접목된 기술통계학(Technometrics), 심리학과 접목된 계량심리학(Psychometrics), 행동과학과 접목된 계량행동학(Behaviormetrics), 사회학과 접목된 계량사회학(Sociometrics) 등 수없이 많은 분야가 탄생되어 각 학문분야를 발전시키고 있다. 또한 컴퓨터의 발전과 더불어 모의통계 데이터를 발생시켜 연구하는 모의실험 연구(simulation study)는 모든 학문분야에 새로운 깊이를 제공하고 있다.

둘째, 생명공학과 품질경영 등의 선진화에 기여하고 있다. 예를 들어, 생물통계학과 깊은 관련이 있는 생물정보학(Bioinformatics)은 생물학, 의학, 통계학, 수학, 전산과학 등이 어우러져 컴퓨터를 활용하여 생명과학 관련 정보를 규명해내는 새로운 학문으로, DNA의 규명, 각종 질병의 인과관계 분석, 게놈의 실체를 밝히는 유전체학(Genomics), 단백질의 역할을 규명하는 단백질체학(Proteomics) 등의 연구를 포함하고 있다. 생물정보학은 인류복지에 큰 영향을 미칠 것으로 예상하고 있으며, 통계학이 생물정보학에서 핵심적 역할을 담당하게 될 것이다. 또한 통계적 품질관리에서 시작된 공업통계학 분야는 최근에 품질과 생산성 향상에 기여하는 핵심 요소 학문으로 발전하여 공업발전에 기여하고 있다. 과학적 기업경영 기법으로 각광받고 있는 전사적 품질경영(TQM), 식스 시그마(Six Sigma), 고객

관계경영(CRM), 품질공학(QE) 등은 모두 통계적 정보분석에 바탕을 두고 있다.

셋째, 국가운영의 투명성과 세계화에 기여하고 있다. IT의 발전과 더불어 표본설계기법, 조사방법, 통계데이터베이스, 인터넷의 발전 덕분에 공식통계, 정부통계 등의 신뢰성이 높아지고 사용자에 대한 원활한 보급이 이루어지고 있으며, 국민이 필요한 실생활 관련 자료를 신속하고 정확히 공개하여 국가운영의 실체를 국민에게 알리고 국민들을 위한 진정한 국가발전을 촉진시키고 있다. 나아가서 세계 각국 및 국제기구(OECD, UN, IMF, UN 등)와 통계정보를 교환하여 세계화에도 크게 기여하고 있다.

넷째, 지식기반 정보화 사회에 필요한 정보 인프라 구축에 핵심적으로 기여하고 있다. 이는 앞에서 상세히 설명한 내용으로, 통계학은 데이터에 근거한 정보획득과정과 지식창출을 연구하는 새로운 패러다임의 학문으로 발전하고 있다.

데이터 기술(DT)의 발전

최근 첨단과학기술 분야로 IT(정보기술), BT(생명공학), NT(나노기술), ST(항공우주기술), ET(환경기술), CT(문화기술) 등이 주목받고 있다. 지식기반 정보화 사회에서 첨단과학기술 분야로 필자가 반드시 꼽고 싶은 것은 데이터로부터 시작되는 데이터 기술(DT, Data Technology)이다. DT란 약어는 필자가《한국경제신문》(2001년 12월 3일자)에 처음 소개한, 앞으로 널리 사용될 것이라고 확신하는 용어다. DT는 통계학 패러다임의 변화와 더불어 통계적 방법으로 부터 지원을 받는 컴퓨터와 통신기술을 활용하는 새로운 과학기술 분야이다.

DT란 데이터의 측정, 수집, 축적 기술에서부터 시작하여, 데이터의 분석 및 해석 능력, 데이터로부터의 모형화기술과 미래예측기술을 다루는 과학적 방법론을 말한다. DT는 소프트웨어의 구축과 조직의 인프라를 주로 다루고 있으므로, 그 진행과 결과가 눈에 잘 띄지 않아, 보통 간과하기 쉽다. 그러나 국가 선진화를 위해서 DT는 필수적인 요소라고 생각한다. 우리의 산업구조는 DT에 매우 취약하며, 조만간 크게 보완되지 않으면 국가 선진화에 큰 장애요인이 될 것이다. DT의 미비로 손실이 발생하는 몇 가지 사례를 들어보자.

첫째, 우리나라는 1997년 외환위기 때, 외환보유고를 포함한 각종의 경제지표의 변화를 소홀히 생각하는 가운데 스스로 위기를 자초하게 되었다. 외환보유고라는 데이터의 적절한 수집, 분석 및 예측이 있었다면 IMF 위기를 사전에 대비할 수 있었을 것이다. 둘째, 우리나라 제조기업에서 불량품 발생 등으로 인한 품질비용은 매출액의 20~30% 수준에 이른다는 보고가 있다. 이 품질비용 중에서 예방비용, 평가비용, 내부실패비용, 외부실패비용은 각각 어느 정도인지 객관적 데이터로 평가한 후, 필요한 데이터의 수집, 분석, 평가, 예측을 통해 품질비용을 최소화하는 방안을 강구하고 실행한다면, 품질비용은 매출액 대비 10% 수준으로 충분히 낮출 수 있다고 한다. 그러나 우리 기업의 대부분은 아직도 품질비용을 제대로 계산하지 못하고 있다. DT의 적절한 활용은 적자기업을 흑자기업으로 바꾸는 중요한 요인이 될 수 있다.

또 다른 예로, 국회에 중요한 법안이 상정되었을 때, 각 정당은 당리당략에 따라서 찬성과 반대를 정하여 힘겨루기를 하는 것을 흔히 본다. 각 당은 국민여론은 자기 편이며, 자기 정당의 정책이 옳다고 주장한다. 만약 DT의 발달과 더불어 국민여론을 정확히 추정할 수 있는 여론조사를 할 수 있다면, 불필요한 힘겨루기와 소모적인 정쟁은 피할 수 있을 것이다. 이처럼 DT의 적절한 활용은 눈에 안 보이는 막대한 손실비용을 감소시킬 수 있을 것이다.

앞에서 언급된 IT, BT, NT, ST, ET 등은 대부분 눈에 보이는 하드웨어적인 기술과 결과물을 생산해낸다. 그러나 DT는 눈에 잘 보이지 않는 소프트웨어적인 인프라에 해당하므로 보통 때 무시하기 쉽다. 그러나 데이터에 의해 현상을 정확히 파악하지 못하고, 문제점을 찾아내지 못하며, 앞으로 발생될 현상을 수리적 모형을 사용하여 예측할 수 없다면, 위에 열거된 첨단과학기술의 발전에 한계가 있을 수밖에 없다. 즉, DT는 모든 첨단과학기술의 기초에 해당하는 원천적 기초과학기술이다.

DT의 발전과 밀접한 관계가 있는 학문은 통계학, 응용수학, 전산과학, 정보과학, 산업공학, 경영과학 등이다. 통계학에서 다루는 표본설계, 여론조사, 통계적 공정관리, 시계열 분석, 데이터 마이닝(data mining) 등이 관계가 있고, 응용수학에서 다루는 암호수학, 금융수학, 시뮬레이션 기법 등이 관계가 있다. 전산이나 정보과학에서는 소프트웨어 공학, 뉴럴 네트워크(neural network) 등이 관계가 있으며, 산업공학과 경영과학에서는 품질경영, 생산관리, 시스템공학적인 접근방법 등이 관계가 있다. 특별히 DT의 발전은 국가 소프트웨어의 발전과 IT의 발전에 심대한 영향을 미친다.

우리나라의 주력 수출제품을 보면 반도체, 조선, 자동차, 휴대폰 등 눈에 보이는 제품이 대부분이다. 눈에 잘 보이지 않는 소프트웨어 분야는 국제 경쟁력이 미약하다. 예를 들면, 통계분석용 소프트웨어는 SAS, SPSS, Minitab 등 미국제품이 국내시장을 석권하고 있어, 이로 인한 외화의 유출은 엄청나다. 심지어 반도체, 조선 등에 사용되는 공정관리용 소프트웨어도 외국제품이다. 우리나라에 수없이 많이 들어와 있는 외국 컨설팅 회사들이 주로 하는 일이 사실상 DT와 관련된 경영자문이다. 이제 우리도 DT에 더욱 많은 관심을 가지고 고부가가치 소프트웨어 산업에 투자할 때이다.

사례연구: 국민의 생각을 읽는 여론조사

여론조사는 국민의 생각을 읽는 과학적이고 통계적인 강력한 수단으로 민주주의의 발전에 엄청난 기여를 하고 있다. 구체적인 예를 들어 설명해보자. 지난 2002년도 1월 1일자《중앙일보》에 〈2002년도 새해맞이 여론조사〉를 다음 그림의 결과와 같이 발표하였다.

대북 포용정책 지지도, 지역주의 심각 정도, DJ가 잘한 일과 못한 일 등에 관한 국민의 뜻은 정치를 바로 하는 데 심대한 영향을 줄 수 있으며, 대선후보 지지도, 월드컵 성적 예상 등은 국민의 여론을 짐작케 할 수 있다.

《중앙일보》는 이 여론조사가 2001년 12월 17～22일 사이에 전

그림3 중앙일보 여론조사 결과

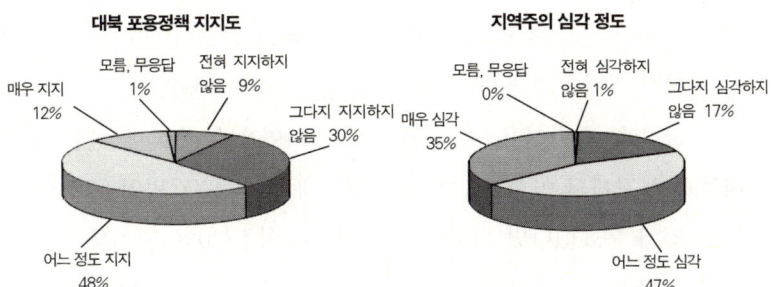

대북 포용정책 지지도

모름, 무응답 1%
전혀 지지하지 않음 9%
매우 지지 12%
그다지 지지하지 않음 30%
어느 정도 지지 48%

지역주의 심각 정도

모름, 무응답 0%
전혀 심각하지 않음 1%
매우 심각 35%
그다지 심각하지 않음 17%
어느 정도 심각 47%

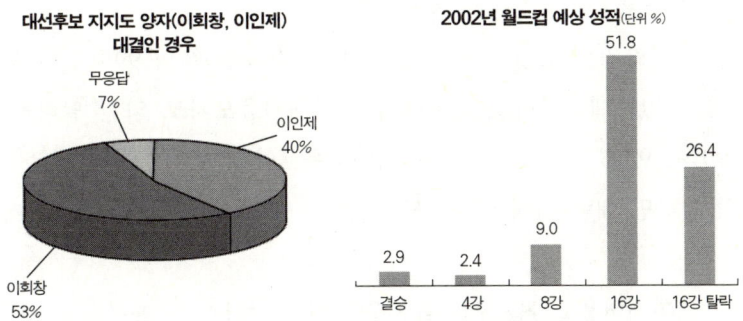

대선후보 지지도 양자(이회창, 이인제) 대결인 경우

무응답 7%
이인제 40%
이회창 53%

2002년 월드컵 예상 성적(단위 %)

결승 2.9
4강 2.4
8강 9.0
16강 51.8
16강 탈락 26.4

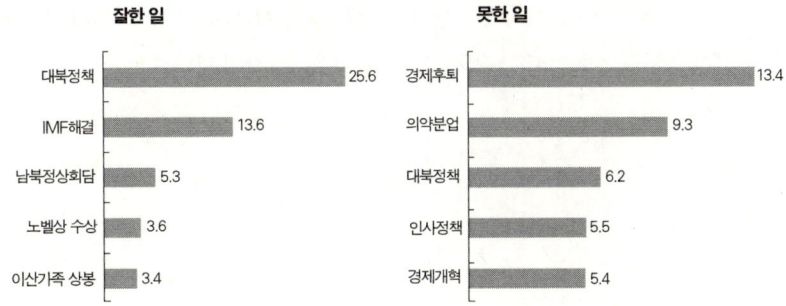

DJ 잘한 일과 못한 일(지난 4년간-상위 5위)

잘한 일

대북정책 25.6
IMF해결 13.6
남북정상회담 5.3
노벨상 수상 3.6
이산가족 상봉 3.4

못한 일

경제후퇴 13.4
의약분업 9.3
대북정책 6.2
인사정책 5.5
경제개혁 5.4

화 인터뷰로 이루어졌으며, 표본수는 1천 1백 명이고 표본은 지역별 유권자비에 따른 할당 후 무작위 추출이라고 밝혔다. 또한 그 결과는 신뢰율 95%이고 최대허용오차는 ±3%라고 밝혔다. 여기서 신뢰율은 얻어진 결과를 믿을 수 있는 확률이고, 최대허용오차는 그 결과를 믿을 수 있는 범위이다. 이 결과가 주는 의미를 살펴보자. 예를 들면, 대통령 선거에서 이회창, 이인제 양자 대결인 경우, 만약 2001년 12월 17일에 투표했다면 이회창 씨가 표본수의 53.0% 지지를 얻는데, 그 뜻은 최대허용오차가 ±3.0%이므로, 이회창씨는 모든 유권자의 50.0~56.0%의 지지율을 얻을 것이라는 의미이며, 이 결과를 믿을 수 있는 확률은 95%라는 뜻이다.

신뢰율은 보통 95%를 사용한다. 간혹 90%나 99%를 사용할 때가 있는데, 신뢰율이 달라지면 최대허용오차도 약간 달라진다. 90%, 95%, 99%인 경우의 최대허용오차 크기의 비례는 표본수가 동일하면 대략 최대허용오차는 각각 1.65 : 1.96 : 2.58의 비례관계가 있다.

최대허용오차는 또한 표본수에 따라 달라진다. 표본수를 N이라고 할 때, 최대허용오차는 $\sqrt{N}$ (N의 제곱근)에 반비례한다. 즉, 대략적으로 N이 500, 1,000, 2,000, 4,000, 8,000으로 커짐에 따라서 최대허용오차는 4%, 3%, 2%, 1.5%, 1%로 작아진다.

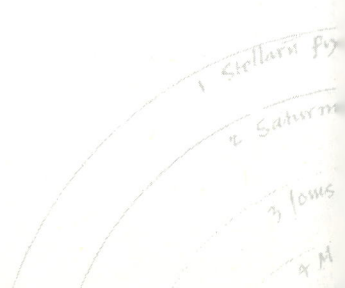

참 고 문 헌 및 통 계 정 보 웹 사 이 트

1. 박성현, 「통계학 및 국가통계의 발전 방안」, 『통계발전 심포지엄 논문집』, 한국통계학회 제6
   회 통계의 날 기념심포지엄, p. 3~20, 2000년 9월.
2. 박성현, 「지식기반 사회에서의 통계학 패러다임의 변화와 데이터 기술의 발전」, 『경영정보논
   총』, 서울대학교 경영대학, 제11권, 2001년 12월.
3. 통계청 홈페이지   http://www.nso.go.kr
4. 대한민국 통계정보 홈페이지(STAT-KOREA)   http://www.stat.go.kr
5. 통계정보시스템(KOSIS) 서비스   http://kosis.nso.go.kr

컴퓨터 혁명은 누가 주도했을까

홍성욱

토론토대학교 과학기술사철학과

컴퓨터(computer)는 '계산하는 기계'를 의미한다. 우리는 컴퓨터라는 영어 단어를 그냥 사용하지만, 외국말을 한글로 바꾸어 쓰는 북한에서는 컴퓨터 대신 '셈틀'이라는 말을 쓴다고 한다. 셈틀은 말 그대로 계산하는 기계장치를 가리킨다.

그런데 컴퓨터라는 단어는 처음에는 '계산하는 사람'을 의미했다. 예를 들어 19세기 서양의 천문관측소는 복잡한 천문계산을 위해 여러 명의 여성 '컴퓨터'를 고용했다. 20세기에 들어와서 컴퓨터라는 말의 의미가 '계산하는 사람'에서 '계산하는 기계'로 바뀐 것은 자연스럽다고 볼 수 있다. 육체노동뿐만 아니라 계산과 같은 정신노동도 점차 기계가 대신했기 때문이다.

그렇지만 납득하기 힘든 것이 하나 있다. 그것은 컴퓨터가 계산하는 사람/기계에서 계산과 무관한 작업을 수행하는 기계로 바뀐 것이다. 여러분은 PC로 무엇을 하는가? 아마 컴퓨터로 문서를 작성하고, 프로그램을 수행하며, 데이터베이스를 만들고, 그림과 동영상을 보고, 게임을 하고, 바둑이나 장기를 두며, 인터넷을 검색하고, 이메일을 체크하며, 메신저를 사용해 친구와 쪽지를 주고받을 것이다.

컴퓨터는 계산기가 아니라 전지전능한 '만능기계'인 것이다. 그렇다면 대체 언제, 어떻게 컴퓨터라는 계산기가 이런 만능기계로 바뀌었을까?

계산하는 기계의 발명

계산기의 역사는 기원전 5세기경 중국에서 발명된 주판(籌板)으로 거슬러 올라간다. 이 책의 독자들 중에는 아마 주판이 무엇인지 모르는 사람도 있겠지만, 필자가 초등학생일 때 주산은 꼭 배워야 할 주요 과목 중 하나였다. 당시에는 전자 계산기가 없었으므로 회사에서 복잡한 정산을 할 때 주판은 필수적이었다. 당시 주산이나 암산의 챔피언은 TV에도 자주 출연했다.

서양에서는 오랫동안 주판과 같은 효과적인 계산기가 없었다. 덧셈과 뺄셈을 할 수 있는 기계는 17세기 프랑스의 수학자이자 철학자였던 파스칼이 만든 계산기가 처음이었다. 인간 이성의 힘에 대한 확신이 기독교 신앙을 제치고 지식인들 사이에 새로운 도그마로 받아들여지던 시기에, 파스칼은 계산하는 기계를 만들었다. 그러고 나니, 계산하는 기계와 사람의 이성의 차이가 대체 무엇인가라는 문제가 그를 괴롭혔다. "인간은 생각하는 갈대이다"라는 그의 유명한 말도 계산하는 기계와 인간의 차이에 대한 그의 집요한 질문이 낳은 것이었다.

독일의 수학자이자 철학자였던 라이프니츠는 파스칼의 계산기를 개량해서 자신의 계산기를 만들었다. 파스칼의 계산기가 덧셈과 뺄셈만 할 수 있었던 반면, 라이프니츠의 계산기는 곱셈과 나눗셈도 할 수 있었다. 그는 이 계산기의 부분 모형을 영국왕립학회에 출품했으며, 이를 통해 자신의 과학연구에 대한 후원을 얻어내려 했다. 당시 기술수준을 생각해볼 때, 라이프니츠가 덧셈, 뺄셈, 곱셈과 나눗셈을 자유자재로 하는 효율적인 계산기를 만드는 데 결국 성공하지 못했다는 것은 그리 놀라운 일이 아니다. 그렇지만 그는 모든 계산이 10진법이 아니라 0과 1의 조합인 2진법으로 가능하다는 것을 주창함으로써, 디지털 컴퓨터의 역사에 신기원을 이룩했다. 라이프니츠는 숫자의 힘, 즉 세상의 모든 것이 계산으로 귀결될 수 있다고 믿었던 사람이었다. 그는, 외교적 문제를 놓고 정치가들이 의견이 엇갈릴 때 목소리를 높이기보다 "자 그렇다면 계산해봅시다"라고 할 날이 곧 올 것이라고 생각했다.

계산기와 관련해서 라이프니츠 이후 두드러진 업적은 19세기 초의 영국 수학자 찰스 배비지가 설계한 차분계산기(Difference Engine)를 들 수 있다. 배비지는 산업혁명이 낳은 도시화, 빈곤, 질병과 같은 새로운 사회문제에 대한 데이터를 정부가 효과적으로 수집하고 처리하는 것을 돕기 위해 계산기를 설계했다. 그렇지만 배비지의 계산기계는 그와 이를 실제로 제작하던 장인과의 갈등, 충분하지 못한 예산 등으로 지연되었고, 사태가 이렇게 되자 배비지는 차분계산기보다 훨씬 더 야심적인 적분기(Analytic Engine)를 또 설계했다. 배비지는 살아생전에 적분기는 물론 작동하는 차분계산기도 만드는 데 실패했다. 150년도 더 지난 후, 1990년대 초에 영국과학박물관의 한 큐레이터는 배비지가 남긴 설계를 보다가 이것이 실제로 작동할 수 있을 것이라는 신념을 갖게 되었고, 2년 동안 1백만 파운드의 예산을 사용해서 배비지의 차분계산기를 완성했다. 20세기 말에 완성된 배비지의 기계는 훌륭하게 작동하는 것으로 밝혀졌다.

수학자 튜링의 기여

19세기 말에는 특정한 연산을 수행하는 기계가 속속 실용화되었다. 대표적인 것이 홀러리스가 인구조사 통계처리를 위해 만든 연산기계였는데, 무명의 발명가 홀러리스가 세운 회사는 나중에 IBM이라는 거대기업으로 성장했다. 이외에도 아날로그 컴퓨터가 개발되었다. 19세기 후반에 영국의 물리학자 윌리엄 톰슨(나중에 켈빈경이 됨)이 조수(潮水) 계산을 위해 만든 계산기와 1920년대에 미국의 엔지니어 바니바 부시가 만든 적분기가 유명한 아날로그 계산기였다.

20세기 초에는 새로운 발전이 줄을 이었다. 벨 전화회사에서 일하던 엔지니어들은 다이얼을 돌리는 대로 회선을 자동으로 연결해주는 전화국의 계전기(繼電器)가 온(on)과 오프(off)의 조합을 이용해서 계산과 논리적 연산에 쓰일 수 있다는 것을 알아냈다. 곧이어 몇몇 선구자들은 당시 라디오에서 널리 사용되던 진공관이 계전기의 역할을 대신할 수 있다는 것도 발견했다. 1939년 미국 아이오와대학의 수학/물리학 교수였던 아타나소프와 그의 제자 베리는 진공관을 사용한 첫 전자 컴퓨터를 만들었다.

2차대전이 발발하고 미육군의 의뢰를 받아 컴퓨터를 개발하던 엔지니어 머클리는 아타나소프의 컴퓨터에 대해 알게 되었고, 1941년 여름에 이 컴퓨터를 자세하게 조사할 기회를 얻은 뒤에 아타나소프 컴퓨터의 주요 특성을 자신이 만들던 초대형 컴퓨터에 원용하였다. 머클리와 그의 동료 에커르트가 만든 컴퓨터가 바로 1946년에 완성되어 첫 전자 컴퓨터로 역사에 남은 에니악이었다. 에니악은 1만 8천 개의 진공관을 사용했고, 10m가 넘는 길이에 무게 30톤이 넘는 초대형 기계였다. 이 컴퓨터가 돌아갈 때 진공관에서 엄청난 전력을 소모해서 근처 필라델피아 시의 전등이 어두워졌다는 일화가 있을 정도였다. 에니악은 이후 10년 간 엄청나게 많은 계산을 수행했는데, 이 계산은 인류가 진화하고 1945년까지 한 모든 계산을 다 합친 것보다도 더 많은 분량이었다(그렇지만 에니악의 계산능력은 지금 여러분의 책상 위에 있는 PC보다 훨씬 못 미치는 것이었음을 알아야 한다).

하지만 그때까지만 해도 컴퓨터는 거대한 계산기에 불과했다. 기계가 계산만이 아니라 체스를 두는 것 같은 인간의 다른 사고를 대신할 수 있으리라는 생각은 아직 사람들에게 머나먼 미래의 가능성으로만 남아있었다. 영국의 수학자 앨런 튜링은 바로 일반적이고 보편적인 논리적 작업을 하는 기계가 가능하다는 것을 처음으로 보인 사람이었다. 그는 수학자 힐버트가 제안한 추상적인 수학 문제—닫힌 논리체계 속에서 특정한 명제는 그 체계 속에서 풀릴 수 없음을 증명하는—를 푸는 과정에서, 가상적인 기계를 하나 설정했다. 이 기계는,

마치 극장용 영화필름 같은 무한히 긴 테이프에 새겨진 명령을 한 칸씩 옮아가면서 스캔해서 읽을 수 있는 타자기 비슷한 기계였다.

튜링은, 자신의 이름을 따서 '튜링 기계'라고 명명된 이 기계가, 명령이 각인된 테이프의 작동에 의거해서 인간의 논리적 사고를 재현할 수 있음을 증명했다. 또 여기서 한걸음 더 나아가서, 튜링은 이런 다양한 튜링 기계들의 기능을 수행하는 하나의 보편적인 기계가 있을 수 있다는 것도 증명했다. '보편적 튜링 기계'라고 불린 이 기계로 우리는 계산을 할 수도, 체스를 둘 수도, 혹은 다른 어떠한 작업도 할 수 있게 되었다. 이것이 튜링이 1936년 「계산가능한 수에 관하여」라는 기념비적 논문에서 주장했던 내용이었다.

헝가리에서 미국으로 건너와 원폭을 만드는 데 기여했던 수학자 폰 노이만은 머클리와 에커트가 에니악을 만드는 과정에 참여했다. 에니악을 사용해서 계산을 수행하기 위해서는 필요한 연산과 데이터가 모두 펀치카드로 입력되어야 했다. 이럴 경우 컴퓨터가 실제로 계산하는 데 필요한 시간보다 연산을 읽는 데 시간이 더 든다는 문제가 있었다. 폰 노이만은 이 문제를 해결할 방법을 찾기 위해서 고민하다가, 튜링의 논문에서 힌트를 얻었다. 그가 발견한 방법은 프로그램을 메모리에 내장한 컴퓨터였다. 폰 노이만은 프로그램 내장 컴퓨터인 에드백(EDVAC)의 설계안을 작성했으며, 그 자신이 직접 프린스턴의 고등연구소에서 '고등연구소 기계(IAS machine)'라는 내장 프로그램 컴퓨터를 만들었다. 소위 '폰 노이만 구조'라 불리는 이러한 기본구조는 50년이 지난 지금까지도 모든 컴퓨터의 기본 구조에 그대로 사용되고 있다. 문서를 작성하거나 게임을 하기 위해 컴퓨터를 켜는 우리는 튜링 기계를 만지고 있는 것이다.

PC의 등장과 인터넷

에니악과 에드백 이후 1950년대와 60년대에 대형 컴퓨터가 보급
되었다. 대형 컴퓨터 시장을 독점한 회사는 IBM이었는데, IBM은 특
히 1964년에 출시한 IBM360으로 수많은 기업에 대형 컴퓨터를 판매
하는 데 성공했다. IBM 360에는 당시 막 등장한 메모리 집적회로
(IC)가 사용되었다.

지금 우리가 사용하는 개인용 컴퓨터는 70년대에 인텔사가 마이
크로프로세서를 만들어 시장에 내놓으면서 현실화되었다. 첫 개인용
컴퓨터는 알테어(Altair)라고 불린 것으로, 8비트짜리 인텔 8080 마
이크로프로세서를 사용했고, 256바이트의 메모리, 스위치와 점등을
이용한 원시적인 입출력 장치를 내재하고 있었다. 당시로서는 결코
싸다고 할 수 없는 4백 달러의 가격이 매겨졌지만, 수천 대가 팔리는
예상외의 판매실적을 거두었다(그래도 개인용 컴퓨터가 나오기 전에
'컴퓨터 애호가들'이 즐겨 사용하던 PDP-8이라는 미니 컴퓨터가 1만 8
천 달러, IBM의 기계가 10만 달러를 훨씬 더 호가했음을 생각하면 4백
달러는 공짜와 다름없었다). 지금 우리가 사용하는 방식으로 키보드를
입력기로 사용하고 모니터를 출력기로 사용한 컴퓨터는 두 명의 대학
중퇴생이 차린 애플사에서 개발되었다. 애플사는 "IBM의 힘을 보통
사람에게!"라는 슬로건을 내걸었는데, 당시 PC를 만들고 이를 이용
하던 사람들은 값싼 컴퓨터가 보급되면 세상의 부와 권력이 평등하게

나누어질 것이라고 믿던 낙관론자들이었다.

개인용 컴퓨터가 인기 상품이 되면서 1980년에는 IBM 같은 대기업이 이 시장에 뛰어들었다. 당시 IBM은 개인용 컴퓨터를 만들면서 인텔사가 새롭게 발명한 16비트 인텔 8088 마이크로프로세서를 사용했는데, 빌 게이츠의 마이크로소프트사에 이를 위한 운영체계(operating system)를 만들어줄 것을 위임했다. 알테어를 위한 베이직(Basic) 언어를 제작한 적이 있었던 빌 게이츠와 마이크로소프트사는 이번에는 IBM PC를 위한 DOS를 만들어 PC의 운영체계의 상당 부분을 독점할 수 있었다. 마이크로소프트사가 컴퓨터업계에 혜성같이 등장한 순간이었다. 마이크로소프트사의 영향력은 PC의 운영체계가 DOS에서 윈도스로 바뀌면서 훨씬 더 증가했다.

1970년대에는 컴퓨터를 서로 연결해서 데이터와 메시지를 교환하는 컴퓨터 네트워킹이 실용화되었다. 첫 컴퓨터 네트워크는 미국 국방성 소속 고등연구국(ARPA)에서 만든 아르파넷(Arpanet)이었다. 아르파넷은 원래 대형 컴퓨터와 대학에서 많이 사용하던 유닉스 컴퓨터를 연결했는데, 대학의 과학자들이 이 네트워크를 사용하는 빈도가 늘자 미국 국립과학재단이 1986년 대학의 연구소를 잇는 독립적인 네트워크를 건설했다. 1990년에 유럽 입자물리연구소에서 일하던 물리학자 출신의 프로그래머 팀 버너스 리는 하이퍼텍스트를 사용해서 컴퓨터 네트워크상에서 문서를 공유하는 표준인 월드와이드웹을 만들었고, 이 웹문서를 쉽게 읽을 수 있는 브라우저가 1993년에 실용화되는 것에 맞추어서 인터넷은 PC를 가진 보통 사람들에게도 그 문이 열렸다. 이것이 지금 우리가 목격하는 컴퓨터 혁명의 출발이었다.

제2의 컴퓨터 혁명

'컴퓨터'라는 말을 들으면 맨 처음 무엇이 떠오를까? 게임, 인터넷, 문서작성, 프로그래밍 등이 떠오른다. 이렇듯 컴퓨터는 단순히 계산기가 아니라 만능기계이다. 우리가 이 글을 통해 보았듯이, 계산기를 처음 만든 사람은 연산에 관심이 있던 수학자들이었다. 진공관을 사용한 첫 전자식 계산기도 수학/물리학을 전공한 사람이 개발했다. 그리고 무엇보다 컴퓨터를 계산기에서 '만능기계'로 탈바꿈시킨 사람도 수학을 전공하던 사람이었다. 빌 게이츠와 인터넷이 있기 위해 그 이전에 수많은 과학자들의 노력이 있었던 것이다. 특히 미래의 컴퓨터로 양자컴퓨터(quantum computer)와 DNA 컴퓨터의 가능성이 점쳐지는 지금, 과학자들이 제2의 컴퓨터 혁명에 또다시 중요한 역할을 담당할 가능성이 활짝 열려 있다고 할 수 있다.

2. 물리학의 이론과 응용

반도체와 양자물리

전헌수
서울대학교 물리학부

오늘날 과학을 잘 모르는 일반인들에게 '반도체' 만큼 폭넓게 알려져 쓰이는 과학 용어가 또 있을까? 초등학교 입학 전의 아이들에서부터 노인들에 이르기까지 '반도체' 는 이제 친숙한 단어가 되었다. 신문과 TV 뉴스에서 연일 반도체에 대한 얘기가 끊이지 않을 뿐만 아니라, 실제로 가전제품 어딘가에서 튀어나왔음 직한 반도체 칩 하나 정도는 누구나 한번쯤 보았을 것이다. 그만큼 반도체는 알게 모르게 우리 일상생활 매우 가까이 있으며, 나아가 반도체가 없는 세상은 이제 원시시대로 치부할 만큼 우리는 고차원의 문명생활을 영위하고 있다.

컴퓨터를 비롯한 수많은 가전제품 안에 존재하는 반도체 칩들이 '실리콘(Si)' 이라는 반도체 물질로 구성되어 있음은 모두가 주지하는 바이지만, 오늘날 인터넷과 무선통신의 혁명적 발전을 가능하게 한 정보통신기술의 주역 또한 갈륨비소(GaAs)나 인듐인(InP) 등의 화합물반도체를 이용한 소자임을 알고 있는 일반인은 많지 않을 것이다. 개인이나 가정에 적어도 하나씩은 있을 CD나 DVD 플레이어 안에는 이 세상에서 가장 작은 레이저인 반도체레이저가 하나씩 들어 있으며, 나아가 광섬유를 통해 많은 데이터를 빠르게 전송하고 수신하는 데 필요한 광통신 핵심 부품인 광송수신기(optical transceiver) 안에는 고성능의 반도체레이저와 디텍터가 함께 내장되어 있다. 또한 오늘날 세계 최고의 보급률을 자랑하고 있는 개인 휴대용 전화기 안에는 기가헤르츠(GHz) 대역의 초고속 반도체트랜지스터가 하나씩 탑재되어 있다. 그야말로 이제 우리는 알든 모르든, 싫든 좋든, 반도체를 떠나서는 살 수 없는, 아니 상상조차 할 수 없는 그런 세상에 살고 있다.

반도체와 양자물리

　　그렇다면 20세기 문명 최대의 이기(利器)이자 또한 최대의 산업을 일구어낸 장본인으로서 누구나 주저없이 말하는 반도체는 도대체 어떤 것이며 자연과학과는 어떤 관계에 있는 것일까? 반도체(semiconductor)는 말 그대로 반쯤(半, semi-) 전기를 통하는 도체(導體, conductor)를 뜻한다. 즉 전기전도도가 도체와 부도체의 중간 정도인 물체를 의미한다. 그러나 반도체는 전기전도도는 어중간한 대신 도체나 부도체에는 없는 많은 특이하고 복잡한 물리적 특성을 가지고 있으며, 이러한 특성을 잘 이용하면 특수한 기능의 전자소자로 응용될 수 있는 무한한 가능성을 내재하고 있다.

　역사적으로 물체의 전기전도도에 대한 의문, 즉 어떤 고체는 왜 전기를 잘 통하는데 어떤 고체는 왜 전기를 잘 통하지 않을까라는 의문은 오랫동안 물리학의 한 수수께끼로 남아 있었다. 이러한 고체물질에 대한 아주 기본적인 의문은 20세기 초반 양자물리학(quantum physics)이 완성되고 이를 고체구조에 적용함으로써 비로소 이해할 수 있게 되었다. 고체 내부에는 원자들이 주기적으로 배열되어 있으며, 따라서 고체 내부에 존재하는 전자는 주기적인 포텐셜 에너지를 경험하게 된다. 이를 양자역학적 수식인 슈뢰딩거방정식으로 풀어보면 존재 가능한 전자의 에너지 상태가 군데군데 뭉친 것처럼 나타나는데 이를 띠구조(band structure)라고 하며, 전자의 존재가 불가능한 에너지 영역을 띠간격(bandgap)이라고 한다. 이때 이 에너지 띠간격의 크고 작음에 따라, 또는 각 띠에 전자가 채워진 정도에 따라 고체는 도체, 반도체, 부도체 등으로 나누어진다.

　반도체 안에는 도체에서와 같은 전자뿐 아니라 정공(hole)이라고 불리는 양의 전기를 지닌 가상적 전하에 의해서도 전류의 흐름이 가능하며, 이렇게 전자와 정공이 동시에 존재하는 물질 내에서 이들을 연계적으로 고찰하고 조합적으로 응용하는 것이 바로 반도체 소자 신화의 비밀 열쇠인 것이다. 고체의 전도도에 대한 근본적 의문을 해결한 물리학의 뒷받침으로 반도체 연구는 이론과 실험 양면에서 이후 비약적인 발전의 토대를 마련한다.

학문에서 산업으로

  20세기 전반기 반도체 연구는 순조롭게 진행되어 다양한 반도체 물질에 대한 물리적 기본 특성들, 즉 전기적, 광학적 성질들이 대부분 규명되었으며, 1930년경에는 기초적인 반도체 소자의 하나인 정류기도 개발되었다. 그러다가 제2차 세계대전이 끝나는 시점인 1948년에 반도체 역사에서 가장 획기적인 사건이 일어나는데, 바로 쇼클리, 바딘, 브래튼 이 3명의 벨연구소 물리학자들이 트랜지스터를 발명한 것이다. 이 발명은 작게는 20세기 초반에 이루어졌던 반도체 물리학 연구의 결정체이며, 크게는 20세기 인류문명 발전에 가장 큰 공헌을 한 중대한 사건이다. 이후 트랜지스터는 전자소자의 모든 영역에서 진공관을 대체하며 커다란 사회·문화적, 산업적 변화를 주도한다. 비록 트랜지스터의 여러 가지 변형이 지속적으로 개발되고 또한 오늘날에는 개개 소자 크기가 마이크로미터 이하로 줄어들면서 대규모 집적회로가 등장하는 등 전자소자 전반에 많은 발전이 있었지만, 기본적으로는 1948년의 트랜지스터 발명이 이 모든 전자시대를 여는 견인차 역할을 했음은 모두가 주지하는 바이다. 20세기 전반기에 이루어진 반도체 트랜지스터 발명이라는 물리학적 연구결과의 굳건한 토대 위에서 20세기 후반부의 전자시대는 비로소 활짝 꽃피울 수 있게 되었다.

노벨상 속의 반도체물리학

  반도체의 물리학적 의의는 노벨 물리학상 역사에서도 쉽게 찾을 수 있다. 앞서 논의한 1948년의 트랜지스터 발명은 곧바로 1956년의 노벨상으로 결실을 맺어 앞의 3명은 노벨 물리학상을 공동으로 수상하였다. 이어 반도체에 대한 연구는 두께가 수~수십 나노미터 ($nm = 10^{-9}m$)의 얇은 박막구조에 대한 연구로 전환하면서 양자물리학의 많은 이론들을 검증하는 대표적 실험모델로서 중요한 역할을 수행하였다. 지금도 양자물리학 입문서에 맨먼저 등장하는 양자우물 (quantum well)은 박막형태의 반도체 구조를 이용한 띠간격 공학 (bandgap engineering)을 통해 쉽게 재현할 수 있는 표준구조의 하나이다. 이러한 연구는 터널형 양자역학적 소자의 출현으로 이어졌으며, 이에 대한 연구공로로 일본 출신 물리학자인 이사키는 1973년 노벨 물리학상을 수상하였다. 이후에도 1985년에는 양자홀효과 (quantum Hall effect)로 폰 클리칭이, 1998년에는 부분양자홀효과 (fractional quantum Hall effect)로 러플린, 슈퇴르머, 추이 3명이 노벨 물리학상을 공동으로 수상하였는데, 이 연구 결과들은 전기저항의 새로운 표준을 제공했을 뿐만 아니라 반도체 내 전자의 세계에서 일어나는 새로운 물리적 현상을 발견했다는 데에 의의가 있다.

한편 2000년도 노벨 물리학상은 전자시대를 꽃피운 3가지의 반도체 산물을 탄생시키는 데 공헌한 개인들에게 주어졌는데, 새로이 21세기를 여는 시점에서 지난 20세기가 전자의 시대였음을 분명히 확인하는 상징적 의미가 있다고 하겠다. 3명의 공동 수상자들을 열거하면 우선 광통신을 가능하게 한 반도체레이저의 개발자 알페로프, 무선통신의 핵심 소자인 초고속 트랜지스터의 이론적 배경을 마련해준 크뢰머, 그리고 실리콘 반도체 집적회로의 초창기 제안 및 개발자인 킬비가 바로 그 주인공들이다. 이 중 킬비를 제외한 나머지 2명은 모두 물리학자들로서, 20세기 전자시대의 도래와 번영에 물리학이 얼마나 중요한 역할을 담당했는지를 세계가 인정하는 역사적 사건이라고 할 수 있다.

21세기와 반도체

반도체 연구에 있어 21세기를 겨냥한 제2라운드는 이미 시작되었다. 집적회로에서 드디어 선폭이 1백nm 이하에 불과한 나노 CMOS 공정이 한창 개발중이다. 나아가 단기간 내에 실용화까지는 불가능하지만 직경이 수nm에 불과한 양자점(quantum dot) 구조를 이용하여 단전자 트랜지스터(single electron transistor)를 개발하려는 노력도 그 좋은 예가 될 것이다. 전자들의 집합적 움직임에 기초한 오늘날의 전자소자들은 점차 궁극적인 집적 한계에 근접하고 있으며, 유명한 무어의 법칙은 이제 중대한 장벽에 부딪힌 상태이다. 따라서 이러한 근본적인 한계를 뛰어넘어 반도체 산업의 새로운 패러다임을 재구성하고 지속적으로 인류문화에 기여하기 위해서는 반도체 내 개개의 전자를 제어하고 이용할 수 있는 극한적 기술만이 21세기 반도체 연구를 선도할 수 있을 것으로 기대된다. 같은 맥락에서 반도체와 제2의 물질을 결합하여 제3의 기능형 반도체 물질을 창출하는 것도 중요한 연구대상이 될 수 있다. 자기적 물질을 반도체와 결합하여 전자의 스핀 상태까지도 조절하고자 하는 노력이 한 예인데 이는 이미 스핀트로닉스(Spintronics)라는 이름의 어엿한 학문으로 자리잡아가고 있다.

　다가오는 21세기에도 반도체는 여전히 우리 인류문명에 공헌할 것인가? 또한 물리학은 지금까지와 같이 앞으로도 지속적으로 반도체 연구를 이끌어 나갈 수 있을 것인가? 이러한 원론적인 질문들에 대한 답변은 어려울 뿐만 아니라 한편으로는 위험하기까지 하다. 오늘날의 사회·문화적 변화의 속도가 너무도 빠르고 그 향방이 누구도 예측하기 어려울 만큼 변화무쌍하기 때문이다. 그러나 현재의 추세로 볼 때 적어도 첫 번째 질문에 대한 답은 매우 긍정적이라고 할 수 있다.

　21세기 초까지 계속 최대의 호황을 누리고 있는 반도체 소자 및 관련 산업은 그 관성만으로도 한동안 우리 인류문명을 선도할 것이 틀림없다. 오늘날 반도체산업의 규모나 우리 인류의 생활패턴을 고려해볼 때 반도체가 아닌 다른 어느 것으로의 급작스런 변화는 일어나지 않을 것이 거의 확실해 보이기 때문이다. 한편 물리학의 중요성에 대한 두 번째 질문 또한 필자는 긍정적인 입장을 견지한다. 보기에는 작은 고체 덩어리에 불과하지만 반도체는 무궁무진한 진리와 수수께끼 덩어리이다. 비록 학문간의 경계가 점차 모호해지고 또한 학문의 응용성이 강조되는 21세기의 새로운 패러다임에서 물리학은 20세기의 물리학처럼 순수하게 남아 있기가 어려울지도 모른다. 그러나 21세기의 새로운 패러다임 속에서도 반도체 안에 숨겨진 수많은 물리학적 진리는 여전히 존재할 것이고 그것을 캐내는 일은 여전히 우리 물리학자들의 몫으로 남아 있기 때문이다.

참 고 웹 사 이 트

1. 트랜지스터의 발명: http://www.pbs.org/transistor/
2. 실리콘 칩의 역사 http://www.sciam.com/interview/moore/102097moore4.html/
3. 노벨상:http://www.nobel.se/foundation/

나노과학이 세상을 바꾼다

국 양
서울대학교 물리학부

19세기에 시작된 산업혁명으로 선진국 중심으로 대량생산이 바탕인 산업구조가 정착되어 그 효율성이 증명되었다. 국가의 부를 창출하기 위한 산업구조가 변화하고, 일반 대중의 복리증진과 소비자의 편의를 위한 공산품이 쏟아져 나오며, 선진 산업국가들은 더욱 발전하고 있다. 트랜지스터의 발명, 석유화학제품의 양산, 플라스틱 제품의 개발 등은 우리의 일상생활을 바꾸었다. 한편 20세기의 과학은 수학, 물리학, 화학, 생물학을 발전시켰으며, 우주의 생성, 물질의 구성, 생명의 근원에 대한 이해를 깊어지게 했으며, 예전에 상상할 수 없던 원자력에 의한 대량 살상무기 개발과 핵에너지원의 개발, 우주선에 의한 우주의 탐험, 원자와 분자의 구성원리에 근거한 새로운 물질의 개발, 유전자의 이해와 이를 이용한 진단치료 기술의 발전을 가능케 하였다. 특히 1947년 트랜지스터의 발명으로 20세기 후반부터 전기,

전자, 통신, 컴퓨터 산업이 발전했고, 지식기반 사회로 가는 새로운 전환점을 만들었다. 이제 산업은 자본투자에 의한 대량생산설비와 노동력에 의존한 생산 위주의 형태에서 고급 기술력에 의존한 소비자의 요구로 주도되는 고부가가치 형태로 변모되고 있다.

특히 지난 10년 간 과학적 개념이 단기간 내에 산업화되는 새로운 분야들이 대두되기 시작했다. 정보·전자기술, 생명과학·공학기술, 나노과학기술(NT, Nano Science and Technology)이 그 예로 수학, 물리학, 화학, 생물학의 기본 개념이 1~2년 사이에 전자, 통신, 생명, 의약, 소재 산업으로 응용되는 새로운 과학기술의 패러다임이 형성된 것이다.

나노과학의 정의

원자 분자의 이해로 인간은 스스로 새로운 물질을 합성하여, 이를 통해 지금까지 자연계에 관찰되지 않던 물질을 생성할 수 있게 되었다. 1960년 미국의 노벨 물리학상 수상자인 리처드 파인만 박사는 원자나 분자 크기로부터 물질의 성질을 조절해, 그때까지 만들어진 것보다 1만분의 일의 크기의 기계적 구조를 만들 수 있고, 이런 개념이 미래의 산업을 주도할 것으로 예측했다. 그러나 그때에는 실험적 능력의 한계로 인해, 그 현실성을 믿는 사람들은 많지 않았다. 1980년 스위스의 두 노벨 물리학상 수상자인 로러와 비닉이 발명한 주사형검침현미경이라는 새로운 현미경은 물체를 나노미터 배율로 관측할 수 있고, 이로써 파인만 박사가 예측했던 새로운 과학기술영역이 현실로 다가오게 되었다. 나노미터는 1미터의 10억분의 1의 크기이고, 나노과학은 1백nm 이하의 크기의 무기물, 유기물, 생물체의 물리, 화학, 생물학적 현상을 이해하는 새로운 과학 분야로, 이를 응용하여 새로운 소재, 구조, 기구, 기계, 소자를 창출하는 새로운 기술을 나노 기술이라 한다.

나노미터 크기에서는 물질의 성질이 달라진다. 즉 소재의 입자, 센서의 센서 부위, 반도체 소자의 단위 소자의 크기들이 마이크로미터(μm, micro-meter, 1백만분의 1미터)에서 나노미터로 줄어들면, 단순한 크기의 소형화 이외에 여러 물리 · 화학적 성질이 변화한다. 소재의 강도와 화학 반응성이 강해지며, 내연성(열에 견디는 성질)이 생기고, 열전도도와 광학적 성질이 변화하며, 마모성이 약해진다. 소자나 센서로 만드는 경우, 소자의 작동속도가 빨라지고, 전기전도도가 좋아지며, 센서의 민감도가 높아진다. 나노과학기술에서는 이처럼 크기가 작아지며 달라지는 물질의 성질을 산업에 응용할 수 있다. 자연의 모든 물질이 그 성질을 갖는 최소 단위인 원자와 분자로 이루어져 있다. 그러므로 소재와 소자 등을 이 크기에서 조작하고 만드는 나노과학기술이 자연친화적임은 쉽게 이해될 수 있다. 또한 소재나 소자의 기본 단위가 작아지면 나노 기술은 물질을 적게 사용하고, 자원 및 에너지의 낭비를 줄일 수 있다.

모든 기술은 개념의 창출, 관련 과학의 발달, 공정기술의 개발, 산업화 과정의 전개과정을 거친다. 나노과학기술의 발전은 현재까지 산업화 정도로 평가될 수 있을 만큼 구체화되지 못했다고 여겨진다. 많은 과학자들은 나노과학기술을 크게 2가지로 분류한다. 첫 번째

'분자로부터 합성되는 나노과학기술'이 있다. 이 경우 응용방향이 확실하지 않고, 산업화에 성공할 확률이 불명확하나, 성공한 경우 엄청난 사회·경제적 효과를 줄 것이며, 부가가치가 크다. 이러한 나노과학기술의 연구는 과학자들의 창의적 능력에 의존할 수밖에 없다. 두 번째는 1980년대에 그 기본 개념이 제시되어 관련 기술이 상당히 발달했고, 현재 공정개발단계에 있는 '소형화에 의한 나노과학기술'이다. 이러한 기술은 유사한 기존의 산업기술에 나노 기술의 개념을 가미하여 부가가치를 높일 수 있다. 이러한 기술의 한 가지 결함은 초기에는 산업화에 대한 경제적 환원이 크고, 기술이 널리 알려져 자본집중이 가능하지만, 노동력에 의존하게 되면, 시간이 가면서 수익성이 줄어들고, 장기적 안목에서는 부가가치가 그다지 높지 않게 된다.

분자로부터의 나노과학기술

새로운 패러다임인 분자로부터의 합성개념이 사용되는 혁신적 나노과학기술은 아직 개념정립 단계이며, 합성방법, 조립방법, 물질의 성질, 응용방법이 정확히 정립되지 않았다.

이중 제일 먼저 활발히 연구되는 분야로 새로운 소자 개념의 제시를 들 수 있다. 지난 30년 간 전자산업의 발전과 계산능력의 향상은 인류가 경험하지 못했던 경지에 이르렀다. 1971년 인텔사의 첫 4004 마이크로프로세서 칩은 실리콘으로 만들어져, 10W(와트)의 전력으로 약 5천 개의 이진법 코드 합산을 할 수 있었다. 현재는 1W로 3×10^6의 이진법 합산이 가능하고, 이 효율은 2012년에는 현재의 1만 배로 더욱 개선될 수 있다고 믿고 있다. 이러한 칩 내에는 기본 소자인 트랜지스터가 무수히 들어 있고, 과학기술자들은 이를 소형화해 발전이 가능하였다. 그러나 그 동안 진행되어오던 소형화는 기술적, 개념적 한계를 맞게 되고, 소형화 기술을 지원하기 위한 투자도 너무 커서, 현실성을 잃어가고 있다. 이 문제의 해결을 위해 분자를 이용한 새로운 소자가 제시되고 있다. 분자소자는 현재 자기조합(self assembly)이 가능하여, 제작비용이 작을 것으로 예측되므로, 가장 유망한 미래 소자의 후보로 인식되고 있다. 분자 소자에서는 체인 형태의 긴 분자를 사용하며 그 전기저항을 전기장, 전기역학적, 빛, 전기 화학적으로 조절한다. 최근 체인형태의 분자 중 나노튜브를 이용한 분자 소자의 개발이 더욱 활발해지고 있다. 이러한 소자 개념은 양자역학의 기본 개념을 이용한 양자 컴퓨터, DNA를 이용한 연산방법들과 함께 주목받고 있다.

두 번째의 응용으로 새로운 나노 소재의 연구를 들 수 있다. 지금까지의 구조의 형성기술이 덩어리 형태를 깎아서 제작하는 과정이라면, 이러한 나노 소재의 경우는 분자의 크기에서 조립하는 과정에서 얻어진다. 이는 분자로부터 작은 입자의 형성, 박막의 형성, 자기 조립방법의 연구 등은 활발한 연구와 측정방법의 발전으로 더욱 가능하게 되었다.

소형화에 의한 나노

물질의 크기가 나노미터 영역에 도달하면, 물리적, 화학적 성질

그림1 탄소나노튜브에 금속풀러린이라는 분자를 넣어 양자 분자소자를 만든 후 이를
주사형 터널링현미경으로 관찰하는 개략도

이 달라진다. 이러한 점에 착안하여 기존의 구조를 1백nm 이하의 크기로 줄였을 때 변화하는 성질을 연구하고, 그 효용성을 산업에 응용한다. 현재 기존 과학기술의 단순 소형화이기 때문에 현재 알려진 지식을 연장하여 연구하는 접근방법이다.

나노과학을 바이오 기술과 접목하여 연구하는 분야가 가장 먼저 활발히 진행되고 있다. 최근 신문 지상에 보도된 '영리한 약 폭탄'은 약의 입자크기를 나노미터로 줄여 입, 혈관, 피부를 통해 주입하고, 이들 약이 몸 내부의 일정 부위를 찾아 그 부분만 진단·치료가 가능하게 하는 것이다. 이러한 과학기술의 발달로 멀지 않은 장래에 몸에 손상을 덜 주고, 효과가 큰 진단·치료의 방법이 고안될 것이다. 유전자 및 단백질 칩에 관한 연구는 나노과학기술이 생명공학기술과 접목된 부분이다. 최근에는 실리콘을 나노미터 크기의 센서로 제작하여, 개인별로 유전자 및 단백질에 대한 정보를 측정하고, 유전적인 이유로 생기는 병을 예측하고, 치료할 수 있는 연구가 진행되고 있다.

두 번째 소형화에 의한 나노과학기술 분야는 반도체 소자에의 응용이다. 앞의 분자 소자와는 달리 현재의 소자 제작과정을 그대로 유지하며, 소자의 소형화를 계속 유지하자는 접근방법을 택한다. 또는 값싼 공정방법을 개발해 현재의 소자형태를 발전적으로 소형화하는 것이다. 또 다른 접근방법으로는 현재의 공정방법을 이용하여 전혀 다른 형태의 양자소자를 제작하고 이들이 트랜지스터를 대체하는 것이다.

일반적으로 보통 물질은 1백 마이크로미터에서 밀리미터의 크기의 결정들로 이루어져 있다. 나노소재(나노결정체 물질)란 나노미터 크기의 결정체로 이루어진 분말, 복합체, 소결체를 통칭하는 말이다. 이러한 물질들은 물리·화학적으로 다양한 기능성을 가지고 있어, 지난 20년 동안 관심을 끌어왔다. 이들의 기능성 중 높은 강도, 뛰어난 연성, 낮은 마모성, 낮은 부식성·침식성, 높은 화학 반응성을 이용한 새로운 소재의 개발이 중요한 기술 분야로 등장하고 있다. 나노소재는 물리적, 화학적, 기계적으로 우수한 성능을 가지고 있어, 고강도 공구, 국방용 소재, 전자 소재, 센서, 환경 소재, 에너지 소재, 우주 항공 소재, 생체 소재 등의 응용이 추진되고 있다.

많은 사람들이 나노과학과 기술이 10년 뒤의 우리의 생활을 혁신적으로 바꿀 것이라고 믿고 있다. 그러므로 우리는 이러한 새로운 과학이 사회에 미칠 윤리적 측면이 함께 고려되어야 한다고 한다. 원자와 분자에 대한 이해는 20세기 초반에 이루어졌고, 이는 20세기 산업과 사회 구조의 변화를 가져왔다. 21세기에는 원자와 분자들을 인간이 스스로 조작하여, 지금까지 경험하지 못한 새 과학기술 영역으로 나가고자 한다. 과학자들은 자연의 질서는 작은 실수로도 깨질 수 있다는 두려움을 가지고, 얻어지는 과학적 결과에 대한 차분한 검증과 이를 조심스럽게 응용하는 태도가 필요한지도 모른다.

입자가속기에 숨어 있는 엄청난 비밀

김선기
서울대학교 물리학부

미국 캘리포니아의 로마린다대학병원에는 매년 약 7천여 명의 암환자가 치료를 받는다. 이 병원에서 암치료에 사용되는 의료장비는 2억 5천만 전자볼트의 양성자 가속기이다. 입자가속기의 역사는 약 1백 년 전 톰슨이 전자를 발견하는 데 사용한 음극선관으로부터 시작된다고 볼 수 있다.

입자가속기는 기본적으로 전기전하를 띤 입자들을 고전압을 이용하여 가속시키는 장치이다. 그래서 이러한 가속에 의해 얻어진 입자의 에너지의 단위로 전자볼트(전자를 1V의 전압으로 가속시켰을 때 얻는 에너지)를 사용한다. 음극선관은 TV 브라운관의 모체가 되는 것으로 요즘은 각 가정마다 전자가속기를 한 대 이상씩 보유하고 있는 셈이다(에너지가 매우 낮기는 하지만).

본격적인 입자가속기의 개발은 1931년 로렌스의 사이클로트론

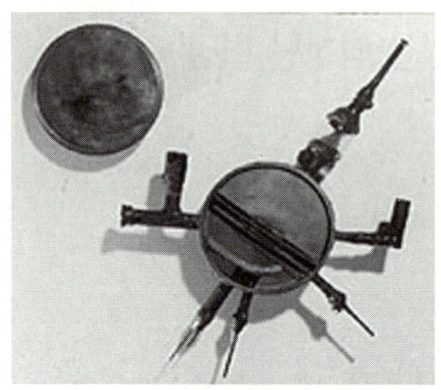

그림1 로렌스가 개발한 사이클로트론

으로부터 시작되었다. 사이클로트론은 자기장 내에서 전하가 회전운동을 하면서 자기장에 수직 방향의 전압을 걸어줌으로써 연속으로 가속하는 것이다. 이후에 가속기는 비약적인 발전을 거듭하여 원자를 부수어 내부구조를 알아내고 새로운 소립자들을 발견하여 물질을 이루는 기본입자의 정체를 파악하는 데 큰 공헌을 하였다.

요즈음은 사이클로트론의 한계를 극복한 신클로트론이라는 가속기가 주종을 이루고 이들을 통해 수 조(兆) 전자볼트의 에너지를 갖는 입자를 만들어내고 있다. 미국 페르미연구소의 양성자 가속기인 테바트론은 직경 약 2km에 1조 전자볼트의 에너지로 입자를 가속시키는 거대한 장치이다. 최근에는 직경이 약 10km에 10조 전자볼트에 육박하는 에너지를 갖는 입자가속기가 유럽에서 건설중이다.

로렌스의 첫 사이클로트론이 13cm 직경에 입자의 에너지가 8만 전자볼트였던 것과 비교하면 엄청난 발전이 아닐 수 없다. 로렌스는 1939년에 사이클로트론의 발명으로 노벨상을 수상했다. 그 이후 가속기는 소립자 물리학의 발견을 주도하여 20명 이상의 노벨 물리학상 수상자들을 배출했다.

그림2 페르미연구소의 테바트론 가속기

입자가속기의 의료 분야 이용

입자가속기에서 나오는 높은 에너지의 전자나 양성자들은 의학적, 산업적으로 매우 활발하게 이용되고 있다. 전자가속기는 이로부터 고휘도의 X-선 빔을 만들어내 그 응용성을 넓히고 있다. 전자선형가속기는 이미 상업용으로 제작되고 있으며, 많은 병원에서 암치료를 위해 사용중이다. 한편 양성자 가속기는 그 제작비용이 높아 상대적으로 최근에야 일반화되는 추세이다. 1990년에 치료를 시작한 로마린다대학병원의 가속기는 회전하는 갠트리를 채용한 본격적인 암치료 전용 양성자 가속기라고 할 수 있다.

로마린다의 성공에 힘입어 최근에는 여러 곳에 양성자 가속기가 의료용으로 건설되고 있다. 일본에만 이미 3개가 건설되었고 6개가

그림3 로마린다대학병원의 의료 전용 양성자 가속기

곧 건설될 예정이다. 늦은 감이 있지만 우리나라에도 일산의 국립 암센터에 양성자 가속기 도입을 서두르고 있으며, 2~3년 내로 암환자 치료가 시작될 전망이다. 양성자는 물질과의 반응특성상 X-선보다 암 부위에 집중적으로 방사능을 조사할 수 있어 주변의 건강한 세포들의 손상을 적게 하여 치료 후에 다른 부작용을 줄일 수 있다. 나아가서 양성자보다 무거운 탄소핵과 같은 핵종을 가속시키면 집중력을 더 높일 수 있다.

양성자 가속기를 암치료에 사용할 것을 처음으로 주장한 사람은 미국에서 가장 큰 가속기연구소인 페르미연구소를 설립하고 초대 소장을 지낸 실험입자물리학자인 윌슨 박사이다. 제2차 세계대전 직후인 1946년 윌슨 박사가 양성자 가속기를 암치료에 사용하자는 제안을 한 이후 1954년에 입자물리학 연구용 가속기를 사용하여 처음으로 암 환자를 다루었다.

의료용의 효시는 보스턴의 매사추세츠 종합병원에서 1961년부터 가동한 양성자 가속기로 1998년에 정지할 때까지 약 8천 명의 암환자를 치료하였다 그 이후 지속적으로 증가하여 현재까지 세계적으로 약 3만여 명이 치료를 받은 것으로 알려져 있다. 그러나 앞서 말했듯이 로마린다대학병원 한 곳에서만 연간 약 7천 명이 치료를 받는 것으로 미루어보건대, 향후 세계적으로 매년 10만 명 이상이 이 치료를 받을 것으로 전망된다.

입자가속기로부터 나온 에너지가 높은 입자 빔을 물질에 때리면 방사능 동위원소를 생성할 수 있다. 최근에 진단수단으로 많이 사용되기 시작한 양전자방출단층촬영기(PET)는 붕괴시에 양전자를 방출하는 특정한 동위원소를 필요로 하는데, 이들 동위원소는 대부분 반감기가 매우 작아서 외국에서 수입할 수가 없다. 어떤 것은 몇 시간밖에 안 되므로 국내에서도 운반이 불가능한 경우도 있다. 그러므로 앞으로 PET을 사용하는 병원은 동위원소 제작용 가속기를 동시에 설치하게 될 전망이다. 이 경우도 입자가속기가 의료용으로 사용되는 좋은 예라고 할 수 있다.

방사광 가속기의 이용

전자를 원형의 궤도를 따라 회전시키면 구심가속도를 자기장으로부터 받게 되며, 가속되는 전자는 에너지가 높은 광자를 방출하게 된다. 이를 방사광이라고 부르며 이것을 주로 이용하는 것을 방사광 가속기라고 한다. 우리나라에도 현재 포항공대에 방사광 가속기가 건설되어 운영중이다. 방사광의 전자 빔의 에너지와 자기장의 세기에 따라 짧은 파장의 자외선이나 X-선을 만들어내며 매우 휘도가 높은 광자 빔을 만들어낼 수 있다. 이 방사광을 이용하면 물질의 표면이나

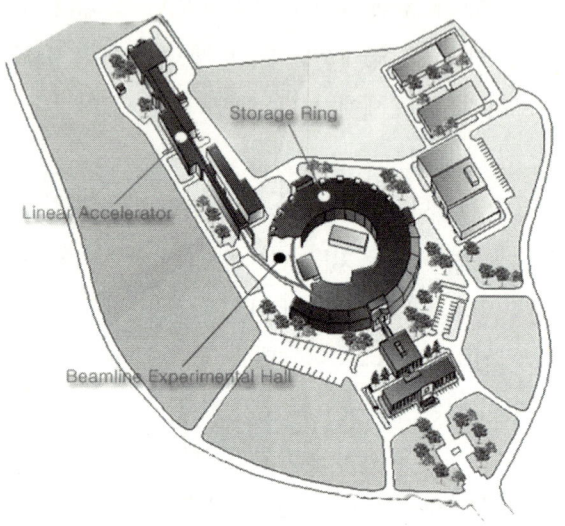

그림4 포항 방사광가속기 전경

구조를 알아낼 수 있다. 마치 사진을 찍는 것처럼 물질의 구조를 찍어 낼 수 있는데, 최근에 단백질의 구조를 정확히 알아내기 위한 방법으로 가장 좋은 방법이라고 할 수 있다.

특히 생명공학이 전성기를 구가하며, 단백질의 구조분석이 매우 중요한 역할을 하고 있으므로 방사광 가속기의 필요성은 점점 더 커질 것 같다. 일본의 경우 아예 방사광 가속기 여러 대를 동시에 건설하여 생명공학 연구에 중요한 지원시설로 활용하고 있다. 방사광의 이용이 본격적으로 시작된 것은 1960년대이지만 그 중요성이 빨리 인식되면서 현재 아시아 지역에만 13개의 방사광 전용 가속기가 작동 중이다. 얼마 전까지만 하더라도 입자가속기의 보유가 그 나라의 국력과 기술력의 상징으로 받아들여졌을 정도였다. 이제 많은 나라가 보유하게 되었으니, 어쨌든 이제 가속기가 없으면 후진국이라는 소리를 듣기 쉽상인 것이 엄연한 현실이다.

입자가속기의 다양한 산업적 응용

산업적 응용의 예는 매우 많이 찾아볼 수 있다. 플라스틱으로 된 튜브를 가열하면 쪼그라들어 반경이 줄어드는 것을 본 적이 있을 것이다. 폴리에틸렌에 전자 빔을 쬐면 폴리머의 구조가 변하는데, 이 특성에 의해 처리된 플라스틱 튜브가 바로 이렇게 변형되는 튜브이다. 전자빔에 조사된 폴리에틸렌은 이외에도 여러 가지 성질이 좋아지는데, 예를 들어 전선의 피복으로 사용하면 월등히 좋은 절연 효과가 있다.

창고에 곡식들을 장기간 보관하는 경우 해충에 의한 피해는 매우 심각한 문제 중 하나이다. 해충들을 퇴치하기 위해 화학적인 방법 즉 해충약을 사용할 수 있겠지만 엄청난 노력이 필요할 뿐더러 일부 독성이 남아 있을 수 있어 매우 골치 아픈 문제이다. 이 경우에도 전자 빔을 쬐면 곡식의 질에 변화를 주지 않으면서 해충만 죽일 수 있어 널리 사용되고 있다.

2001년에 일어난 미국 뉴욕의 테러 이후 탄저균이 문제가 된 적이 있는데, 인명을 보호하기 위해 우편물에 입자 빔을 쬠으로써 탄저균을 죽이는 방법도 동원되었다. 전자 빔은 좁은 공간에 많은 에너지를 짧은 시간에 전달할 수 있는 특성을 이용하여 금속들의 용접에도 사용된다. 특히 항공기의 경우 티타늄과 그 합금들의 용접에 사용되며 우주공간에서의 용접도 시도된 바 있다. 니스나 페인트를 열을 가하지 않고 빨리 말리는 방법에도 전자 빔이 사용되며, CD의 표면과 같은 플라스틱 코팅에도 사용된다.

이외에도 입자가속기를 사용한 산업적 응용의 예는 셀 수 없을 정도로 많다. 물론 목적에 따라 매우 작은 가속기가 사용되기도 하지만, 암치료용 양성자 가속기나 방사광 가속기와 같이 별도 건축물을 필요로 하는 대형 가속기를 사용하는 경우도 있다. 별로 바람직한 활용은 아니지만 예전에 냉전이 아직 존재할 때, 미국에서 '별들의 전쟁(Star Wars)'이라는 프로젝트가 진행된 바 있다. 이는 우주공간에 인공위성에 입자가속기를 장치하여 상대국의 인공위성이나 대륙간 미사일을 공중분해시키려는 아이디어였다. 다행히 소련의 몰락으로 냉전이 종식되면서 이 프로젝트 자체가 공중분해되어 버렸다.

고고학의 도구인 입자가속기

가속기를 사용하여 소량의 동위원소 성분비를 분석하는 방법을 가속기 질량 분석장치라고 부른다. 특별한 동위원소의 존재비를 측정하면 연대를 측정할 수 있는데, 고고학적으로 매우 중요하게 사용된다. 예를 들어 탄소(^{12}C)의 동위원소인 ^{14}C는 우주방사선에 의해 대기중에 생겨나는데, 이들이 식물에 흡수된 후 고착되면 시간이 지나면서 그 존재비가 줄어든다. 마치 모래시계에서 모래가 점점 줄어드는 것과 같이 ^{14}C의 양이 시간이 지나며 줄어드니 자연의 모래시계라고

나 할까? 그래서 ^{14}C의 ^{12}C의 양에 대한 존재비를 측정하는 방법이 오랫동안 개발되었는데, 입자가속기를 사용하면 기존의 방법들보다 훨씬 더 미량을 측정할 수 있으므로 역사적으로 중요한 시료를 약간의 손상만 주고도 연대를 정밀하게 측정할 수 있다. 서울대학교에도 가속기를 도입하여 질량분석에 의한 연대측정을 시행하고 있으니 우리나라 역사연구에 큰 변화가 예상된다.

입자가속기의 전망

이상에서 서술한 바와 같이 입자가속기는 매우 다양하게 이용되고 있다는 것을 알 수 있다. 더 나아가서 초기의 가속기 기술을 사용한 가속기뿐만 아니라 최근의 가속기 기술을 사용한 가속기도 이미 상용화가 되는 것을 볼 수 있다. 국립 암센터 암치료용 양성자 가속기의 도입을 위한 양성자 가속기 벤더 설명회에는 6개의 회사가 참석하여 발표했는데, 양성자 치료가 본격적으로 이루어지기 시작한 것이 10년 정도인 것을 감안하면 참으로 매우 빠른 변화인 것을 알 수 있다. 특히 일본은 히타치, 스미토모, 미쓰비시 등 3개의 대기업에서 경쟁적으로 이 분야에 뛰어들어 이미 가속기 선진국인 미국이나 유럽을 바싹 뒤쫓고 있음을 볼 수 있다. 이에 비하면 한국에서는 아직도 미개척 분야로 남아 있어 앞으로 분발이 촉구된다.

입자가속기는 계속 발전하고 있으며 최근의 고에너지 실험용 입자가속기들은 인간이 달성한 가장 빠른 속도의 입자들을 만들어낼뿐더러 빔의 강도도 놀랄 만큼 빨리 발전하고 있다. 이들 가속기들은 계속적으로 새로운 물리현상을 알아내고 우주의 초기 상황을 재현하여 우주의 탄생과 진화에 대한 비밀까지도 알아내게 될 것이다. 이런 새로운 가속기들이 앞으로 10년 혹은 20년 후에 또 어떤 방법으로 활용될 것인가를 상상해보는 것도 매우 즐거운 일이다. 낮은 에너지의 입자가속기는 소형화되어 휴대용 입자가속기가 등장할지도 모를 일이다.

원자력 발전과 관련하여 핵폐기물 처리 과정에서 가장 큰 문제가 되는 것은 긴 반감기를 갖는 동위원소들을 포함하는 폐기물들을 장기간 저장해야 하기 때문에 이에 따른 안정성의 문제가 따른다는 것이다. 약력을 매개하는 W-보존이라는 소립자를 발견하여 노벨상을 수상한 루비아에 의해서 제안되어 양성자 빔을 사용 후의 핵연료에 때림으로서 반감기가 긴 동위원소들을 반감기가 짧은 동위원소로 변화시켜서 핵폐기물 처리 문제를 해결하려는 연구도 진행중이다. 이 과정에서 에너지가 발생하므로 이차적인 발전도 할 수 있다는 장점 때문에 여러 나라에서 큰돈을 들여 연구를 하고 있다. 이 연구가 성공한다면 핵폐기물 처리에 큰 전기가 마련될 것으로 보인다. 앞으로도 가속기를 이용한 활용은 계속적으로 늘어날 것으로 전망된다.

가속기는 물리학자들이 물질을 이루는 기본입자와 그들을 지배하는 물리법칙을 찾고자 하는 순수한 학문적인 필요에 의해 발명된 실험장치이다. 그러나 그 응용의 다양성은 아마 사이클로트론을 발명한 로렌스조차도 전혀 인식하지 못했을 것이다. 이와 같이 순수과학은 결국 인간의 지식을 넓히고 이를 바탕으로 새로운 응용을 만들어내기도 하지만 그 연구과정에서 얻어지는 새로운 기술은 상상할 수

없는 파생효과를 불러일으킨다. 그렇기 때문에 많은 선진국에서 돈이
되지도 않는 순수과학에 국가적인 지원을 아끼지 않는 것이다.

생명을 영상으로 표현한다
—PET의 세계

최 용
성균관대학교 의과대학, 삼성서울병원 핵의학과

의료용 영상기기는 비침습적으로 생체 내부를 영상형태로 나타내 정확한 질병진단에 필요한 다양한 정보를 제공한다. 현재 병원에서 널리 사용하는 단층영상 획득기기는 X-선 전산화단층촬영(CT, Computed Tomography), 자기공명영상(MRI, Magnetic Resonance Imaing)과 핵의학 영상기기를 들 수 있다. CT와 MRI는 인체의 상세한 해부학적 영상을 제공하는 반면, 방사성동위원소를 이용하는 핵의학 영상기기는 인체 내 생물학적 현상을 나타내는 영상을 제공한다. 핵의학 영상기기 중, 양전자방출단층촬영기(PET, Positron Emission Tomography)는 연구와 진단 대상이 되는 생체 내에 양전자를 방출하는 방사성의약품을 정맥주사 또는 흡입으로 주입한 후 이물질의 체

:: 지은이 주의 해당 자료는 96쪽에 일괄 배치하였다.

내 분포를 영상화한다.

PET은 여러 가지 생리적, 병리적 기본이 되는 생체 내 생물학적 현상을 비침습적으로 간단하고 정확하게 영상화하고 정량화할 수 있는 도구이다. PET 영상을 이용하여 혈류량과 기저대사율 및 합성율 같은 생화학적 현상을 측정할 수 있을 뿐만 아니라, 신경수용체와 전달체 농도 그리고 더 나아가 유전자를 영상화할 수 있다. 이러한 생물학적 현상의 영상화로 PET 영상은 기능영상을 제공하며, 이것은 CT나 MRI로 얻어지는 형태학적 영상과 구별된다.[1,2]

PET 스캐너를 이용하여 인체의 기능영상을 획득하기 위해서는 의료용 사이클로트론에서 생성된 양전자 방출체를 표지하여 합성한 방사성의약품(그림 1a)을 환자에게 주입하고, 그림 1c에서처럼 원형의 PET 스캐너에 움직임이 없도록 위치시킨다. 원형 스캐너는 양전자가 소멸하여 방출하는 감마선을 검출하는 검출기와 동시계수회로, 신호처리 시스템 등으로 구성되어 있으며, PET의 제어, 영상재구성, 분석, 표현은 컴퓨터를 사용하여 시행한다(그림 1b). PET 영상은 방사성동위원소가 표지된 의약품을 특정한 생리현상의 추적자로 사용하여 이들의 분포나 활동에 관한 정보를 시간에 따라 측정하여 생체의 생물학적 현상을 측정하는 데 유용하게 사용된다.[4]

PET의 원리

양전자 방출 핵종은 핵 내부의 양성자 대 중성자의 비가 높은 불안정한 핵종으로서 이들은 양전자를 방출함으로써 안정화된다. 양전

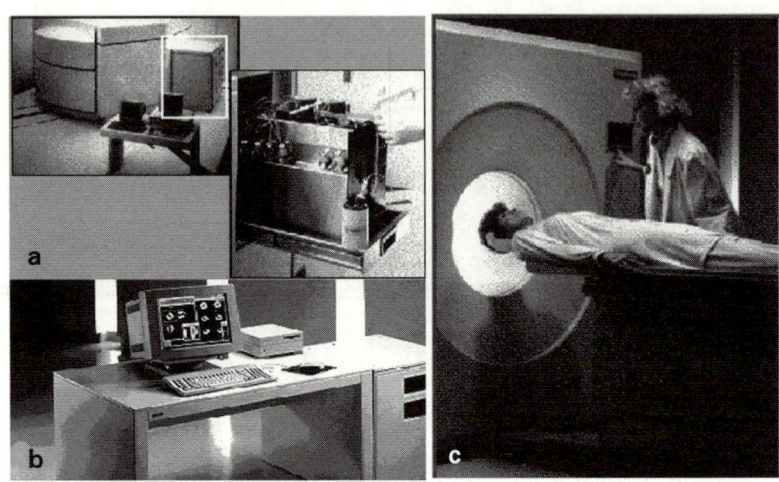

그림1 의료용 사이클로트론과 방사성의약품 합성 모듈(a), PET 영상획득과 분석에 사용되는 컴퓨터(b), PET 스캐너와 검사 과정(c)[3]

자는 양전자 방출 핵종의 β^+붕괴과정에서 중성미자와 함께 일정량의 운동에너지를 가지고 방출되어 주변 물질에 있는 전자와 충돌하면서 그 에너지를 잃게 된다. 정지상태에 이른 양전자는 전자와 결합하여 180° 방향으로 방출하는 511keV 에너지의 소멸 감마선으로 변환된다 (그림 2상).

PET에서 사용하는 방사성화합물들은 수백 종에 이르며 물, 산소, 이산화탄소, 포도당, 아미노산, 지방산 등에 ^{11}C, ^{13}N, ^{15}O, ^{18}F, 등을 표지하여 $C^{15}O$, $[^{13}N]ammonia$, $H_2^{15}O$, $[^{18}F]FDG$ 등으로 합성한 양전자 방출체들이다[4]. 대부분의 양전자 방출 핵종은 반감기가 2분에서 109분으로 짧으므로, PET 스캐너로 신속하게 운반되어 영상획득

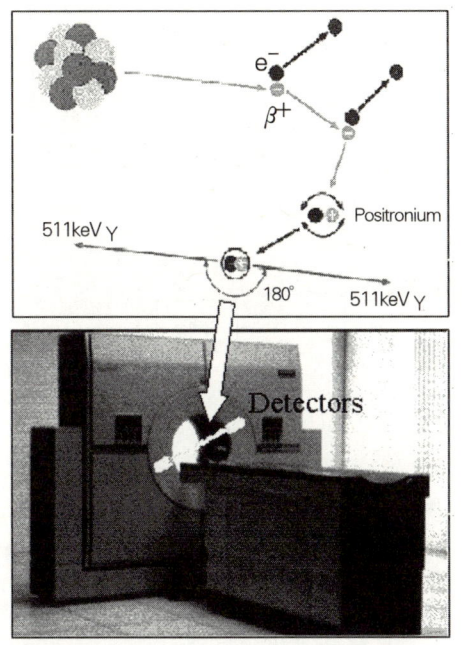

에 이용되며 의료용 소형 사이클로트론에 의해 생산된다.

PET은 양전자 방출체를 표지한 방사성의약품을 추적자로 이용하여 양전자 소멸 현상에 의해 동시에 발생한 511keV 에너지 감마선 쌍을 고리모양의 감마선 검출기로 측정하여 양전자 방출 핵종의 체내 분포에 대한 공간적 위치 정보를 영상으로 표현한다. 그림 2에 나타낸 바

그림2 양전자 소멸과정(상)과 PET에서의 검출원리(하)[3]

와 같이 방출된 감마선 쌍은 대상 생체를 투과하여 생체를 에워싸는 고리모양의 감마선 검출기에 측정됨으로써 양전자 방출 핵종의 체내 분포에 대한 공간적 위치 정보를 제공한다.

양전자 방출체에서 발생하는 감마선을 검출하는 PET 스캐너 검출 시스템은 수만 개의 섬광결정, 광전자증배관, 동시계수회로 등으로 이루어져 있다. 섬광결정으로는 NaI(Tl), BGO(Bismuth Germanate Oxide), LSO(Lutetium Oxyorthosilicate) 등이 상용화된 PET 스캐너에 사용되고 있다. 이러한 섬광결정은 밀도와 유효원

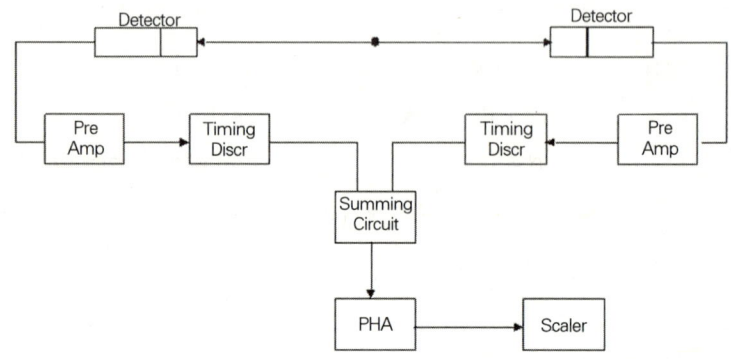

그림3 PET에 사용되는 동시측정시스템 구성도

자번호가 커서 511keV 감마선에 대한 저지능이 우수하다. 그림 3에
나타낸 바와 같이 2개의 감마선이 마주보고 있는 한 쌍의 검출기에 각
각 동시에 도달하면 동시회로에서 약 13×10^{-9}초의 시간 윈도와 350~
650keV의 에너지 윈도를 거쳐 동시계수현상으로 계수된다. 동시계
수는 두 검출기를 잇는 동시측정선상에서의 방사능 합을 나타낸다.[4,5]

PET 단층영상을 재구성하는 원리는 X-선 CT, 단일광자방출전
산화단층촬영(SPECT, Single Photon Emission Computed
Tomography)에서 사용되는 것과 유사하다. PET 검출기는 그림 4a
와 같이 마주보고 있는 검출기 사이에 존재하는 방사능 합을 측정한
다. 이 투사 데이터를 여러 각도에서 얻고 2차원 여현곡선(sinogram,
그림 4b)을 만들어 단층영상 재구성을 위한 입력자료로 사용한다.
PET에서 획득한 여현곡선으로 2차원 방사능 분포를 평면에 재구성하
기 위해서는 역투사를 해야 한다. 역투사는 각 각도에 따른 투사 데이

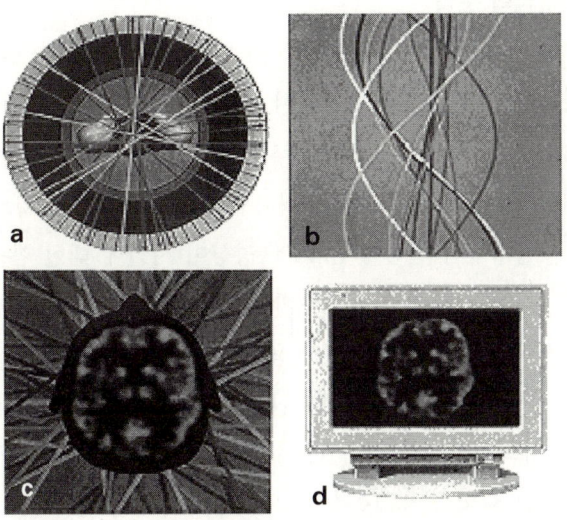

그림4 PET 영상 재구성 원리[9]. a: PET 스캐너에서의 동시 측정선, b: 투사데이터를 위치와 각도의 함수로
배열한 여현곡선, c: 재구성한 단층영상, d: 컴퓨터를 통한 영상표현

터의 값을 재구성하고자 하는 영상의 화소에 동일한 값으로 입력한
다. 0도에서 360° 역투사 값을 각도에 대하여 합하면 대상 생체의 방
사능 분포를 나타내는 단층영상이 구성된다(그림 4c). 여과후역투사
(FBP, Filtered Backprojection) 재구성방법은 역투사에 의해 발생한
주위 잡음과 오차를 개선하기 위해 각 프로파일에 여과기를 써서 역
투사한다.[4, 5]

추적자 역학 분석

생체의 생물학적 현상을 측정하기 위하여 생체 내에 존재하는 원소들의 방사성 동위원소를 사용하여 이들의 분포나 활동에 관한 정보를 비침습적으로 얻는 연구에서 방사성 동위원소는 특정한 생물현상의 추적자(tracer) 역할을 담당한다. 추적자 역학(tracer kinetics)이란 해부학, 생리학과 관련 있는 PET 영상이 시간에 대한 함수관계를 갖고 있을 때 영상 해석과정을 수학적으로 기술하는 방법이다.[4-6] 이 방법은 동적이나 정적인 시스템의 용적, 유량, 속도상수 등을 구하는 편리하고 민감한 측정기술로 기본원리는 추적자 질량 보존이며 영상을 단순히 시각적으로 조사할 때는 명확하지 않은 생화학적 현상의 속도를 정확한 수치와 생리학적 단위로서 나타내는 것을 목적으로 한다. 대표적인 추적자 역학분석방법으로는 구획모델(compartment model)을 들 수 있다. 구획모델에서는 추적자가 신속하게 균일한 분포를 이루어 의미있는 농도변화가 없는 공간을 구획이라 하고, 구획들 사이에서 출입하는 물질의 양 또는 농도 및 유속의 관계를 속도상수로 나타낸다.

추적자 역학의 한 예로서 그림 5에 나타낸 바와 같이 포도당 이용율 측정에 많이 사용되는 2-[^{18}F]fluoro-2-deoxy-D-glucose(FDG)의 3-구획모델을 들 수 있다.[4,7] 생체에 정맥주사된 FDG가 혈액에서 조직으로 들어갈 때에는 포도당과 같은 운반체에 의해 이동되며, 조직 내로 운반된 FDG와 포도당은 헥소키나제에 의해 각각 FDG-6-PO_4와 glucose-6-PO_4로 인산화된다. 이후 glucose-6-PO_4는 계속해서 대사가 진행되지만 FDG-6-PO_4는 해당작용이 일어나지 않고 당원

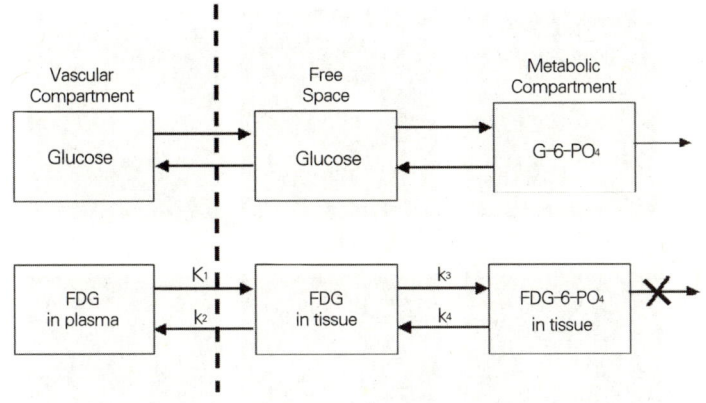

그림5 포도당 대사측정에 사용되는 FDG 추적자 역학의 3-구획모델. FDG는 포도당과 같이 포도당 운반체에 의해 세포 속으로 운반되고 헥소키나제에 의해 인산화되지만 FDG-6-PO₄는 G-6-PO₄와 달리 대사가 진행되지 않아 조직 내에 포획된다(K₁∼k₄는 운반율을 나타내는 속도상수임).

으로도 변하지 않으므로 결국 조직 내에 포획된다. 그러므로 FDG는 정맥주사된 후 조직 내에서 FDG-6-PO₄ 형태로 안정적으로 존재하기 때문에 양질의 PET 영상획득이 가능할 뿐 아니라, 혈액에서 조직으로의 포도당 운반율, 포도당 인산화율, 포도당 이용율 등을 정량적으로 측정할 수 있다. 이러한 포도당 대사의 파라미터를 3-구획모델을 이용하여 표현할 수 있다.

여기에서 속도상수 K_1(ml/min/g)은 혈액에서 생체조직으로의 FDG 운반율을 나타내고, k_2(min⁻¹)는 그 반대 방향인 생체조직에서 혈액으로의 FDG 운반율을 나타낸다. k_3(min⁻¹)와 k_4(min⁻¹)는 각각 생체조직 내에서 FDG의 인산화율과 FDG-6-PO₄의 탈인산화율을 나타낸다. FDG를 주입한 후 PET 영상을 시간에 따라 얻고 관심영역

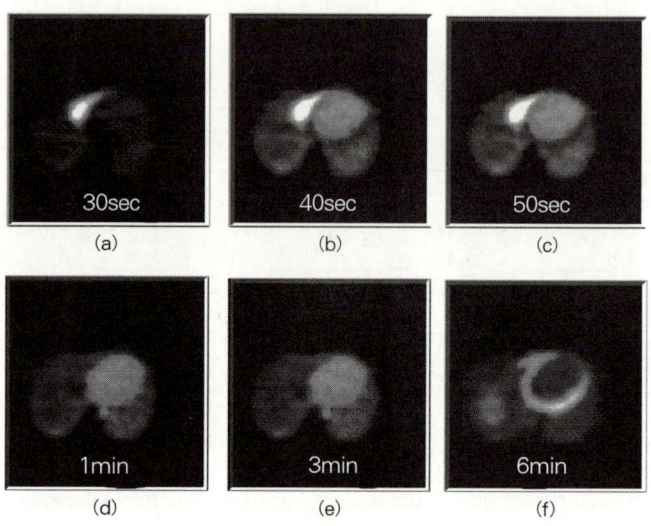

그림6 심근혈류 추적자 영상[3]. 심장의 시간에 따른 혈류영상으로 추적자가 우심실에서 좌심실로 이동하여 심근에 섭취되는 양상을 관찰할 수 있다. 각 영상 밑에 표시된 시간은 추적자 주입 후 경과시간을 나타낸다.

분석으로 얻어진 시간-방사능 곡선을 FDG 3-구획모델에 비선형최소제곱법을 이용하여 수학적으로 합치시켜 속도상수 K_1, k_2, k_3, k_4를 구함으로써 포도당 대사율을 측정할 수 있다. 그림 6은 심장영상으로 정맥주사된 추적자가 심방과 심실을 거쳐 심근에 흡수되는 양상을 시간에 따라 연속적으로 획득한 PET 영상이다. 이 영상의 혈액풀과 심근에 관심영역을 설정하여 시간-방사능 곡선을 구한 후, 위에서 설명한 추적자 역학분석방법을 이용하여 정량적인 파라미터를 수치로 계산하여 질병진단과 치료효과를 판별하는 데 유용하게 사용한다.

PET의 임상응용

PET의 임상적 응용은 크게 신경학, 종양학, 심장학의 세 영역으로 분류할 수 있다.[8] 그림 7은 PET영상의 예로 뇌검사 영상(좌)과 전신영상(중), 그리고 심근영상(우)을 보여준다. 신경학에서는 신경세포에서 일어나는 생화학적 현상을 영상화하여 평가할 수 있다는 것을 이용한다. PET을 사용하여 여러 가지 생리적, 병리적 상태에서 신경세포의 생물학적 변화를 총체적으로 관찰할 수 있으며, 뇌대사 평가, 뇌혈류 평가와 뇌기능도 작성, 신경전달물질 및 수용체 농도 평가에 주로 이용하고 있다. $^{15}O_2$ 가스를 지속적으로 흡입하거나 $H_2^{15}O$를 정맥주사하여 국소 뇌혈류량을 측정할 수 있고 $^{15}O_2$를 흡입하여 뇌의 산소대사량을 구할 수 있으며, FDG를 사용하여 포도당 대사량을 얻을 수 있다. FDG-PET을 이용한 간질평가에서 발작원인 부위는 간질발작 사이에는 국소적인 대사감소를 보인다. 간질병소의 규명에 있어서 CT나 MRI로는 대부분 구조적 이상을 발견하지 못하는 반면, FDG-PET 영상은 정확한 정보를 제공한다. FDG-PET 영상으로 알츠하이머병 환자에서 나타나는 특징적인 뇌대사 분포를 관찰하여 진단의 정확도를 향상시킬 수 있을 뿐만 아니라, 대사저하 정도와 범위를 정확하게 평가함으로써 질병의 진행을 조기에 진단하고 질병진행 억제치료를 적용하는 기회를 제공할 수 있다. PET에 의한 신경수용체 및 전달체 연구는 뇌의 여러 부위에서 이들 농도와 분포에 영향을 미치는 요인들을 연구하는 데 많은 정보를 제공하며 질병의 경과나 치료에 따른 수용체 및 전달체의 정량적 분포 및 변화를 평가할 수 있다.

종양세포에서 해당작용을 포함한 대사과정이 활발하다는 사실을 이용하여 이들 대사에 이용되는 물질에 방사성 동위원소를 표지하여 PET 영상을 얻어 종양 존재 여부와 위치를 진단할 수 있다. 전신 PET 영상을 이용한 전이성병소의 진단, FDG와 ^{11}C-methionine, ^{11}C-thymidine, ^{11}C-tyrosine 등을 사용한 종양대사 관찰, 항암화학요법제의 체내동태 추적 등이 가능하다. 그리고 대장암, 두경부암, 폐암, 림프암, 흑생종, 유방암, 근골격계암 등의 악성도를 결정하고 질병진행 평가, 수술 및 치료성과 평가, 예후평가, 괴사 및 재발 감별이 가능하다. PET 영상은 종양을 기능적 관점에서 평가할 수 있게 하여 해부학적 정보를 제공하는 CT, MRI와 상호보완적으로 사용할 수 있다.

심장학에서는 $[^{13}$N]ammonia처럼 혈류에서 신속히 제거되며 심근으로의 추출률이 매우 높은 추적자를 사용하여 국소 심근혈류를 구할 수 있으며(그림 6), ^{11}C-acetate를 사용하여 심근의 유산소대사를 평가하고, FDG를 사용하여 심근의 포도당 이용율을 평가할 수 있다. PET 영상은 허혈성심질환 진단과 관상동맥질환 유무를 비침습적으로 정확히 진단할 수 있을 뿐만 아니라 생존심근이 어느 정도인가를 알 수 있어 치료방법의 결정과 치료 후의 결과를 판정할 수 있게 한다. 관상동맥조영술이 침습적이고 협착 정도를 형태적으로만 알 수 있는 반면, PET 영상에서는 국소혈류량을 정량화하여 질환의 유무를 보다 생리적으로 진단할 수 있고 심근의 생존능을 정확하게 평가할 수 있다.

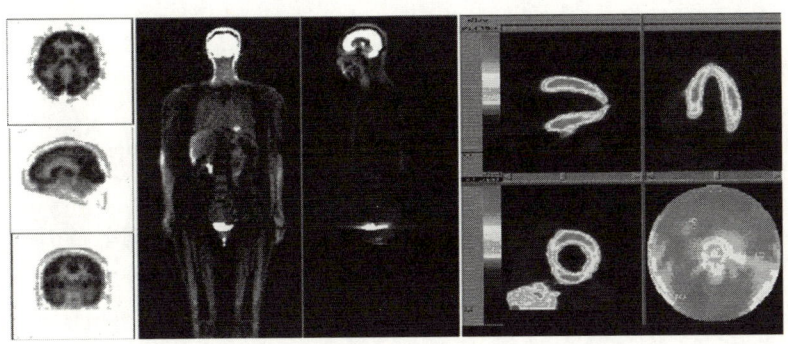

그림7 PET영상의 예: 뇌영상, 전신영상, 심장영상

PET의 미래

여기에서는 물리학, 화학, 의학, 공학 등 다학제간의 공동연구를 통해 개발된 PET이 방사성 핵종을 이용하여 생체의 기능을 측정하는 첨단의료 영상기기임을 소개하였다. 국내에는 1994년에 삼성서울병원과 서울대학병원에 PET가 도입된 이래 현재 7개 기관에서 8대를 적극 활용하고 있다. PET기기 개발연구는 세계적으로 활발하게 이루어지고 있으며, 크기가 작고 검출효율이 높은 검출소자 개발과 공간분해능, 정량적 정확도, 진단성능, 소형화, 경제성 등을 개선하는 방향으로 진행되고 있다. 더불어 다양한 양전자 방출 방사성의약품의 개발연구, 여러 가지 생물학적 과정을 적절히 묘사하여 모델링할 수 있는 영상분석방법의 연구가 진행되고 있어 앞으로도 기초과학 및 의학 연구발전에 많은 공헌을 할 것으로 기대된다.

지은이 주 자료

1. 최 용, 이정림. 〈양전자방출단층촬영(Positron Emission Tomography)의 원리와 응용〉. 《대한핵의학기술학회지》 1996; 1: p. 26~34

2. 김희중, 최 용: 『핵의학기기와 정량분석』. 핵의학교육연구회 편저. 서울 고려의학, 1997; p. 21~34

3. Crump Institute for Biological Imaging의 Gambhir 박사의 동의하에 http://www.crump.ucla.edu에 있는 사진 게재

4. Phelps ME, Mazziotta JC, Schelbert HR: *Positron emission tomography and autoradiography*, New York: Raven Press, 1986

5. Sorenson JA, Phelps ME: *Physics in nuclear medicine*, Orlando: Grune & Stratton, Inc, 1987

6. 최 용: 『컴퓨터 응용과 정량분석』. 고창순 편저. 서울 고려의학, 제 2판, 1997; 129~65

7. Choi Y, Hawkins RA, Huang SC, et al. Parametric images of myocardial metabolic rate of glucose generated from dynamic cardiac positron emission tomography and 2-(18F)fluoro-2-deoxy-D-glucose studies. *Journal of Nuclear Medicine* 1991; 32:733~738.

8. 이명철: 『양전자방출단층촬영』. 고창순 편저. 서울 고려의학 제 2판, 1997; 167~92

양자역학이라는 이상한 나라
-양자정보, 양자계산에 대하여

지동표
서울대학교 수리과학부

　　20세기에 이루어진 물리학의 발견 중 '양자역학'과 '상대성 이론'은 그 심오함이나 영향력 면에서 가장 두드러진 것이라 하겠다. 상대성 이론은 천재 아인슈타인 개인이 이룬 업적인데 비해, 양자역학은 플랑크, 보어, 아인슈타인, 슈뢰딩거, 디락, 하이젠베르크 등이 이루어냈다. 이 중 우리의 일상생활에 미친 영향은 양자역학이 훨씬 크다. 컴퓨터, TV, 전화 등 현대문명의 이기 대부분이 양자역학의 산물이라 할 수 있고, 21세기에 지식정보시대를 살 수 있는 것도 양자역학 덕분이다. 양자역학이 우리의 생활 여러 방면에서 이렇게 많은 기여를 하고 있지만 양자역학의 세계는 우리의 직감과 너무 동떨어져 이를 이해하는 것은 우리의 능력을 넘어서고, 대부분의 물리학자들도 양자역학을 사용할 뿐 이해하려고 하지 않는다. 일찍이 양자전기역학의 대가였던 파인만도 "이 세상 어느 누구도 양자역학을 이해할 수 없다"라고 하였다.

　　최근 소형화에서 극소형화로 발전하고 있는 반도체 기술의 발전은 머지않아 1비트(bit, 0이나 1의 정보)에 필요한 원자수가 몇 개 내외가 될 것이다. 이때에는 정보처리에 있어서 양자현상을 피할 수 없게 된다(지금까지 반도체 칩 설계에 있어서 양자현상을 피해왔다). 그런데 양자현상은 고전현상과는 아주 달라서 지금 사용하고 있는 0과 1을 기본으로 하는 정보처리방법으로는 그 목적을 이룰 수 없다. 따라서 미시세계의 원리인 양자역학에 기반을 둔 새로운 정보처리방법을 만들어야 한다.

　　여기에서는 양자역학적 정보처리 및 계산법에 대해 수식을 사용하지 않으면서(따라서 많이 제한적일 수밖에 없다) 설명해보겠다. 크게 보면 이들은 양자역학이라는 세계의 한 면모라 할 수도 있다. 따라서 우선 양자역학에 대해 살펴보자.

양자역학이 고전역학과 다른 몇 가지 특징

　　양자역학에서는 상태 0과 상태 1의 중간 상태라 할 수 있는 이들의 일차 결합($a|0\rangle + b|1\rangle$으로 표현)도 상태 0이나 상태 1과 동등한 자격을 가진 상태이다(이에 비해 고전적으로는 0 혹은 1, 또는 찬이나 반 중 하나의 상태만 가능하다). 이것으로부터도 "양자역학은 괴상하다"는 느낌을 갖지 않을 수 없다. 양자역학의 두 번째 특징은 선형성에 있다. 선형성이란 일차 결합을 보존한다는 것을 말한다. 양자역학에 나오는 모든 연산은 선형적이다. 또 다른 특징은 주어진 계를 관

측하면 계의 원래 상태에서 관측한 값에 따라 다른 계로 전이된다. 이는 극한적으로는 계에 아무런 영향을 미치지 않고 관측할 수 있다는 고전역학과는 사뭇 다르다. 끝으로 양자역학의 비국소성을 들 수 있다. 비국소성이란 위치상 떨어진 두 계가 어떤 상태를 나누어 가지고 있으면, 이중 한 계에만 적용한 측정작업이 멀리 떨어진 다른 계의 상태에도 영향을 미친다는 것이다. 이는 물리학의 불문율인 인과율에도 어긋나는 것처럼 보인다(아인슈타인은 양자역학의 이 부분에 대해 특히 강한 불만을 가졌다). 이와 같은 점들이 고전역학으로 살아가는 우리에게 양자역학의 세상이 괴상하게 보이게 하고 이를 이해할 수 없게 한다.

정보의 계량화

20세기에 이루어진 또 다른 과학혁명은 정보의 계량화이다. 그전까지는 정보의 가치를 그저 감성적으로 이해하던 것을, 1945년경 미국의 샤논은 정보의 가치를 엔트로피라는 것으로 계량화하였다. 어떤 정보의 엔트로피란 주어진 정보를 가능한 한 압축하여 0과 1로(이를 bit라 한다) 표현할 때 필요한 비트의 수다. 따라서 복잡한 정보는 엔트로피가 크다. 엔트로피를 통해 정보를 질량이나 에너지, 운동량과 같은 수량화된 물리량으로 만들었다. 정보의 계량화는 양자역학이나 상대성 이론처럼 현란하지는 않으나, 암호기술, 데이터 압축기술, 컴퓨니케이션 등 현대의 컴퓨터 과학 중 많은 부분이 이로부터 비롯된다고 할 때, 현재의 우리의 정보지식 기반사회에 많은 영향을 주고 있다. 최근의 이론에 의하면 우주의 근본이나 블랙홀을 연구할 때에도 엔트로피가 중요한 물리적 양으로 이해되고 이들의 형성이나 미래가 엔트로피에 크게 의존한다. 어떤 물리학자는 우주 자체를 정보로 이해하려는 시도를 하고 있다.

양자정보란?

지금부터 이야기할 양자정보와 양자계산이란 바로 20세기에 탄생된 두 개념, 양자역학과 정보의 종합적인 한 형태라고 할 수 있다.

정보나 계산이 궁극적으로는 물리계에서 수행되기 때문에 물리학의 근본인 양자역학과 정보이론이 결합하는 것은 당연한지 모른다. 이미 양자역학 초창기에도 새로운 물리에서는 정보에 대한 고전적 생각이 바뀌어야 한다고 이해되었다. 앞에서 언급한 바대로 양자역학에서는 물리계에 대한 정보취득행위가 필연적으로 그 계를 흐트러뜨린다. 정보취득과 계의 흐트러짐의 상호교환은 양자역학적 무작위 표본추출이라고 할 수 있다. 따라서 일반적으로 측정한 결과로부터 계의 초기상태를 알 수 없다. 또한 정보취득행위가 필연적으로 계를 흐트러뜨린다는 것은 양자역학적 정보는 완벽하게 복사될 수 없다는 것을 말한다. 만일 완벽하게 복사할 수 있으면 원본 대신 복사본으로 측정을 함으로써 원래 계를 흐트러뜨리지 않고 측정한 셈이 된다. 이는 양자역학의 기본공리에 어긋난다. 이는 복사명령으로 파일을 마음대로 복사할 수 있는 PC의 정보처리와는 전혀 다르다.

1964년 벨은 비국소성 때문에 양자정보는 고전정보와는 근본적으로 다르다는 것을 실험으로 확인할 수 있는 수식을 만들어냈다. 특히 벨은 고전계의 확률분포가 만족해야 할 부등식을 얻었다(이를 벨 부등식이라 한다). 그리고 어떤 양자계는 이 부등식을 만족하지 못한다는 것을 보였다. 이런 양자계는 1985년 프랑스의 아스펙 등이 실험적으로도 실현해, 고전적 확률로서 양자역학을 이해하려고 노력했던 아인슈타인 등이 제안한 '국소적 숨은 변수' 이론이 근본적으로 양자 현상을 설명하지 못하다는 것을 실험이 확인한 것이다(어떤 과학철학자는 벨 부등식을 '과학의 가장 심오한 발견'으로 말하기도 한다). 이는 양자정보는 그 대부분이 주어진 물리계의 각 성분이 아니라 서로 다른 성분 사이의 상관관계에 담겨 있다는 것을 보인 것이다. 고전정보계에서는 이런 일이 있을 수 없다.

양자계산

위와 같이 양자정보가 고전정보와는 전혀 다른 성질을 가지고 있다는 것은 양자역학적 정보처리나 계산에 있어서 우리가 이해할 수 없는 심오하고 새로운 또한 획기적 충격이 나올 것을 암시한다. 이런 것 중 처음이 1994년 미국 AT&T의 피터 쇼어에 의한 양자 소인수 분해 계산법이다. 소인수 분해란 주어진 수를 소수의 곱으로 나타내는 것을 말한다. 소인수 분해 문제는 해가 주어지면 쉽게 확인할 수 있으나, 그 해를 찾는 것은 아주 힘든 문제이다. 예를 들어 두 수 1043과 16453의 곱이 200949083이 됨을 쉽게 알 수 있으나 거꾸로 곱해서 200949083이 되는 두 수를 찾는 것은 무척 힘들다. 소인수 분해에 대해 지금까지 알려진 제일 좋은 고전적 계산방법으로도 주어진 수의 자릿수 n에 대해 약 $e^{n^{1/3}}$ 정도의 시간이 필요하다. 현재의 기술로 130자릿수의 약수를 찾아내는 데 많은 워크스테이션을 이용하여 병렬 계산하더라도 1개월 정도의 시간이 소요된다. 이로부터 연산을 하면 4백 자릿수의 약수를 찾아내는 데에는 약 10^{10}년(우주 나이 정도)이 걸린다. 현재의 컴퓨터 기술이 아무리 발달해도 4백 자릿수를 소인수 분해하는 일은 얼마 동안 인간의 능력 밖이다. 소인수 분해 문제는 수학적으로만 중요한 문제가 아니라, 현재 은행거래나 인터넷 거래에서 가장 널리 쓰이는 RSA 공개키 암호체계의 기본이다. 따라서 쇼어가 발견한 자릿수에 따라 약 세제곱 정도 시간에 수행할 수 있는 양자 소인수 분해법은 RSA 암호체계가 무너진다는 것을 말한다. 만일 양자계산기가 쇼어 계산법을 사용하여 130자리 숫자를 1시간에 소인수 분해하면 4백 자릿수를 소인수 분해하는 데에는 24시간 정도 걸릴 것이다. 이는 아직 긴 시간이지만 우주의 나이보다 훨씬 짧은 시간이다. 물론 실용성 있는 양자계산기가 만들어지지 않아 아직 이런 양자 소인수 분해는 할 수 없다.

고전적으로 자유도가 3인 N개의 물체를 기술하는 데에는 6N 차원의 실수 공간이 필요하다. 이에 비하여 양자 자유도가 3(3-level system이라 불린다)인 N개의 물체의 양자역학을 기술하는 데에는 3^N 차원의 복소 공간이 필요하다. 즉 고전계는 기술하는 공간의 차원이 물체수에 따라 일차적으로 증가하는 반면, 양자계에 있어서는 차원이 지수적으로 증가한다. 따라서 고전적 계산으로는 양자현상을 효과적으로 기술할 수 없다. 바로 이 점에 착안한 파인만은 거꾸로 양자역학을 이용하여 고전계산을 효과적으로 할 수 있지 않을까 하는 제안을 하였다. 파인먼의 생각은 1985년 옥스퍼드의 도이치에 의해 더 구체적인 형태로 만들어졌다. 양자계산기는 공간을 한꺼번에 움직이는 선형연산에 의해 수행되기 때문에(이를 양자 병렬성이라고 한다) 이를 이용하여 고전적으로는 불가능한 여러 계산능력을 갖는다. 어떤 함수 $f(x)$가 주어졌을 때 그의 성질을 알기 위해 $f(x)$의 값을 하나하나씩 구하지 않고 $f(x)$에 대응되는 양자연산을 잘 구성하여(이 것이 양자 알고리즘이다) 고전계산보다 훨씬 빠르게 $f(x)$의 성질을 알아낼 수 있다. 이때 이용되는 것이 양자상태의 선형성과 비국소성이다. 뒤얽힘(Entanglement)이라고 불리는 양자상태의 비국소성은 아인슈타인이 끝까지 양자역학에 대해 불만을 가졌던 성질이다. 이는 앞에 언급된 양자정보의 비국소성이기도 하다. 양자계산 · 양자정보처리란 바로 양자상태의 비국소적 상호관계를 잘 이용하는 것이다.

　　우리가 사용하는 PC보다 슈퍼컴이 훨씬 빨리 계산하고 더 많은 일을 수행한다. 그러나 슈퍼컴이 하는 일은, 훨씬 느리지만 우리의 PC로도 얼마든지 할 수 있다. 뿐만 아니라 가장 간단한 계산기 모델인 튜링기계로도 다 할 수 있다. 또한 어떤 계산과정이 튜링기계에서 자릿수에 따라 지수적으로 시간이 걸리면 슈퍼컴에서도 그렇고, 슈퍼컴에서 다항식 정도의 시간이 걸리면 튜링기계에서도 그렇다. 다시 말하면 문제의 난이도, 즉 답을 구하는 데 걸리는 시간이 자릿수에 따라 증가하는 모습은 기계에 무관한 문제 자체의 고유한 성질이다. 따라서 계산문제를 입력 비트수가 증가하면 답을 구하는 데 걸리는 시간이 증가하는 정도에 따라 분류할 수 있다(이를 복잡성 문제라고 한다). 다항식 정도의 시간이 걸리는 문제를 P(polynomial), 그보다 더 많은 시간이 걸리는 문제를 NP(non deterministic polynomial)라고 한다(여기서 NP란 아무리 좋은 알고리즘을 찾아 해보아도 다항식 시간에 할 수 없다는 것이지 이론적으로 증명되었다는 것은 아니다). P 문제와 NP 문제가 다르다는 것을 수학적으로 증명하는 것이 정보과학이나 수학에서 가장 유명한 문제로 남아 있다.

물리세계에서의 정보처리나 계산이 근본적으로는 양자역학적이더라도 양자계산기를 고전계산기로 다항식 정도에 시늉내기를 할 수 있으면 복잡성 관점에서 보면 양자계산이 그렇게 흥미로운 것이라고 할 수 없다. 그러나 파인만이 일찍 인지하였고 쇼어의 양자계산법에서 알 수 있는 것처럼 일반적으로 양자현상을 고전계산기로 다항식 시간 정도로 시늉내기하는 것은 불가능하다(소인수 분해 문제는 고전계산으로는 NP이지만, 쇼어 계산법은 양자계산으로는 P라는 것을 보여준 것이다). 따라서 고전계산에 의한 복잡성의 분류와 물리적, 더 구체적으로 양자 계산적 분류는 서로 다르다는 이야기가 된다. 이는 계산학의 바탕을 뒤흔드는 일이고 미래의 기술에 큰 충격을 주는 것이다. 물리적으로는 간단한 양자계의 계산도 고전계산으로는 효과적으로 수행할 수 없다는 것을 말해주며, 거꾸로 간단한 양자계산도 우리에게 많은 환상적인 결과를 줄 것을 시사한다(고전적 계산은 항상 같은 난이도로 양자계산적 시늉내기가 가능하다).

여러 가지 환상적인 계산을 시사하는 양자계산에도 큰 약점이 있다. 양자상태는 아주 연약한 상태라 그 조작에서 항상 큰 오차를 동반한다. 따라서 양자계산을 실제로 수행하기 위해서는 이런 오차를 보정하는 작업이 필수적이다. 양자계산의 오차를 보정하는 여러 가지 방법이 최근에 많이 개발되었고, 이는 이때까지 고전계산에서 많이 연구되어온 잡음보정작업과 매우 유사하다(양자계산의 오차문제는 양자역학에서 관찰문제와 밀접한 관계가 있다).

앞에서 양자계산이 보여준 가장 환상적인 계산인 쇼어의 소인수분해 계산법을 소개하였다. 이외에 몇 가지를 더 소개해보자.

A와 B가 어떤 양자상태를 공유하면 이것을 이용하여 A가 가지고 있던 또 다른 양자상태를 B에 보낼 수 있다. 이는 우리가 흔히 사용하는 팩스와 비슷하나 여기에서는 원본이 직접 B에게 전달된다는 것이다. 이것을 공간이동(quantum teleportation)이라고 하는데 혹시 이 글을 읽는 독자 중 SF 영화 〈스타트랙〉을 본 사람은 우주선에서 땅위로 또는 땅위에서 우주선으로 'energize' 해서 옮기는 것을 기억할 수 있을 것이다. 바로 이런 꿈같은 일이 양자역학의 세계에서는 가능하다는 것이다. 그리고 이는 사람같이 큰 물체는 아니나 전자상태나 광자상태를 약 32킬로미터 떨어진 다른 곳으로 보내는 실험에는 성공을 거두었다.

앞에서 언급했다시피 쇼어의 계산법은 가장 널리 쓰이는 RSA 암호체계를 무너뜨린다. 따라서 양자계산시대에는 새로운 암호체계를 구축해야 하는데, 다행히 RSA를 깨뜨린 양자계산은 우리에게 이론적으로도 절대적으로 훔칠 수 없는 비밀 양자 키 분배 암호체계를 마련해준다.

양자계산이 수행할 수 있는 또 다른 이상한 경이적인 계산에는 데이터베이스 찾기가 있다. 병 앞에 돌 99개, 사탕 1개가 있다고 할 때 사탕을 꺼내기 위해서는 약 50번 이상 찾기를 해보아야 할 것이다. 일반적으로 N개의 데이터 중 원하는 것이 1개일 때 약 $N/2$번 정도 찾아보아야 할 것이다. 그런데 양자역학은 약 $\sqrt{N}$ 번 정도에 거의 확률 1로 찾기를 수행할 수 있는 계산법을 마련해준다. 앞에서 나온 사탕 찾기 경우 약 10번 정도 찾으면 사탕을 찾는다는 이야기다. 이는 그렇게 큰 이득이라고 생각하지 않을 수 있으나 만일 원하는 데이터가 1백만 개 중 하나일 때 50만 번과 1천 번은 아주 큰 차이이다. 그런데 양자역학 세계에서도 시행회수를 $\sqrt{N}$보다는 더 낮출 수 없다는 것이 증명되었다.

배우자 찾기와 같이 어떤 때에는 찾기를 여러 번 시도할 수 없을 경우도 있다. 최근 필자 등은 전체의 데이터 N개 중 원하는 것이 $N/4$개 이상 있으면 1번 시도로 1백% 확률로 찾기에 성공할 수 있는 알고리즘을 만들었다.

위와 같이 경이적인 능력을 가지고 양자계산을 실제로 구현하는 일은 아직 유치한 단계이다. 얼마 전 128개 중 1개를 찾는 알고리즘을 구현하는 데 성공했을 뿐이다. 그러나 지금 사용하고 있는 계산기는 곧 한계에 도달할 것이고, 과학발전이 인간의 근본속성 중 하나이므로 이 한계를 극복하게 될 것이다. 한계에 도달한 고전계산기를 뛰어넘어 실제생활에 사용할 수 있는 양자계산기의 출현을 기대해본다.

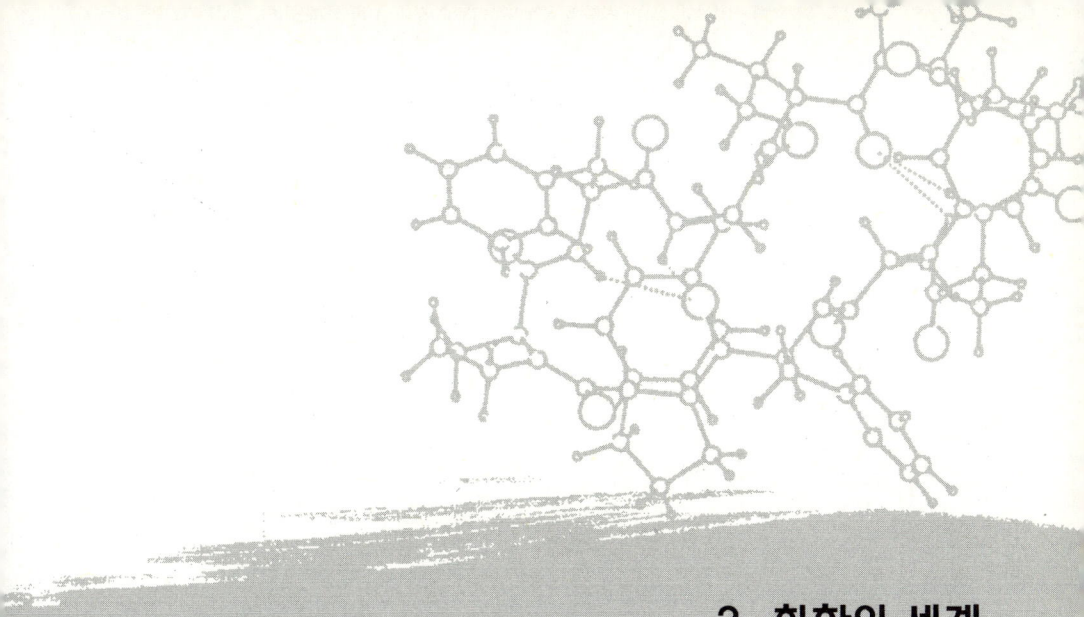

3. 화학의 세계

이중나선의 발견과 크로마토그래피

김희준
서울대학교 화학부

과학사상 가장 중요한 발견을 하나만 꼽으라면 무엇을 이야기해야 좋을까? 지동설, 원자론, 상대성, 양자역학 등은 모두 하나의 발견이라기보다는 여러 가지 관찰 사실과 이론이 종합된 결과로, 자연을 이해하는 체계이자 생각의 틀이라고 말할 수 있다. 허블이 발견한 우주의 팽창은 단일 발견 중에서 단연 헤비급이다. 인간이 우주를 바라보는 시각을 근본적으로 바꾸어놓았으니 말이다. 팽창하는 우주의 발견은 마이크로파 우주배경복사의 발견이 더해지면서 빅뱅 우주론이라는 우주관으로 발전하였다.

지적인 의미에 실용성까지 갖춘 슈퍼 발견은 어떤 것이 있을까? 전문가의 의견을 들어보자. 23년 동안 가장 권위 있는 과학 저널의 하나인 《네이처》의 편집장으로 활동한 매독스는 "DNA 구조 발견의 실용적이고 지적인 의미는 과학 전체에 걸쳐 유례가 없이 중요하다(The practical and intellectual consequences of the structure of DNA are without precedent in the whole of science.)라고 말했다(What Remains to Be Discovered, *Touchstone*, 1998). 이어서 매독스는 코페르니쿠스가 지구를 태양계의 중심에서 몰아낸 일은 우주에서 인간의 위치를 찾는 데 하나의 출발점에 불과했지만, DNA 구조 발견은 그 자체로서 생명현상의 가장 핵심적인 문제의 답을 제공했을 뿐 아니라, 곧이어 생명공학이라는 거대한 응용분야의 문을 열었다고 말한다. 심지어는 생명을 기획하는 데 DNA 이중나선 이외의 다른 방법이 있을 것 같지 않다고까지 말한다.

이처럼 중요한 DNA 구조 발견에는 로잘린드 프랭클린의 초보적인 X-선 회절 사진과 어윈 샤가프가 측정한 DNA에 들어 있는 4가지 염기의 비율이 핵심적인 단서를 제공했다(Watson & Crick, *Nature*, April 25, 1953). 프랭클린의 회절 사진과 관련된 X-선의 발견과 이용이 과학의 발전과 인류문명에 끼친 영향은 관련된 노벨상을 보면 쉽게 알 수 있다(**물리학상**: 뢴트겐, 라우에, 브라그 부자, 지그반, 컴프턴 등, **화학상**: 페루츠, 켄드루, 호지킨, 칼, 미첼, 다이젠호퍼, 후버 등, **생리의학상**: 뮐러). 이 밖에도 X-선은 폐결핵 진단, 암 진단 등에 널리 쓰인다. 골절에도 X-선 사진을 찍고, 치과병원에 가도 X-선 사진을 찍는다. 공학에서의 구조물 진단에도 사용된다.

한편 샤가프의 염기조성 발견에는 일반인들에게 많이 알려지지 않은 크로마토그래피라는 방법이 핵심적인 역할을 했다. 40억 년 생명의 역사에서 생명은 염기라고 불리게 되는 A(adenine), T(thymine), G(guanine), C(cytosine)라는 4가지 화합물을 알파

뱃으로 사용해서 생명의 핵심정보를 기록하고 유전해왔다. 그런데 흥미롭게도 생명이 유전정보를 기록하는 방식은 우리가 글을 쓰는 방식과 같은 점도 있고 다른 점도 있다. 아래의 두 방식을 비교해보자.

ㅅㅐㅇㅁㅕㅇㅇㅇㅡㄴㅇㅕㅕㅁㄱㅣㄹㅡㄹㅅㅏㅇㅛㅇㅎㅏㄴㄷㅏ

ACCGTAATGGCTCATTGACCG
TGGCATTACCGAGTAACTGGC

이 두 방식의 공통점은 한글의 자모이건 4가지 염기이건 이들의 일차원적 서열이 정보를 결정한다는 것이다. 이들의 가장 큰 차이점은 생명에서는 정보가 한 가닥이 아니라 두 가닥으로 기록된다는 점이다. 실제로 DNA에서는 두 가닥이 사다리처럼 일직선이 아니라 꽈배기처럼 꼬인 나선구조를 만든다. 그런데 위에서 보듯이 A는 항상 T와, G는 항상 C와 마주보고 있다. 이런 구조는 유전정보의 복제와 유지에 대단히 유리하기 때문에 40억 년 전 생명이 출현한 이래 대부분의 생명체에 적용되어왔다.

이러한 생명의 비밀은 1950년대 초반까지만 해도 미스터리로 남아 있었다. 1953년에 무명의 왓슨과 크릭은 A와 T, G와 C가 수소결합으로 마주보고 있는 이중나선구조를 발표했다. 이 과학사상 최대의 발견이 이루어지는 과정에서 A/T, G/C 비율이 1이라고 하는 관찰이 결정적으로 중요한 역할을 했다. 왓슨과 크릭은 A와 T, 그리고 G와 C가 수소결합을 이루면 크기와 모양이 똑같은 구조가 만들어져서 이들 염기가 어떤 서열을 이루더라도 매끈한 이중나선이 얻어지는 것을 깨닫게 된 것이다. 그 이후 50년이 지난 오늘날 자연이 이러한 DNA 구조에 입각해서 생명을 기획하였다는 사실은 의심의 여지가 없게 되었다.

샤가프 비율이라고 불리는 A/T, G/C 비율은 어떻게 발견되었을까? 1940년대에 에이버리 등에 의해 DNA가 유전물질이라는 사실이 밝혀지면서 이에 대한 연구가 보다 활기를 띠게 되었다. 이미 DNA는 디옥시리보스라는, 탄소를 5개 포함하는 당과 인산, 그리고 A, T, G, C의 4가지 염기로 이루어졌다고 알려져 있었다(A, T, G, C 등 소위 뉴클레오타이드를 연구한 알렉산더 토드는 1957년 노벨 화학상을 수상했다).

러시아 출신으로 컬럼비아대학의 생화학 교수였던 샤가프는 1940년대 말부터 연어의 정자 등 여러 가지 세포에서 추출한 DNA의 염기조성을 조사하고 있었다. 그런데 DNA에서 4가지 염기는 디옥시리보스에 결합되어 있기 때문에 조성을 연구하려면 일단 산으로 가수분해를 해야 한다. 그리고는 얻어진 염기의 혼합물로부터 염기들을 따로 분리하고 각각의 염기의 양을 측정해야 한다. 월드컵 축구장에 네 나라 응원단이 뒤섞여서 어깨동무를 하고 있다고 하자. 가수분해는 어깨동무를 푸는 것에 해당한다. 그 다음에는 헤쳐서 국가별로 동서남북 스탠드 아래 모이게 한 뒤 국가별로 인원을 세는 것을 화학분석이라는 작업에 비유할 수 있다. 여기에서 헤쳐 모이는 분리과정이 핵심적이다. 분리가 제대로 이루어지지 않는다면 분석의 결과를 믿을 수 없을 것이기 때문이다. 샤가프는 크로마토그래피라는 당시로서는 비교적 새로운 분리방법을 사용해서 4가지 염기를 분리해냈다. 그리고 그 결과는 DNA 구조라는 엄청난 발견의 기초를 제공했다.

초보적인 크로마토그래피가 개발된 것은 1906년의 일이었다. 당시 러시아 지배하에 있던 폴란드에서 츠베트는 탄산칼슘으로 채운 관의 상층부에 나뭇잎이나 야채의 추출액을 가해서 얇은 층을 이루게 하고 유기용매를 흘려주면 층이 몇 개로 갈라지면서 제각기 다른 색을 나타내는 것을 관찰했다. 이러한 분리방법은 '색'을 의미하는 어두와 '쓴다'는 의미를 나타내는 어미가 합해져서 chromatography로 불렸다(다양한 색을 나타내는 chromium이라는 원소가 있고, 붓글씨는 caligraphy, 사진술은 photography라고 한다).

1936년에 영국의 케임브리지대학에서 박사 학위를 받은 마틴은 양모연구소에서 양털 단백질의 아미노산 조성을 연구했다. 모직제품의 품질을 결정하는 양털의 질은 양털의 대부분을 구성하는 단백질의 아미노산 조성에 의해 결정되기 때문에 당시 모직 수출국인 영국에서는 단백질의 아미노산 조성연구가 중요했다. 그런데 아미노산 조성을 조사하려면 아미노산의 분리가 필수적이었다. 단백질은 아미노산이 수백 개 연결된 고분자 화합물이기 때문에 단백질을 가수분해하면 20가지 아미노산의 혼합물이 얻어진다. 한국인과 일본인이 섞여 있다면 인원파악이 제대로 되지 않듯이 아미노산의 조성을 정확히 알려면 일단 아미노산의 분리가 제대로 이루어져야 한다. 그런데 20가지 아미노산 중에는 성질이 비슷한 것이 많이 있어서 당시로서는 완전히 분리하기가 쉽지 않았다.

어느 날 마틴이 동료와 차를 마시면서 냅킨에 메모를 하며 아미노산 분리에 대해 궁리를 하고 있었다고 한다. 그러다가 냅킨이 찻잔에 떨어졌는데 차가 모세관 현상을 보이며 냅킨을 따라 올라가다가 냅킨의 메모에 이르자 잉크가 몇 가지 색의 띠로 분리되면서 올라가는 것이었다. 이에 무릎을 친 마틴은 분배 크로마토그래피(partition chromatography)라는 방법을 발전시키고 1952년에 신지와 함께 노벨 화학상을 수상했다.

분배란 어떤 물질이 2가지 용액의 층에 일정한 비율로 갈라지는 것을 말한다. 수용성 비타민 C와 지용성 비타민 A를 가지고 분배를 이해해보자. 물과 기름을 섞고 흔든 다음 한참 놓아두면 두 층으로 나뉜다. 이때 물에 잘 녹는 비타민 C와 기름에 잘 녹는 비타민 A를 함께 넣고 이 과정을 반복한다면 비타민 C는 물층에, 비타민 A는 기름층에 모일 것이다. 중간 정도의 성질을 가진 화합물은 물층에 일부, 기름층에 일부 분배될 것이다. 종전에는 이러한 분배의 원리를 분리에 사용하기 위해서는 분배 깔때기에 2가지 용액과 분리하려는 물질을 넣고 흔든 뒤 코크를 열어 두 층을 분리해 각 층에 다시 용매를 가하고 분배를 반복하는 과정을 여러 번 거쳐야 했다. 그러자면 크고 깨어지기 쉬운 장치가 필요했다.

마틴이 그날 문득 깨달은 것은 2가지 용매가 제각기 움직일 필요가 없이 한 층이 고정되고 한 층만 움직이면 일이 아주 쉬워진다는 점이었다. 종이의 바탕은 셀룰로오스라는 고분자 물질이다. 그런데 셀룰로오스는 물을 잘 흡착하기 때문에 종이는 표면에 약 30퍼센트의 물을 얇은 막으로 가지고 있다. 마틴의 관찰에서 이 물의 막은 소위 정지상(stationary phase)으로 작용한다. 올라가는 찻물은 이동상

(mobile phase)이라고 불린다. 2개의 상이 모두 이동하는 종전의 방식에서 한쪽이 고정되는 방식으로 바뀌는 것은 커다란 발상의 전환이고 패러다임의 변화이다. 마틴은 이러한 관찰을 종이 크로마토그래피라는 분석방법으로 발전시켰다. 지금은 액체 크로마토그래피, 기체 크로마토그래피 등이 발전되어 전세계적으로 수많은 실험실에서 연구개발, 환경분석 등에 널리 사용되고 있다. 1988년 서울 올림픽에서 벤 존슨이 금메달을 박탈당했을 때, 박종세 박사가 이끄는 한국과학기술원 도핑컨트롤센터의 기술진이 그가 약물을 복용한 사실을 증명하는 데에도 기체 크로마토그래피 방법이 사용되었다.

마틴이 개발한 종이 크로마토그래피는 후일 시카고 대학원생이었던 밀러가 태초의 대기하에서 수소, 메탄, 암모니아, 물로부터 아미노산이 만들어질 수 있다는 것을 보여주는 실험에서 아미노산이 정말 만들어졌다는 것을 증명하는 데 분석방법으로 사용되었다. 이러한 배경하에서 DNA의 염기분석에 관심을 가졌던 샤가프는 당장 종이 크로마토그래피를 사용해서 DNA를 가수분해하여 얻어진 A, T, G, C의 혼합물로부터 이들 염기를 분리하는 데 성공했다. 일단 분리가 이루어지면 섞여 있는 상태에서보다 훨씬 쉽게 양을 잴 수 있다. 샤가프는 분리된 A, T, G, C의 양을 흡광분석법을 측정해서 이상하게도 모든 경우에 A/T 비율도 1이고, G/C 비율도 1이라는 사실을 알아냈다.

그러나 A/T, G/C의 비율을 결정해서 생명의 비밀의 베일을 벗긴, 그리고 유전공학을 탄생시킨 이중나선 구조 발견에 결정적인 단서를 제공한 샤가프는 1951년 논문에서 이 비율이 우연한 것인지 아니면 특별한 의미가 있는지에 대해서는 알 수 없다고 말했다. 그리고 2년 후에 왓슨과 크릭은 이중나선 구조에 숨어 있는 샤가프 비율의 의미를 천하에 드러냈다. 샤가프는 두고두고 자신이 노벨상에서 제외된 것에 대해 서운해했다고 한다. 아무튼 그의 발견이 과학사와 인류의 문명에 커다란 영향을 끼친 이중나선 구조 발견에 핵심적인 역할을 한 것은 틀림없는 사실이다. 그리고 츠베트가 시작하고 마틴이 확립한 크로마토그래피가 그에게 핵심적인 실험방법을 제공한 것도 잊어서는 안 될 것이다.

전기 및 광 기능성 플라스틱

이후성
서강대학교 화학과

인류의 문명은 인류가 사용한 재료와 함께 발달했다고 볼 수 있다. 아주 오랜 옛날, 돌을 도구로 사용하던 인류가 청동기와 쇠를 차례로 사용하게 되었다는 것은 모두가 잘 아는 사실이다. 그러면 먼 훗날 우리의 후손들에게 지금의 시대는 무엇으로 기록될까? 혹시 플라스틱 시대로 명명되지는 않을까.

플라스틱은 고분자(거대분자라고도 함)로 이루어져 있다. 실제로 인류가 고분자 물질을 사용한 것은 인류의 역사와 함께 비롯되었다고 볼 수 있다. 우리가 먹는 음식에는 단백질이나 전분과 같은 고분자가 들어 있고, 몸에 걸치는 온갖 섬유, 목재나 기타 다른 재료 및 도구도 고분자 물질로 된 것이 대부분이기 때문이다. 그러나 인간이 고분자에 대한 개념을 가지기 시작한 것은 20세기 초부터이다.

스위스공대의 스타우딩거는 1925년 독일의 프라이부르크대학의 교수가 되어 떠나면서 '거대분자(macromolecule)' 개념에 대한 실험적 증거를 주제로 고별강연을 했다. 이 자리에서 그는 원로 화학자들로부터 "젊은이, 거대분자라는 것은 있을 수 없으니 가만히 있게"라며 인신공격성 면박을 받았다. 그러자 그는 침착하고 의연하게 대답했다. "Here I stand, I can not do otherwise." 이는 일찍이 종교개혁을 한 루터가 한 말이었다. 그로부터 28년 후인 1953년, 72세의 노인이 된 스타우딩거는 노벨 화학상을 받았다. 물론 '거대분자' 개념을 처음으로 도입한 공로를 인정받았기 때문이다.

고분자 화학의 발전은 우리의 생활을 풍요롭게 만들었으나, 한편 고분자 물질의 쓰레기가 공해를 발생시킨다는 비난을 듣기도 했다. 그러나 과학자들은 한때 악명 높았던 이 소재를 활용하여 다시금 한 시대를 주름잡을 제품과 소자로 둔갑시키고 있다. 즉 1970년대 후반에 맥디아미드(www.sas.upenn.edu/~macdiarm/), 헤거 (www.ipos.ucsb.edu/ajh.html), 시라가와 교수가 유기 고분자의 하나인 폴리아세틸렌이 전기 전도성을 가진다는 것을 발견하면서 학계에 새로운 연구의 장이 펼쳐진 것이다. 이들 세 사람은 '전도성 고분자를 발견하고 발전시킨' 공로를 인정받아 2000년도 노벨 화학상을 공동 수상하였다.

산업계에서도 이 새로운 물질의 응용가치가 엄청날 것이라는 기대와 함께 많은 연구비를 투자하기에 이르렀다. 지금까지 전기에 대한 절연체로만 생각되었던 플라스틱이 전기의 도체가 될 수 있다는 사실은 엄청난 충격이었기 때문이다. 뿐만 아니라 그 화학적 구조를 변화시키거나 산화 또는 환원 처리에 의하여 전기 전도도가 반도체

영역에서부터 금속 구리의 전도도에 접근하도록 변화시킬 수 있다는 것도 알게 되었다. 다시 말하면 유기 고분자 반도체도 있을 수 있고, 유기 고분자 도체도 있을 수 있는 것이다.

그렇다면 지금까지 반도체의 대명사처럼 알고 있던 실리콘을 유기 고분자 물질로 대체하는 것도 가능할 것이라는 생각을 하게 되었고, 마침내 그것은 사실로 나타났다. 그뿐 아니라, 유기물이기 때문에 생체 접합성도 좋을 것이라는 생각을 하였으며, 마침내는 손상된 신경을 전도성 고분자를 이용하여 수리하기에 이르렀다.

이처럼 전도성 고분자에 대한 연구는 지난 20여 년 동안 급속히 이루어졌으며, 요즈음에는 전도성 고분자 및 그 관련 유기 고분자 물질로 전기 발광 고분자, 레이저용 고분자, 태양 전지용 고분자, 플라스틱 배터리용 고분자, 전기 변색 고분자, 전자기 차폐용 고분자, 비선형 광학 고분자, 광굴절 고분자, 플라스틱 자석용 고분자 등 이루 헤아릴 수 없이 많은 새로운 소재가 개발되고 있다. 뿐만 아니라 생명 과학 분야에서도 전도성 고분자와 관련된 연구를 하고 있다.

이 새로운 종류의 물질들은 반도체와 금속의 전기적 성질을 고루 가지고 있을 뿐만 아니라, 플라스틱이기 때문에 가공이 쉽고 유연하면서도 질기다는 장점도 함께 가지고 있다. 가장 널리 알려진 전도성 고분자 중에는 폴리아세틸렌, 폴리아닐린, 폴리퍼롤, 폴리티오펜, 폴리파라페닐렌비닐렌 등이 있으며, 이들의 화학적 구조를 약간씩 변형시킨 유도체까지 포함하면 지금까지 알려진 전도성 고분자의 종류는 무려 1백여 종에 이른다. 오늘날 전자산업에서 요구되는 소자의 특성은 날로 까다로워지고 있다. 특성을 실현시키려면 새로운 물질의 개발이 필수적이며, 이러한 새로운 물질을 누가 먼저 개발하느냐에 따라 경쟁의 승패가 달려 있다.

전도성 고분자 연구는 분자전자공학(molectronics=molecular electronics) 분야와 밀접한 관계가 있어 이 분야의 급속한 발전을 가져다 줄 것으로 보인다. 근래에 개발된 반도체 고분자를 이용한 전기발광소자는 핸드폰, 벽걸이 TV, 노트북 컴퓨터 등의 화면에 사용할 수 있다. 전기발광이란 쉽게 말하면 물질에 전압을 걸어주면 빛을 내는 현상이다. 물질에 따라 다른 색을 낼 수 있기 때문에 그림과 같은 천연색 화면도 만들 수 있고, 유연하기 때문에 투명 플라스틱 필름에 입혀주면 그림 2에서 보는 것과 같이 접거나 휘어도 손상되지 않는 화면을 만들 수 있다. 종래의 TV 브라운관 화면은 부피가 크고 높은 전압을 필요로 하기 때문에 불편한 점이 많았으며 전력 소모도 컸다. 그러나 전도성 고분자를 이용한 발광소자는 그림에서처럼 얇은 판으로 만들 수 있다.

요즈음 노트북 컴퓨터에 쓰이는 액정화면은 보는 각도에 따라 색과 밝기가 달라지는데, 발광 고분자를 쓰면 이러한 문제도 해결된다. 노트북 컴퓨터에 사용하면 부피도 작고 가볍다는 것이 매우 큰 장점이 된다. 앞으로는 전도성 고분자를 이용하여 분자 단위의 물질로 된 트랜지스터나 기타 전자부품을 만들 수 있을 것이다. 그래서, 컴퓨터의 속도는 엄청나게 빨라지고, 부피는 엄청나게 작아질 것이며, 노트북 컴퓨터의 크기가 손목 시계 정도로 줄어들 것이다.

전기변색이란 전기발광과는 달리 스스로 빛을 내지는 못하지만 걸어준 전압에 따라 색깔이 변하는 현상을 말한다. 이러한 물질을 유

그림1 발광 고분자를
이용한 화면
(http://www.cdtltd.co.uk/)

그림2 유기 발광소자 화면. 유연하여
접거나 휘는 것도 가능하고 부피가
작고 가볍다.
(http://www.universaldisplay.com)

리판이나 투명 플라스틱 판에 입힌 후 뒤에서 불빛을 비쳐주면 훌륭
한 변색소자가 될 수 있다. 특히, 적은 전력으로 넓은 면적의 색을 변
화시키고자 할 때 매우 쓸모가 있다. 전도성 고분자는 대부분 전기 변
색성이 있어서 전기변색소자로 이용할 수 있다. 전도성 고분자의 하
나인 폴리티오펜 유도체 중에는 전압에 따라 붉은색과 무색으로 변하
는 것이 있는가 하면 폴리티오펜의 또 다른 유도체는 파란색과 무색
으로 변하는 것도 있다.

　인류가 앞으로 해결해야 할 가장 큰 숙제 중의 하나가 에너지 문

제이다. 태양전지는 무공해 에너지원으로 많이 연구되고 있다. 태양으로부터 지구에 도달하는 에너지의 양은 $1m^2$ 당 수백 W에서 1kW 정도라고 한다. 이러한 막대한 태양광선 에너지를 모두 전기 에너지로 변환시킬 수만 있다면, 오늘날 인류의 에너지 문제는 해결될 수 있다. 그러나 문제는 경제성에 있다. 지금의 기술로는 태양전지를 이용한 전력단가가 화력 발전이나 원자력 발전에 의한 것보다 몇 배 더 비싸기 때문에 경제성이 없다는 것이다. 그러나 태양전지의 전력단가가 조금만 더 낮아져서, 1 kWh 당 1백 원 이하로 내려간다면 실용성이 있을 것으로 보인다.

태양전지는 송전이 불가능하거나 어려운 지역에 사용되고 있다. 예를 들면 인공위성의 전력공급이나 고속도로 주변의 비상연락용 전화의 전원, 전기 자동차와 같은 특수 목적에만 사용되고 있다. 전도성 고분자를 이용한 태양전지는 쉽게 넓은 면적으로 만들 수 있기 때문에 가격 면에서 현재의 실리콘 반도체를 이용한 태양전지보다 생산 원가가 월등히 낮다는 장점이 있다. 현재 많은 학자들이 전도성 고분자를 이용한 태양전지를 연구하고 있으며, 성공 가능성도 꽤 높은 것으로 보인다.

무공해 에너지원으로 가장 적합한 또 하나의 후보가 연료전지이다. 연료전지란 예를 들면 산소와 수소를 전극에서 반응시켜 전기를 얻는 장치로서 일종의 화학전지이다. 연료전지의 전극으로 전도성 고분자를 사용하려는 연구가 활발히 진행되고 있다. 현재 사용되고 있는 연료전지의 전극물질은 백금으로 되어 있어 값이 비싸다는 것이 단점이다. 만일 전도성 고분자로 연료전지의 전극을 대치할 수 있게 되면 경제적으로 큰 이득이 될 것이다.

전도성 고분자는 화학전지의 전극물질로 사용하는 것이 가능하다. 이러한 전지는 전극이 고분자로 되어 있기 때문에 플라스틱 배터리라고도 한다. 또한 자동차의 배터리처럼 재충전이 가능하기 때문에 축전지(또는 2차 전지)이다. 플라스틱 축전지는 여러 가지 장점이 있다. 기존의 재래식 배터리는 납 전극을 사용하기 때문에 무게가 무겁다는 것이 큰 단점이었다. 그러나 플라스틱 축전지는 전극이 플라스틱으로 되어 있어서 가볍다. 아직은 안정성에 있어서 기존의 배터리보다 못하다는 것이 문제로 남아 있지만, 점차 개선되고 있다. 플라스틱 배터리는 장차 전기 자동차나 인공위성 등과 같이 가벼운 것이 요구되는 곳에 특히 유리하다.

전자파 차폐(EMI shielding)란 전자파를 차단하는 것을 의미하며, 군사적인 목적으로 많이 활용되고 있다. 예를 들어 적의 레이더 전파를 차단해 아군의 군사시설이 적에게 노출되지 않게 하는 스텔스(적의 레이더에 감지되지 않는) 기술 같은 것이다. 또, 컴퓨터와 같은 전자회로가 외부의 다른 전자파에 의해 교란되거나 파괴되지 않도록 하는 것도 전자파 차폐의 역할이다. 현재는 금속으로 된 집 속에 넣는 방법, 고분자에 금속가루를 섞은 복합재를 코팅하는 방법, 아연불꽃 분무코팅방법 등이 사용되고 있으나 상업적으로 인기가 없고 기술적 수준이 아직 현대사회에서 산업적으로 요구되는 전자파 차폐 수준에 미치지 못하고 있다. 그러나 최근 독일 오르메콘(Ormecon) 회사 (www.zipperling.de/Products/PAni/u-sichte.html)에서 전도성 고분자의 하나인 폴리아닐린을 이용하여, 종래의 재료에 비하여 성능이 뛰어난 전자파 차폐 재료를 개발하였다. 이는 전도성 고분자를 사용한 전자파 차폐가 매우 매력적인 방법으로 주목을 끌고 있다. 폴리아닐린과 같은 전도성 고분자를 PVC나 PMMA, 폴리에스터 등과 혼합한 블렌드는 전기 전도도가 높을 뿐만 아니라 블렌드를 만들어도 가공성이 크게 저하되지 않기 때문에 전도성 섬유를 만들 수 있고, 이러한 전도성 섬유를 이용하여 전도성 천이나 그물 같은 것도 만들 수 있어서 사용하는 데 편리하다. 전도성 그물이나 천은 군사시설의 위장에 매우 유용하다.

과학자들은 여러 가지 전도성 고분자의 화학구조와 물성을 체계적으로 연구하여 어떤 화학구조를 가지는 고분자를 합성하면 대체로 어떤 물성이 나타날 것이라는 예측이 가능하게 되었다. 전도성 고분자의 물성을 변조시켜 원하는 물성을 가지는 고분자를 얻는 방법으로 고분자 주 사슬에 원하는 물성이 예상되는 구조를 포함시키는 방법과 고분자 사슬의 곁가지에 포함시키는 방법이 많이 쓰인다. 이러한 일은 물성의 정확한 예측을 필요로 하기 때문에 화학 및 물리의 기초 지식 없이는 불가능하다. 아무리 그럴듯한 구조의 고분자를 고안했다 해도 그것을 합성할 수 있느냐 하는 것은 별개의 문제이다. 전도성 고분자의 응용영역이 장차 생명과학 분야로 더 확대되기 위해서는 이 분야 학자들과의 공동 연구도 필요하다.

재료화학 분야 중에서도 전도성 고분자 분야의 연구는 앞으로도 많은 발전의 여지가 있으며, 과학자들은 끊임없이 새로운 아이디어를 창출해내고 있고, 도전정신이 강한 영재들을 기다리고 있다. 여기서는 주로 전도성 고분자의 응용과 관련된 이야기를 하였으나, 사실은 이 분야의 연구는 학술적으로도 많은 새로운 문제와 해답을 제공하고 있다. 고분자의 단점은 연하기 때문에 쉽게 결함이 생겨 성능이 저하될 우려가 있다는 것이다. 이러한 점을 보완하기 위하여 학자들은 계속 연구해야 할 것으로 보인다. 전도성 고분자는 실리콘을 대체하기보다는 실리콘과 상호 보완적인 측면이 많다. 그러한 일은 이미 노트북 컴퓨터, 핸드폰 및 다른 소형 제품에서 나타나고 있는데, 이는 플라스틱의 성능이 모두 우수하고 무게가 가벼워서 휴대하기 편하다는 점 때문이다. 전도성 고분자의 응용 가능성은 여기에서 언급한 것 이외에도 매우 다양하고 광범위하여 이루 다 나열하기가 어려울 정도이며, 끊임없이 확장되며 개선되고 있다.

참 고 웹 사 이 트

1. http://www.sciam.com.
2. http://www-oe.phy.cam.ac.uk/PEOPLE/OESTAFF/rhf10.htm
   케임브리지대학의 리처드 프렌드 교수의 홈페이지
3. http://www.bellHabs.com   Bell Lab 홈페이지
4. http://www.lucent.com/minds/transistor/molecular/
   루슨트 테크놀로지사 홈페이지
5. http://www.mrl.ucsb.edu/mrl/faculty/bazan.html
   캘리포니아대학 산타바바라 캠퍼스의 바잔 교수의 홈페이지

세상의 모든 물질을 분석한다
—핵자기공명분광법의 세계

신정휴
서울대학교 화학부

핵자기공명분광법(Nuclear Magnetic Resonance Spectrocopy)은 원자핵이 가진 자성의 공명현상을 이용하여 화합물의 성질이나 구조를 밝히는 분석기계이다.

화학의 역사에는 분석(analysis)과 합성(synthesis)의 두 기둥이 혼재해왔다. 18세기 말부터 많은 화학자들은 자연에서 얻은 화합물의 성분이나 구조를 밝히고, 그와 동일하거나 유사한 성질을 가진 화합물을 만들려는 노력을 해왔다. 그러나 화합물의 정확한 구조결정은 매우 어렵다. 예를 들어 27개의 탄소와 46개 수소 그리고 1개의 산소로 되어 있는 콜레스테롤을 자연에서 얻어, 그 성분과 구조를 밝히는 데 1백 년의 시간이 소요되었다. 하지만 자연과학의 발전과 함께 여러 분야의 과학자들은 화합물의 성질과 구조를 밝힐 수 있는 분석수단으로 적외선(IR), 자외선(UV) 분광기, 또는 질량분석기 등 다양한 분석기계를 개발했다.

　이 중에서 NMR은 최근 가장 급속히 발전을 이룬 분석기기로서 원자 수준의 분자구조에 관한 정보를 제공한다는 면에서 다른 분석방법보다 뛰어나다고 할 수 있다. 물론 X-선 회절법도 원자 수준에서 정보를 제공한다. 수십 년 전까지만 해도 NMR은 핵 스핀 물리학자들만이 관심을 가졌다. 그러나 최근에는 화학, 생물학, 약학, 의학 분야에서도 널리 응용되는 즉, 가장 넓은 학문 분야에 영향을 미치는 분석수단이 되었다. 다른 분석수단은 그 방법론에 있어서 거의 완성단계에 와 있으나 NMR은 지금도 급속한 발전을 계속하고 있다. 이러한 발전에는 컴퓨터 공학, 물리학, 전기공학 등의 공헌이 컸으며, 특히 많은 양의 데이터 처리를 요하는 3차원, 4차원 NMR 실험에는 컴퓨터 공학의 발전이 큰 역할을 하였다. 또 물리학자들이 새로운 측정기법 (pulse technique)으로 회전자장경사(Field Gradient)를 개발하는 데 성공하여 NMR 측정시간의 획기적인 단축은 물론, 의학의 진단장비로 널리 사용되는 MRI 장치의 개발이 가능해진 것이다.

　NMR 역사는 1925년 물리학자인 슈테른과 게르락흐가 처음으로 원자핵이 자성을 띠고 있음을 실험적으로 밝힌 것에서부터 시작되었다. 그로부터 10여 년 후인 1936년 라비는 분자-빔을 자기장에 통과시키며 전파를 쪼인 결과, 파장의 어떤 영역에서 분자-빔의 진행방향이 꺾이는 공명현상을 관측했다. 이런 라비의 실험은 핵물리학의 새로운 이론정립과 핵자기공명분광기(NMR)를 만들 수 있는 기반을 제공한 것으로 1944년 노벨 물리학상의 대상이 되었다. 그 후 물리학자인 하버드대학의 퍼셀과 스탠퍼드대학의 블로흐의 연구진은 각각 독자적으로 고체와 용액상의 화합물에서 핵자기 공명 신호선을 얻는 데 성공함으로써 NMR은 화합물의 구조분석에 사용되는 분광기로 탄생하게 된 것이며, 그 공로로 이들은 1952년 노벨 물리상을 수상했다.

NMR이 분석기기로 사용될 초창기의 성능은 매우 저조하여 수소 원소의 핵(프로톤)이나 불소 원소의 핵 외에 다른 원소 핵의 측정은 불가능했다. 때문에 기기의 성능을 향상시킬 방법으로 세기가 큰 자석을 사용하거나, 측정 자료를 컴퓨터에 입력하여 합산하는 방식 등 다양한 방법이 개발되었으나 신호선의 감도를 크게 향상시킬 수 없었다.

1970년대 초반에 이르러 강력하고도 자력선이 안정된 초전도 자기장의 개발과 함께 핵 스핀의 자기공명을 유도하기 위한 에너지원으로 지속파(continuous wave) 대신 강력한 펄스를 사용하고, 측정 데이터를 컴퓨터에 입력한 후 수학적인 방법(Fourie transformation)으로 처리하는 새로운 측정기법(PFT-technique)을 에른스트(Ernst, 스위스 ETH)가 개발하였다. 이로써 감응도가 낮은 핵의 NMR 측정은 물론 분자량이 큰 분자의 구조분석도 가능하게 되었다. 이러한 공로로 에른스트는 1991년 노벨 화학상을 받았다.

NMR의 측정원리는 시료를 강한 자기장에 놓은 후 강력한 라디오파(pulse)를 쪼여 관측하는 핵 스핀 주위의 화학적인 환경에 따라 결정되는 핵 고유의 공명 주파수를 얻게 되는데, 이는 곧 NMR 스펙트럼에 신호선으로 기록된다. 이렇게 얻은 신호선은 원자와 원자 사이의 연결상태나 이웃에 있는 원자 사이의 거리를 계산하는 데 유용하게 이용되며, 결과적으로 측정에서 얻은 모든 데이터를 종합하여 분자의 구조를 결정하게 된다.

NMR의 응용과 그 범위

생명체의 활동에서 매우 중요한 역할을 담당하는 단백질은 세포 내의 DNA가 담고 있는 유전정보의 정해진 순서에 따라 20종류의 아미노산이 사슬처럼 연결되어 만들어진 생체 고분자이다. 인체 내에는 대략 10만여 종류의 단백질이 있다. 단백질의 종류는 서로 연결된 아미노산의 개수와 순서에 따라 분류되며, 아미노산의 공간적 배열상태에 따라 그 특성이 결정된다. 그러므로 단백질의 삼차원 구조를 밝히는 것은 단백질의 기능 이해에 많은 도움을 주고 있다.

단백질은 분자량이 수천에서 수십만에 이르기까지 그 크기가 다양하다. 그러나 수십 개의 아미노산이 펩타이드 결합을 통해 고리를 이룬, 비교적 분자량이 적은 화합물을 토양균이나 식물에서 쉽게 얻을 수 있다. 한 예로 항생제로 널리 사용되는 스트렙트마이신은 아미노산이 고리모양으로 연결된 폴리펩타이드 화합물이다. 또 학명이 *Amanita phalloides*인 버섯의 독에 해독효력이 있는 antamanide는 4종류의 아미노산이 10개의 펩타이드 결합으로 연결된 고리형 펩타이드이다. 여기에서 놀라운 사실은 해독제인 antamanide는 독버섯 속에 있는 화합물이라는 것이다. 그렇다면 독성을 가진 물질과 해독제가 어떻게 서로 공존할 수 있는가 하는 의문이 생기며, 그 해답은 해독제인 antamanide의 3차원 구조분석에서 찾을 수 있다. 따라서 화합물의 생물학적 활성(bioactivity)을 이해하기 위해서는 화합물의 3차원 구조를 밝히는 것은 대단히 중요하다.

단백질이나 펩타이드의 3차원 구조 연구는 지금까지 주로 X-선을 이용하여 이루어졌으며, 연구결과는 생체분자의 구조와 기능이나

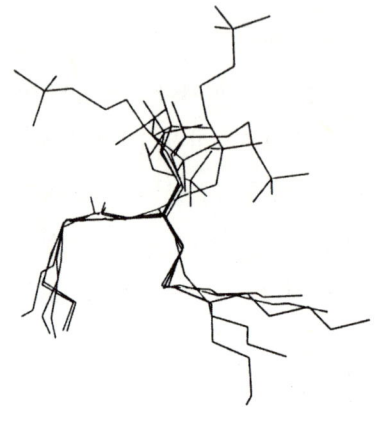

약리작용에 관한 근본적인 물음에 대해 해답을 제시함으로써 생명과학의 발전에 큰 공헌을 했다. 그러나 X-선 분석법은 화합물을 결정으로 얻을 수 있는 화합물만이 그 분자의 3차원 구조를 밝힐 수 있다. 반면에 NMR은 용액상태에 있는 시료의 구조분석이 가능하다.

분자를 이루고 있는 원자나 원자단(작용기)은 분자 내에서 진동이나 회전운동을 한다. 이러한 분자의 내적 운동(molecular dynamics)은 분자의 상호작용이나 생물학적 활성에 큰 영향을 끼치므로 분자의 3차 구조를 밝히는 데 분자 운동은 당연히 고려되어야 한다. 예를 들어 위의 그림은 분자의 에너지가 가장 낮은 상태의 동역학 계산으로 구한 포스파티딜 콜린(phosphatidyl choline)의 3차원 구조이다. 그림에서 볼 수 있듯이 치환기의 공간적 위치는 고정된 것이 아니고 여러 방향으로 움직이고 있다.

이러한 분자의 운동을 관측하기 위해서 다양한 방법이 개발되었으며, 그 중 하나가 X-선 회절법이다. X-선의 회절에서 계산된 데바이-왈러(Debye-Waller) 인수는 원소의 좌표변화를 암시하는 것으로 이는 원자의 주기적인 운동에 대한 정보는 될 수 없다. 이외에도 비탄성 중성자 산란이나 초음파 흡수도의 측정으로 어떤 운동에 관한 정

보는 얻을 수 있지만 그것 또한
분자의 구조를 밝힐 수 있는 자
료가 되지 못한다.

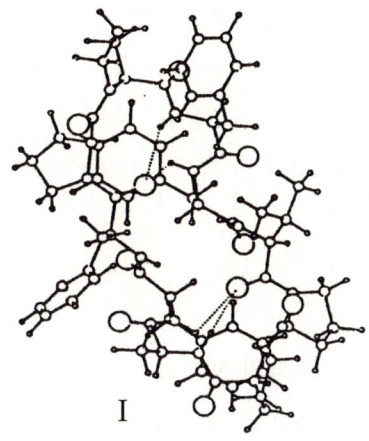

I

그러나 NMR은 다른 기법
보다 분자운동에 관한 연구에
널리 이용된다. 다시 말해 분자
가 느리게는 수초에서 수십 피
코 초로 빠르게 움직이는 경우
핵 스핀의 이완시간 (relaxation
time) 측정 등 다양한 측정방법
을 통하여 분자운동의 주기를
계산할 수 있으며, 이런 측정값
들을 분자운동이 고려된 3차원
구조결정에 중요한 자료가 된
다. 그 예로 옆의 그림은 NMR
측정값으로 구한 antamanide의
3차원 구조이다.

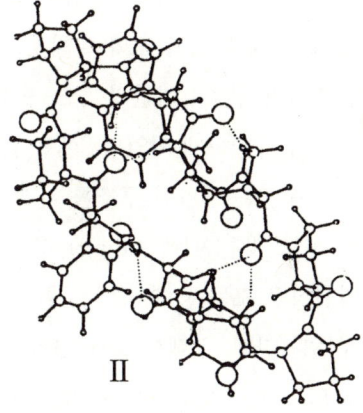

II

그림 I과 II를 비교해보면
분자를 이루고 있는 아미노산들
의 공간에 배열된 모양에서 마치 다른 분자인 것처럼 보인다. 즉, 그
림 II의 좌편 하단 부분에 아미노산인 phenylalanine의 6각인 벤젠
고리가 평면으로 보이는 반면, 그림 I에서는 벤젠 고리가 회전하여 거
의 수직 상태로 놓여 있다. 이처럼 antamanide은 아미노산의 치환기

들의 회전운동 때문에 기하학적 배열상태가 빠르게 전환되는 두 개의 구조(conformation)를 가지고 있는 것으로 밝힐 수 있었던 것은 짝지움 형태 및 상수, 핵 스핀 이완시간, NOE 측정에 의한 거리계산, 신호선의 선 폭 등 다양한 NMR 측정자료를 종합적으로 분석한 결과이다.

미래의 전망

NMR은 용액상태의 분자의 3차원 구조를 밝힐 수 있는 유일한 분석수단이다. 특히 분자생물학자들이 NMR 측정에 적합한 동위원소를 분자 내 특정 원소와 치환시키는 기술에 성공함으로써 거대분자인 단백질의 구조, 핵산의 구조 또는 약물의 대사과정 연구 등에 NMR 실험이 가능하게 되었다. 예를 들면 유전자 조절 단백질은 DNA에 결합할 수 있는 3차원 구조를 가졌기 때문에 단백질과 DNA의 3차 구조가 서로 맞을 때에(fitting) 유전자 조절작용이 나타난다. 이러한 생명현상은 모두 용액 중에서 일어난다. 따라서 NMR은 용액 중에서 생체물질(단백질, 핵산 등)의 3차 구조 규명을 통해 생명현상을 규명할 수 있는 가장 좋은 방법이라 할 수 있다.

체내에는 약물이 작용하는 수용기(drug-receptor)가 있어 약작용을 가지는 분자의 구조가 체내 수용기의 3차 구조와 일치할 때 약효가 나타나는 것으로 밝혀졌다. 따라서 약물 수용기의 3차 구조 규명을 통해 새로운 신약을 개발하려는 시도가 여러 선진국의 제약회사를 중심으로 시도되고 있다. 미국의 버텍스(Vertex)사를 비롯한 여러 제약회사에서는 구조 유전체(structural genomics) 기술을 이용하여 신약개발에 성공했다. 즉, 에이즈 치료제로서 Agenerase® Relenza®, 그리고 독감치료제인 Tamiflu®는 약작용 수용체의 구조를 밝히는 새로운 기술로 개발된 약품이다. 이처럼 NMR에 의한 단백질의 삼차원 구조 규명과 이를 통한 단백질의 활성 및 기능 파악은 신약개발에 새로운 기술로서 현재 전세계적으로 초미의 관심사가 되고 있다.

NMR 원리를 다르게 응용한 예로는 의학의 진단에 획기적인 영향력을 끼친 MRI를 들 수 있으며, 현재 급속하게 일상적인 진단장비로 사용되고 있다. MRI의 기본원리는 앞서 언급한 회전자장경사기법을 이용하여 물체의 수많은 2차원 또는 3차원 영상을 촬영한 다음 X-선 단층촬영(CT)과 유사하게 배경 영사상(backprojection)을 제거한 영상을 재구성함으로써 물체의 단층구조를 볼 수 있다. 이러한 MRI 장치는 뇌질환이나 각종 암진단에 널리 쓰이고 있으며, 최근 고자장 제조기술의 발달로 감도가 매우 좋은 MRI 기계가 개발되었다. 따라서 MRI는 그 동안 조기진단이 어려웠던 미소 암(초기의 작은 암) 치료에 획기적인 전기를 마련하는 등 의료분야의 발전에 크게 공헌할 것으로 기대된다.

나일론이 없었다면 무엇을 입었을까
-합성섬유의 역사

진정일
고려대학교 화학과

인류가 이 지구상에 태어나서 언제부터 직물을 만들어 사용하였는지는 정확하지 않으나, 이웃 중국에서는 지금부터 4천 6백여 년 전에 이미 황제용 의복 제조에 비단을 사용했다고 알려져 있다. 물론 비단실은 누에고치에서 얻는다. 마, 베, 면 섬유도 오래전부터 사용하였으나, 천연섬유 중 비단이 고급제품으로 꾸준한 인기를 누려왔다. 아마도 여러 가지 색으로 아름답게 염색하기 쉬울 뿐 아니라, 촉감이 매끄럽고 좋기 때문이리라. 현재도 비단은 여러 가지 섬유 중 여왕의 자리를 차지하고 있다. 반면 양모는 보온력에서는 우수하지만 깔깔한 촉감과 염색성이 나빠 그 용도가 제한적이다.

중국에서는 비단 제조 기술을 매우 중시하여 오랫동안 비밀로 간직했다. 그렇기 때문에 6세기 중반에야 비로소 비단제조기술이 중국으로부터 중동 및 유럽에 전파되었고, 9세기 초에는 시실리가 비단 직조 중심지가 되었다. 9세기 초에 아랍군이 시실리를 점령한 후 이곳에 비단 직조가 성하게 되었다. 일설에 의하면 6세기 중반에 기독교 승려들이 누에알을 중국에서 훔쳐 서양에 전달했다고 한다.

그 후 비단직조기술이 유럽전역에 서서히 퍼졌으며, 16세기에는 비단산업이 프랑스 리용에서 흥하게 되었고, 19세기 말까지 프랑스는 세계 비단시장을 좌지우지하였다. 그러나 19세기 말에 프랑스에 커다란 재앙이 불어닥쳤다. 다름이 아니라 누에가 병들어 죽어갔으며, 이 때문에 프랑스의 비단산업이 큰 타격을 입었다.

그러나 '필요는 발명의 어머니' 라는 명언이 있지 않던가! 프랑스의 샤르도네는 천연비단 대신 사용할 수 있는 인조비단을 발명하였다. 19세기 중반 스위스 바젤대학의 화학과 교수였던 쇤바인이 셀룰로오스를 질산과 반응시켜 만든 질산셀룰로오스를 그는 잘 기억했던 모양이었다. 샤르도네는 이 질산셀룰로오스 용액을 방사하여 천연비단 섬유와 비슷한 촉감을 갖는 인조비단실을 만들 수 있었다. 더구나 그는 이 인조비단을 1889년 파리에서 열린 만국박람회에 출품하여 선풍적인 인기를 끌었으며, 샤르도네 비단이라는 이름까지 얻을 수 있었다. 그 후 2년이 지나 샤르도네는 인조비단을 시판하기 시작했으나 처음과는 달리 별로 성공하지 못했다. 왜 그랬을까? 그 이유는 간단하다. 질산셀룰로오스는 폭발성이 강해 화약으로 사용해왔으며 종종 면화약이라 부른다. 물론 질산과 반응을 덜 시키면 폭발성은 줄어들지만, 인화성은 계속 남는다. 따라서 샤르도네 비단옷을 입고 난로가에 너무 가까이 다가갔던 숙녀들에게 어떤 일이 벌어졌는지는 쉽사리 짐작할 수 있으리라.

니트로셀룰로오스라고도 부르는 질산셀룰로오스에 관한 이야기는 여기서 끝나지 않는다. 질산셀룰로오스 필름을 영화촬영에 처음으로 사용하였기 때문에 지금도 영화를 'film'이라 부른다. 가연성이 강한 필름 테이프를 영화촬영에 사용하였으니, 극장에서 영화를 상영하던 중 영사기가 과열되면 영화테이프가 퍽, 퍽 소리를 내며 인화하는 사고가 빈번했다. 또 베이클라이트가 상아로 만든 당구공을 대치한 1910년경 전에는, 상아로 만든 당구공의 표면을 질산셀룰로오스로 매끈하게 코팅해 사용한 적도 있다. 이들이 빠른 속도로 세게 부딪쳤을 때 어떤 일이 일어났는지 상상이 가리라 믿는다.

다시 비단이야기로 돌아가자. 20세기 들어서는 중국과 일본에서도 비단제조업이 번창하기 시작했으며, 1930년대는 미국 비단시장을 일본이 독차지하다시피 했다. 이에 대한 미국의 반발 또한 만만치 않았다. 한편 미국 듀폰사에서는 1930년대 들어서면서 합성섬유에 대한 연구를 본격적으로 하기 시작했다. 캐로더스 박사가 하버드대학의 교수직을 그만두고 듀폰사의 연구진에 합세한 후 연구가 더욱 활성화되었다. 캐로더스는 당시 세계에서 가장 우수한 유기합성화학자로 인정받고 있는 터였다. 그는 천재성을 인정받아 대학 상급반 재학 중 자기가 다니던 화학과에서 강사로 하급생을 가르쳤을 정도였다. 당시 듀폰연구소는 과학자들의 천국으로 모든 연구내용과 연구수행을 과학자들에게 전적으로 맡겼으며 캐로더스 경우는 근무시간이나 근무일도 매우 자유스러웠다. 그들의 창의성을 어느 틀에 가두기 싫다는 연구소의 운영철학이 배어 있었기 때문이다.

이러한 분위기 속에서 캐로더스는 그때까지 잘 알려진 유기화학

반응을 이용하여 분자량이 큰 화합물, 다시 말해 고분자를 합성하고 있었다. 폴리에스테르와 폴리아미드가 그 대표적 예다. 폴리아미드는 흔히 나일론이라 부르는데, 이 이름에 얽힌 에피소드는 조금 후에 설명하겠다.

오늘날 우리들이 가장 많이 사용하는 재료는 요업재료도 아니고 금속재료도 아닌 바로 고분자재료이다. 분자량이 큰($>$10,000) 화합물을 고분자라 칭하며, 플라스틱, 섬유, 고무, 접착제, 코팅제 등이 모두 고분자재료에 속한다. 1983년을 시발점으로 하여 인류의 플라스틱 소비량이 철재 소비량을 능가하여 플라스틱시대라는 말을 실감나게 한다. 실제로 우리가 매일 사용하는 재료 중 고분자재료가 얼마나 많은지 우리 주위를 자세히 살펴보면 새삼 놀랄 것이다. 그러므로 현대를 플라스틱시대 혹은 고분자시대라고 부르고 있다. 의식주뿐만 아니라 많은 산업재료 중 고분자재료가 차지하는 중요성은 이루 말로 다 표현할 수 없을 정도이다. 반도체 가공 등 전자재료는 물론, 근거리 광통신 섬유, 미국의 스텔스 전투기 몸체 제조에 이르기까지 고기능성 재료로서도 그 중요성이 증가하고 있다.

그러나 고분자의 존재가능성을 인정받기 시작한 것이 겨우 75년 정도밖에 안 되니 놀랄 일이다. 독일의 스타우딩거는 천연고무, 셀룰로오스 등이 공유결합을 통해 길게 결합된 고분자량 화합물로 이루어져 있다는 고분자 가설을 1926년에 제창하였다. 그 후 여러 해 동안 이 주장에 대한 찬반론이 대두되었다. 결국 스타우딩거의 주장이 옳다고 밝혀졌으며, 이 공로로 그는 오늘날 고분자의 아버지라는 칭호를 듣고 있다. 그는 고분자화학 발전에 기여한 업적을 인정받아 1953

년에 노벨 화학상을 수상하였다.

나일론을 발명한 캐로더스

스타우딩거의 고분자설이 발표된 지 10년 후인 1936년에 듀폰에서 연구하고 있던 캐로더스는 나일론을 발명하여 세상을 놀라게 하였다. 거미줄보다 더 가늘고 강철보다 더 강한 섬유가 탄생하였으며, 이 신비스러운 합성섬유는 석탄, 물, 공기를 원료로 하여 만들 수 있었다. 이 발명 후 2~3년 후부터 듀폰사는 나일론을 생산하기 시작하였으며, 그때까지 세계 섬유시장을 점령하고 있던 일본 비단에게 커다란 타격을 주었다.

뒷이야기지만 미국 듀폰사가 나일론(Nylon)이라는 작명을 발표한 후에 미국과 일본은 적지 않은 신경전을 펼쳤다. 그 당시 일본 비단 수출에는 일본 농림성이 앞장서고 있었는데, 캐로더스의 신섬유 발명으로 일본 농림성의 코를 납작하게 해놓았다는 뜻에서 농림 의 영어발음(Nolyn)을 거꾸로 하여 Nylon이라는 이름을 지었다고 미국과 일본 사이에 시비가 붙었다. 이 정도의 무역전쟁으로 끝났으면 다행이런만 양국민간의 감정대립이 쉽게 풀리지 않았던 모양이다. 일본 동경의 한 영문 일간지가 Nylon이라는 상품명은 Now, you lousy old Nipponese!(자 보아라, 바보 같은 늙은 일본 놈들아!)라는 영어표현의 첫머리글자를 따서 지은 이름이라고 생떼를 쓰며 덤벼들었다. 물론 듀폰사는 그런 주장은 전혀 근거 없는 트집이며, 자기들은 사내

전체 응모를 통해 결정한 이름이라고 해명을 하기에 이르렀다. 나일론 발명에는 다른 두 가지 커다란 사건이 있었다. 그 첫째는 캐로더스조차 자기가 발명한 나일론의 진가를 처음에는 알지 못했다는 사실이다. 처음 만든 나일론 덩이를 보고 그는 매우 실망했던 모양이다. 뿌연(불투명) 덩이가 잘 깨지지는 않았으나, 일반 유기용매에 쉽게 녹지도 않고 무엇에 사용할 수 있는 고분자인지 아이디어가 통 떠오르지 않았던 모양이다. 어느 날 함께 일하던 힐이 놀랄 만한 발견을 했다. 그가 캐로더스가 만든 나일론덩이를 가열하여 녹인 후 핀셋으로 잡아 뽑아보니 지금까지 사용해오던 어떤 섬유보다도 질긴 실모양이 되는 것이 아닌가! 바로 이 발견이 캐로더스 발명에 서광을 비춰준 사건이었다.

나일론 섬유는 곧 화제의 중심이 되었으며, 나일론 스타킹 제조 판매는 세계 여성들을 흥분의 도가니로 몰고 갔다. 첫 판매가 시작되기 전부터 유럽과 미국 전역으로부터 나일론 스타킹을 사려는 인파가 장사진을 이루며 밤을 새우기도 했다.

두 번째 사건은 나일론 발명자 캐로더스의 자살이었다. 캐로더스는 평생 우울증에 시달렸다. 고전음악을 특히 좋아했으며, 다른 사람들은 그를 천재라 불렀으나, 본인은 종종 자신의 능력에 대한 회의에 빠져들곤 하였다. 더구나 나일론을 발명했을 당시에는 알코올 중독 증상도 보였으며, 종종 며칠씩 연구실에 나타나지도 않았다. 어느 때는 그가 어디서 무엇을 했는지 알 수가 없었다. 결국 증상이 심해졌는지 그는 1937년 4월 29일, 필라델피아 호텔에서 음독 자살한 시체로 발견되었다. 그의 나이 겨우 41세였다. 천재는 단명하다고 했던가! 그는 자기가 발명한 나일론이 본격 생산, 판매되어 세상이 나일론 선풍에 휩싸인 것을 보지도 못하고 세상을 등졌다. 그는 나일론의 발명으로 노벨상 수상이라는 영광도 맛볼 수 있었건만, 그 모든 영광을 뒤로 한 채 생을 마감한 불운한 천재였다. 현재 나일론은 섬유뿐만 아니라 플라스틱으로 널리 사용되고 있다.

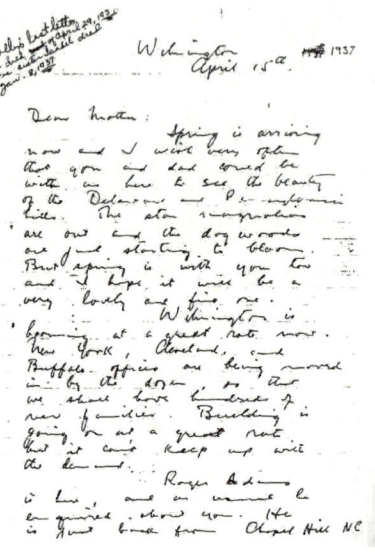

캐로더스가 사망하기 며칠 전
어머니에게 보낸 자필편지

영국에서 1941년에 발명된 폴리에스테르, 독일에서 1938년에 발명된 아크릴 섬유와 함께 나일론은 3대 합성섬유 중 하나로 큰 자리를 차지하고 있으며, 인류의 의생활에 혁명을 일으킨 주인공이다. 우리나라는 현재 세계 5대 합성섬유 생산국에 속하며 전세계 인류의 약 5%가 우리나라에서 제조된 섬유로 만든 옷을 입고 있다. 요즘은 일반 의류뿐 아니라 잠수복, 방수복, 우주복 등 특수용도를 위한 새로운 기능성 합성섬유의 개발도 급속히 진전되고 있다.

그 후 또 다른 섬유가 발명되었다는 발표가 있자 세상은 또 한번 놀랄 수밖에 없었다. 1970년 후반 듀폰사는 방탄조끼 제조에 사용할 수 있을 정도로 강한 초강력 섬유의 개발을 발표했던 것이다. 흔히 케블라(Kevlar)라고 부르는 이 방향족 폴리아미드는 테니스라켓, 소총 손잡이, 낚시대 등 복합재료 보강재료로 널리 애용되고 있으며, 자동차 브레이크 라이닝에도 사용되고 있다. 케블라의 동생쯤 되는 노멕스라고 부르는 또 다른 방향족 폴리아미드는 조금 더 부드러워 우주복, 소방복, 화부 장갑제조에 사용되고 있다. 60년 정도밖에 되지 않은 합성섬유의 역사는 우리의 의생활을 완전히 바꾸어놓았음은 물론, 우수한 기계적 강도를 지니는 새로운 합성섬유들은 산업재료로 점점 중요한 자리를 차지하고 있다.

합성섬유의 역사에서 빼놓을 수 없는 인물로 한국인 과학자 이승기가 있다. 이승기는 전남 담양에서 태어나 일본 교토대학을 다녔으며, 1939년에 폴리비닐아세탈(비닐론)이라는 새로운 합성섬유를 발명하여 일본을 떠들썩하게 했다. 그 공로로 그는 같은 해에 공학박사 학위를 취득했고 곧 교토대학 교수가 되었다. 미국과 독일에서 새로운 섬유의 발명이 발표되었으나, 그에 대적할 만한 발명이 없어 일본은 매우 의기소침해 있을 때여서, 이승기의 이 발명은 일본의 자존심을 세워준 사건이었다. 일본 언론도 이를 대서특필하였으며, 일본 정부도 이 섬유의 대량생산을 독촉했다. '합성 1호'라는 이름을 이 새로운 합성섬유에 붙여준 것을 보아도 그들이 얼마나 이를 기다렸는지 알 수 있다. 더구나 제2차 세계대전 중 일본은 군인들에게 입힐 전투복 제조에 사용할 튼튼한 섬유를 찾는 데 혈안이 되어 있었다. 그러나 이승기의 비닐론이 대량생산되기 전에 일본은 패망하였고 곧 이승기는 귀국해 서울대학교 공대에서 학생들을 가르치며 이땅에 고분자과학의 뿌리를 내리려 노력했다. 그러나 불행히도 해방 후의 사회적, 정치적 혼란으로 그는 우리나라의 장래에 대해 크게 회의를 하게 되었으며, 1950년 6·25동란이 발발하자 이북행을 택했다. 북한에서도 그는 비닐론 개발 연구를 계속하였으며, 그 덕분에 1961년부터 북한에서 비닐론 섬유 생산이 시작되었다. 그들은 이 섬유를 비날론이라 부르고 있다. 이승기의 비닐론 발명은 캐로더스의 나일론 발명에 3년밖에 뒤지지 않는 우리 민족 과학자의 쾌거였으나, 그를 위대한 과학자로 키우지 못한 분단국가의 참담한 현실이 안타까울 따름이다.

끝으로 합성섬유의 대부분이 석유화학제품이기 때문에 합성섬유의 미래를 우리는 매우 걱정하고 있다. 인류가 석유의 고작 3%만을 화학제품 원료로 사용하고 있으며, 대부분을 연료로 태워버리는 실정이기 때문이다. 플라스틱, 고무와 함께 현대 재료의 중심축을 이루고 있는 합성섬유의 우수성을 우리 인류가 오래오래 즐기기 위해서는 석유자원의 보호와 새로운 에너지원의 개발이 시급한 현실이다. 석유가 고갈되는 날 합성섬유가 이 지구상에서 함께 사라질 것을 우리모두 상상이나 할 수 있을까?

색이 없는 세상을 생각해본 적이 있는가
-합성염료 이야기

김재필
서울대학교 재료공학부

우리 주위에서 색채가 사라지고 마치 흑백 TV를 보는 것 같은 세상이 된다면 어떻게 될까? 세상은 흰색과 검은색, 그리고 회색으로만 표현될 것이고, 자연과 인간이 만든 다양하고 눈부신 색채가 사라진 무미건조한 공간이 될 것이다.

인류는 그 시작과 함께 우리의 몸과 환경을 장식하기 위하여 색소재료를 사용해오고 있다. 색소재료의 용도는 매우 다양하지만 가장 대표적인 것은 염료를 사용해 직물을 염색하는 것이었다. 19세기 중반 합성염료가 발명되기 전까지는 직물의 염색을 위해 천연염료를 사용하였으나, 천연염료의 생산량이 너무 작고 값이 비싸, 이들은 주로 부유층과 권력층의 전유물로 그들의 신분의 상징으로 사용되었다. 이후 산업혁명과 섬유공업의 발달로 직물을 대량으로 염색할 합성염료 공업이 발달하였고, 지금도 직물염색용 염료는 공업적으로 생산되는 색소재료의 대부분을 차지하고 있다. 그러나 최근에 와서 색소재료는 전통적인 섬유염색의 용도를 넘어 디지털 인쇄, 광기록 장치, 액정표시판, 광통신, 에너지 저장, 화장품 및 의료용 등으로 그 응용범위가 점차 확대되는 추세에 있다. 여기에서는 색채를 만들어내는 주원료 물질인 합성염료의 발전과 응용에 대해서 알아보기로 한다.

천연염료

1856년에 영국의 윌리엄 퍼킨이 처음으로 합성염료를 만들기 전까지 모든 염색은 자연재료에서 채취한 천연염료로만 하였다. 대부분의 염료들은 식물의 잎이나 씨앗, 껍질, 줄기, 뿌리 등에서 채취되거나 곤충, 조개 등의 액즙으로부터 얻은 것이었다.

천연염료 중에서 노란색 염료들은 대부분 식물성 성분이고 그 종류도 가장 많은데, 이들 중 상당수는 금속이온과 결합하면 금속이온의 종류에 따라 색이 변하는 특성이 있다. 그러나 그다지 진하게 염색할 수 없었으며, 특히 대부분은 햇빛에 약해 색이 빨리 바랜다는 단점이 있었다.

천연염료 중에서 붉은색으로 많이 쓰인 것은 알리자리라는 식물의 뿌리에서 추출한 알리자린이라는 염료였다. 이 염료로 염색한 선명한 붉은 색의 양모직물은 아직도 영국 왕실근위대의 외투로 사용하며, 19세기 프랑스 군복 바지는 이 염료를 사용해 붉게 염색하였다. 알리자린이 유럽에서 널리 사용된 까닭은 오랫동안 햇빛에 노출되거나 자주 세탁을 해도 색이 바래지 않는 선명하고 짙은 붉은 색의 직물

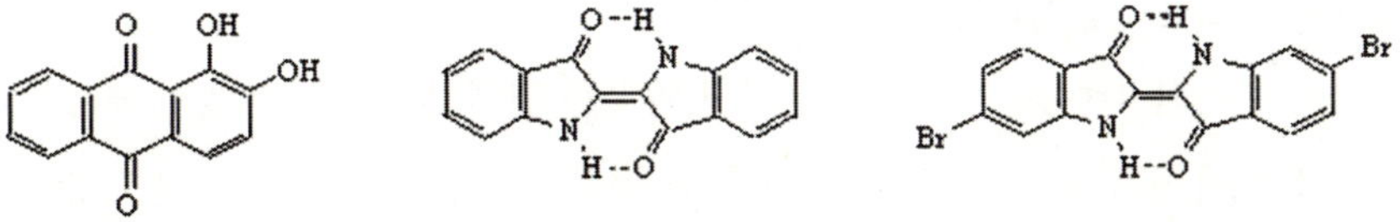

알리자린   인디고   타이리안 자주

그림1 천연염료의 구조

염색이 가능했기 때문이었고, 칼과 창을 사용하는 전쟁시에 피를 흘려도 붉은 색 바탕의 군복에는 잘 표시가 나지 않는 장점 때문이었다고 한다. 이 외에도 18세기에 코치닐이라는 붉은 색 염료가 사용되었는데 이는 멕시코에서 자라는 선인장에 기생하는 곤충으로부터 추출하였으며, 1Kg의 염료를 얻는 데 이 곤충 10만 마리를 잡아야 했다고 한다.

파란색 천연염료로 가장 중요한 것은 인디고 염료일 것이다. 이 염료는 우리나라의 쪽 염색에 쓰이는 염료의 주성분이며, 햇빛과 세탁에 잘 견디기 때문에 지금은 천연 인디고 염료의 구조를 그대로 모방하여 합성하고 있다. 현재에는 청바지의 염색에 주로 쓰이는 염료로 단일염료로는 가장 많이 생산되고 있다.

그 밖에 중요한 천연염료로는 타이리안 자주색(Tyrian Purple)이 있는데, 우아한 자주색을 나타내는 염료로 로마시대에 주로 황제나 고급 귀족들의 의복 염색에 사용되었으며, 이 염료 1.4g을 얻기 위해 그리스의 티레 해변에서 1만 2천 마리의 조개를 잡았다는 기록이 있다. 이 때문에 영어에 'born to the purple'이라는 속담이 생겼으며 이는 매우 귀한 신분으로 태어났다는 뜻으로 사용된다.

최초의 합성염료

이와 같이 천연염료를 구해서 의복을 염색하는 일은 엄청난 노동과 비용을 필요로 했고, 앞서 언급한 몇몇 염료를 제외하고는 그 성능도 별로 좋은 것이 없었기 때문에 아름다운 색상으로 염색된 의복을 입는다는 것은 귀족들에게나 가능했다. 그리고 이런 염료를 얻기 위해서는 넓은 토지가 있어야 했기 때문에 식량생산이 더욱 중요한 우선과제였던 19세기까지만 해도 염료의 생산은 미미하였다. 그러나 18, 19세기를 거치면서 유기화학이 점차로 발달한 결과, 1856년 영국의 윌리엄 퍼킨이 처음으로 합성염료 마우빈을 만들어 이때부터 염료 공업은 눈부신 발전을 하게 되었다.

사실, 많은 역사적 대발견이 그렇듯이 윌러엄 퍼킨의 염료합성도 우연한 실수의 산물이었다. 그 당시 영국은 아프리카에 많은 식민지를 건설하고 있었는데, 이 과정의 최대의 적은 프랑스나 독일이 아니라 아프리카의 모기였다. 수많은 사람들이 모기에 물려 뇌염으로 사망했기 때문이다. 그 당시 뇌염의 특효약은 키니네였는데 퍼킨은 이 점에 착안하여 키니네를 화학적으로 합성하려고 했던 것이다.

그러나 그 당시 화학자들이 가지고 있는 지식은 지금 고등학교에서 학생들이 배우는 수준에도 훨씬 못 미치는 정도였다. 우선 퍼킨은 출발부터가 잘못되어 있었다. 그는 정확한 키니네의 화학구조도 몰랐고 있었고 단지 개략적인 키니네의 화학조성(분자내 탄소, 수소, 산소 등의 수)만을 알고 있을 뿐이었다. 그는 톨루이딘이라는 화합물을 산화시켜 키니네를 합성하고자 했으나, 이것은 애초에 가능하지도 않은 화학반응이었다. 당연히 실험은 실패로 끝나고 키니네는 만들어지지 않았다. 하지만 그는 원료를 바꾸어가며 계속 실험을 하였다. 그러던 어느 날 또다시 실험에 실패를 한 그는 반응하고 난 시험관 속에 시커먼 물질이 굳어 있는 것을 발견했다.

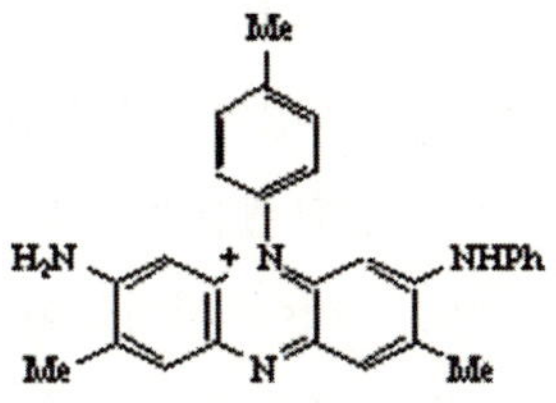

마우빈

그림2 최초의 합성염료

그 당시만 해도 유리 시험관은 지금처럼 싸고 흔한 물건이 아니었기 때문에 그는 시험관을 청소하고 다시 사용하기 위해 알코올로 시험관을 끓여 검은 물질을 제거하려고 하였다. 그러다가 그는 알코올이 아주 짙고도 선명한 보라색으로 물드는 것을 보았다. 순간 그는 이 불순물들을 염료로 사용할 수 있을 것이라는 생각을 하게 되었고, 이를 스코틀랜드에 있는 염색공장에 보내 염료로서의 가능성을 시험했다. 결과는 대성공이었다.

그러나 사실 그 보라색 염료는 퍼킨이 투입한 원료물질로부터 만들어진 것이 아니라, 그 원료물질이 포함하고 있던 불순물 때문에 만들어진 것이었다. 퍼킨은 자신이 한 실험을 면밀히 재검토해서 이 사실을 알게 되었고, 마침내 대량으로 이 염료를 생산했다. 염색업자는 더 많은 염료를 만들어주기를 바랐고 윌리엄 퍼킨은 이 염료의 사업 가능성을 알아차리고 주위의 사람들로부터 자금을 빌려서 염료제조공장을 세워 많은 돈을 벌었다.

염료산업의 발전

월리엄 퍼킨의 사업성공 소식이 유럽에 알려지자 그 당시 유기화학이 가장 발달했던 독일의 화학자들이 너도나도 부자가 될 꿈을 꾸면서 염료산업에 뛰어들어 염료산업은 크게 발전했다. 이로 인해 1875년경부터는 독일이 염료공업의 선두주자가 되었고 영국은 상대적으로 섬유공업에 더 치중하였다. 당시 영국은 국내에서 많이 생산되는 양모를 이용한 모직물 제조산업과 인도 등의 식민지로부터 수입한 면화를 이용한 면직물 산업에 주력했다.

섬유산업에 대한 이러한 국제적 분업은 그런대로 잘 유지되었으나 제1차 세계대전이 발발하면서 문제점이 드러나기 시작했다. 영국과 적대적 관계로 싸우던 독일이 영국에 염료를 팔지 않기로 결정하자 영국군들은 졸지에 말 그대로 백의종군을 해야 할 지경에 놓였다. 백의민족인 한국인과는 달리 특별히 흰색을 좋아하지 않았던 영국인들은 그때까지 있던 군소 염료공장들을 통합하여 제국화학회사(ICI)를 설립하고 다시 염료생산에 박차를 가했고, 이때 설립된 영국의 ICI는 지금 세계 최대의 화학회사 중 하나가 되었다.

현재 염료공업의 선두에 선 국가는 독일, 영국, 스위스, 일본 등이고 그 뒤를 한국과 대만, 중국 등의 나라가 뒤쫓고 있다. 일본은 독일과 영국에서 염료공업에 대한 지식을 배워 일찍 아시아의 염료공업 선두주자가 되었지만, 스위스의 염료공업 및 정밀화학산업이 발달하게 된 데에는 그럴 만한 이유가 있다. 원래 스위스는 염료공업이 별로 발달하지 않았다. 이웃인 프랑스에 화학공업이 발달해 있으나, 프랑스 정부가 화학산업에 과도한 세금을 물리자 프랑스의 염료공장들은 상대적으로 세금을 훨씬 적게 내는 스위스로 그 생산기지를 옮기게 되었고 이후부터 스위스가 염료공업의 선두로 떠올랐다.

화학의 발달과 합성염료의 발전

퍼킨이 최초의 합성염료인 마우빈을 합성한 후 많은 염료들이 만들어졌지만, 초기의 염료개발은 퍼킨이 사용한 것과 비슷한 원료를 가지고 화학반응을 진행시키고 그 합성물이 염료로서의 가능성이 있는가를 살피는 식으로 진행되었다. 그러나 화학이 점차 발전하면서 성능이 좋은 천연염료의 색소성분을 분리하고 그 구조를 알아낼 수 있게 되자, 이미 자연계에 존재하는 성능이 우수한 염료들의 구조를 밝히고 이들을 합성하거나 유사한 구조의 염료를 만드는 방식, 다시 말해 자연을 모방하는 방식으로 염료를 합성하는 것도 가능해졌다.

그 중 대표적인 것이 독일의 BASF사가 인디고 염료를 합성한 것이었다. 이때까지 인디고는 주로 인디고페라 나무로부터 채취했고 인도에서는 이 식물을 경작하기 위해 많은 토지를 사용하고 있었다. 그러나 1897년 BASF사는 약 10년 동안 막대한 돈을 연구개발에 투자하여 이 염료를 합성하는 데 성공하였다. 이 개발도 역시 우연한 실수 덕분이었다. 어느 날 합성실험 중 조작미숙으로 수은 온도계가 깨지면서 수은이 반응용액으로 흘러 들어갔는데, 이때 수은이 반응촉매로 작용하면서 반응속도가 급속도로 빨라져 상업화에 성공하게 된 것이다. 이렇게 인디고의 공장생산이 가능해지자 인도의 인디고 나무 재배업자와 관련산업 종사자들은 모두 망하고 말았다.

염료산업의 발달에 가장 큰 영향을 미친 사건은 1863년 영국의 그리스가 디아조화 반응을 발견한 것이었다. 학자들은 디아조화 반응을 이용하여 자연계에 존재하지 않았던 여러 가지 색깔의 성능이 우수한 염료들을 수없이 만들어낼 수 있었으며, 이후 현재까지 합성된 염료는 총수는 약 1만 가지 정도가 되는데, 이들의 절반은 이 반응을 이용한 염료들이다. 이후 디아조화 반응 이외에도 자연계에 존재하지 않는 많은 색소화합물이 합성되어 다양한 색을 표현할 수 있게 되었다.

그러나 1950년경부터 나일론, 아크릴, 폴리에스터 같은 화학섬유가 등장하자 이들은 염료화학자에게 새로운 과제를 안겨주었다. 종래의 면과 양모, 실크 등과 같은 천연섬유와 이들 화학섬유는 매우 다른 특성이 있었기 때문에 이들을 염색하기 위해서는 새로운 염료가 필요했다. 그 당시 섬유의 용도는 대부분 직물이었고 염색이 되지 않는 직물은 팔릴 수가 없었다. 학자들은 천연섬유에는 염색이 잘 되지 않던 비수용성의 작은 분자구조를 가진 염료들이 합성섬유를 잘 염색한다는 사실을 발견하고 이에 근거해서 성능이 뛰어난 합성 섬유용 염료들을 개발하였다.

그러나 아직도 염색기술은 완벽한 것이 아니었으며 계속적인 발전의 필요성이 절실하였다. 특히 면과 양모 등 천연섬유의 경우 1950년대까지는 염색한 직물의 물빠짐 현상이 심각하였다. 이는 염료와 섬유 사이에 반데르 발스의 결합력이나 수소결합력, 정전기적 인력과 같은 약한 물리적인 결합력만이 작용하기 때문이었다. 1950년대에 ICI연구소에 근무하던 래티는 염료가 섬유와 화학결합을 할 수 있도록 했고, 이러한 염료는 섬유와 화학적으로 결합해 아무리 세탁하거나 끓여도 색이 빠지지 않았다. 이 발명으로 특허 독점권을 쥔 ICI는 막대한 수입을 얻었고, 인류의 의복생활의 질도 매우 향상되었다.

합성염료의 현황과 전망

19세기 중반부터 개발되기 시작한 합성염료는 현재 약 2천여 종 정도가 생산되고 있으며, 이들의 성능은 천연염료와는 비교할 수 없을 만큼 우수하다. 그리고 지금도 햇빛이나 세탁, 마찰, 땀 등에 더욱 저항성이 강하고 더욱 선명한 색과 짙은 색을 낼 수 있는 새로운 염료를 합성하려는 연구는 계속되고 있다.

그러나 최근에 와서 학자들은 합성염료의 환경문제에 더욱 관심을 기울이고 있다. 합성염료를 사용한 염색이 에너지 과소비, 용수 과소비, 폐수 다량 발생 등의 여러 가지 환경문제를 야기하고 있으므로, 물을 더욱 적게 사용하고도 염색할 수 있는 염료, 더욱 낮은 온도에서 염색할 수 있는 염료, 폐수가 더욱 적게 발생하는 염료 등을 개발하기 위한 여러 가지 연구가 진행되고 있다. 따라서 더욱 우수한 성능을 가진 합성염료를 개발하기 위한 연구는 계속 진행될 것이며, 섬유산업의 규모가 꾸준히 증가하고 고급화됨에 따라 염료산업의 발전도 계속될 것이다.

최근에는 염료의 광학적, 전기적, 열적 특성들을 이용하여 첨단 공학 분야에 응용하는 사례가 점차로 늘고 있다. 이들에 사용되는 염료는 종래에 섬유에 사용되는 염료들보다 한 차원 높은 정밀화학적

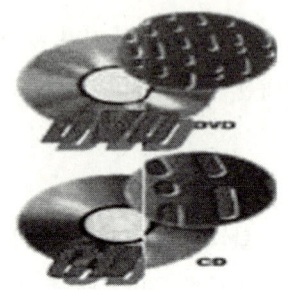

기술수준을 요구하며 값이 비싸고 생산량은 적으나 부가가치는 매우 큰 특징을 가지고 있다.

예를 들면, 노트북 컴퓨터의 TFD-LCD 액정화면에 칼라를 표시하기 위해 사용되는 염료, 전기를 받으면 색상이 변화하는 전기 변색성 염료, 온도에 반응하는 온도 변색성 염료, 레이저의 파장을 변환시키기 위한 레이저용 염료, 태양에너지를 전기로 바꾸는 태양전지용 염료, 복사기, 레이저프린터, 잉크젯프린터용 색소, CD 및 DVD용 염료 등이 있다.

우리가 흔히 사용하고 있는 CD 및 DVD 등의 정보기록용 광디스크에 사용되는 염료의 경우를 보자. CD의 정보기록과 재생원리는 플라스틱 원판 위에 적외선 레이저를 흡수하여 열을 내는 적외선 흡수염료를 코팅하고 여기에 파장 약 8백nm의 적외선을 쏘아 해당 부분에 미세한 흠집을 만들고 정보를 기록한다. 그 다음 정보를 읽어들이기 위해서는 정보를 기록할 때보다 훨씬 약한 레이저를 사용하여 홈집이 있는 부분과 홈집이 없는 부분의 반사율을 측정하고 이 반사율의 차이로 정보를 읽어들인다. 최근에 와서는 제한된 크기의 원판에 더 많은 양의 정보를 기록하기 위해 정보기록 및 판독용 레이저의 파장을 더욱 단파장으로 가져가기 위한 시도가 계속되고 있으며, 이러한 파장에 반응하는 염료의 개발이 꾸준히 진행되고 있다.

이외에도 염료는 특수인쇄, 화장품, 머리염색약, 의료용 등 그 사용처가 매우 넓고 앞으로도 염료가 가지는 광 흡수특성과 전기적 특성 등을 이용한 다양한 응용처가 발생할 것으로 전망된다.

참고문헌 및 웹사이트

1. 『염색화학』, 김노수, 교문사
2. 『염료화학』, 남성우, 서보영, 이대수 공저, 보성문화사
3. http://100.empas.com/search.html?q=%BF%B0%B7%E1&f=A
4. http://www.fcman.com/tex2.htm

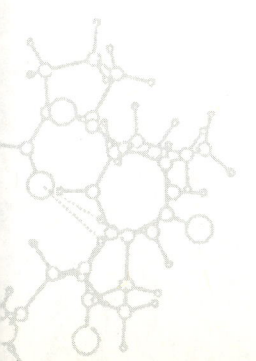

4. 생명과학과 바이오테크

인류의 생명을 구하는 백신 이야기

성노현
서울대학교 생명과학부

현재 인류의 생명을 획기적으로 연장시키는 데 가장 큰 공헌을 하는 것은 항생제와 백신이다. 전자는 감염성 질병의 치료약으로, 후자는 감염성 질병을 예방하는 약으로, 각 분야에서 대표적으로 이용되고 있다.

이중 질병치료에 드는 비용의 측면에서 본다면 백신은 다른 어떤 방법과도 비교될 수 없을 만큼 아주 경제적이다. 백신으로 질병을 예방하면, 질병의 제반 치료비용과 경제활동의 제약에 따른 손실 등 막대한 사회경제적 비용을 줄일 수 있다. 또한, 질병 치료제에 대한 비용에 비해 백신의 비용이 상대적으로 매우 저렴한 장점도 있다. 이 때문에 질병에 대한 새로운 백신을 개발하거나 기존 백신의 효과를 향상시키고, 새로운 질병에 대한 백신을 개발하는 일이 매우 중요하게 인식되고 있다. 그러나 지금도 전세계적으로 많은 사람이 여러 가지 이유로 백신의 혜택을 받지 못해 죽어가고 있다.

2백 년 전 처음으로 천연두에 대한 백신이 개발된 이래, 인간을 감염성 질환으로부터 보호할 수 있는 새로운 백신의 개발이 지속적으로 이루어졌으나, 여전히 매년 1천만 명 이상의 어린이들이 감염성 질환으로 목숨을 잃는다. 특히, 이중에서 한 살도 되기 전에 죽는 어린 생명이 3백만 명에 달하는 현실은 매우 가슴이 아프다. 더구나 이들 대부분이 이미 개발된 백신의 혜택을 받지 못해 죽어간다는 점은 백신의 개발뿐만 아니라 이를 필요로 하는 수요자에게 적시에 공급할 수 있는 국제적인 노력 또한 매우 중요함을 의미한다. 세계보건기구(WHO)의 추정에 의하면, 현재 생산되고 있는 백신만 제대로 공급되어도 한 해에 2백만 명에 달하는 개발도상국 어린이들의 죽음을 막을 수 있다.

백신의 역사

백신은 감염성 병원균(항원, Antigen)의 특성을 이용하여 체내에서 이들에 대항할 수 있는 항체(Antibody) 및 면역세포를 생성시켜 면역반응을 유도함으로써 질병을 예방하는 약이다. 인류가 백신을 사용한 시도는 질병을 제거하고자 했던 것과 그 기원을 같이 한다. 질병에 대한 치료약과 함께 전염병을 피하기 위한 대비책으로 제시된 방책들이 옛날부터 문헌으로 전해져왔다.

최초의 기록은 투키디데스의 『펠레폰네소스 전쟁사』(430 B.C.)에 있는 것으로 "한 번 질병을 앓은 사람은 두 번 다시 같은 병에 걸리지 않았기 때문에 주위 사람으로부터 축복을 받았다"고 전해진다. 그 후 6세기 중국에서 천연두에 대한 백신제조와 처리방법이 발견되어 시행되었던 것으로 전해지기도 하지만, 구체적인 방법으로는 10세기 경 송나라 도가의 주술사들이 면역효과를 높이면서 감염의 위험성을 낮출 수 있는 천연두에 대한 다양한 처방을 시도했다고 전해진다.

이들은 천연두의 예방을 위해서 병이 심하지 않은 환자의 고름 딱지를 채취하여 한 달 정도 혹은 날씨가 더울 때에는 20일 정도 묵혀 그 독성이 약해지도록 한 다음, 약재와 같이 빻아 건강한 사람의 코 속으로 불어넣었다고 한다. 이 방법을 후대의 종두법과 구분하여 인 두법이라 불렀다. 그 후 명·청 시대의 의서인『의종금감(醫宗金鑑)』에서도 천연두 예방을 위한 균의 접종법에 대한 서술이 보인다.

그러나 근대적 백신의 개발은 18세기에 제너가 종두법을 체계화한 것과 19세기에 파스퇴르가 닭의 콜레라균에 대한 약독화 백신(attenuated vaccine)을 처음으로 개발함으로써 시작되었다. 제너가 개발한 종두법은 다른 종을 감염시키는 유사 병원균을 이용한 백신이었다. 파스퇴르의 백신은 특정 질병을 일으키는 병원균을 분리하고, 이를 병원균이 생존하기 힘든 조건하에서 여러 세대에 걸쳐 배양하는 과정(계대배양)을 거침으로써 독성이 약화된 돌연변이를 만든 것으로, 현재 이용되는 백신의 시초라 할 수 있다. 또한, 파스퇴르에 의해 비로소 오늘날의 백신 이론이 정립되었고, 이를 바탕으로 면역학의 기초가 세워졌다.

20세기 중반 이후 조직배양과 유전자 재조합 같은 분자생물학적 방법이 도입되면서 백신의 개발도 새로운 전기를 맞았다. 세포배양이 가능해지면서 그 동안 순수 배양 및 분리가 불가능하던 병원균들이 속속 대량으로 확보되었고, 이를 이용하여 인간의 생명을 위협하던 질병에 대한 예방 백신이 지속적으로 개발되고 있다(표1 시대별 백신 참고). 특히, 1980년에 들어서면서 세계보건기구는 지구상에서 천연두가 완전히 박멸되었음을 선포했으며, 현재 미국에서는 소아마비의 원인인 폴리오 바이러스가 거의 없어진 것으로 평가된다. 이는 지난 2세기 동안 백신을 이용한 질병의 박멸을 위한 인류의 노력 중 가장 대표적인 성과로 꼽을 수 있다.

오늘날의 백신

20세기 후반에 이루어진 분자생물학과 유전공학의 발전으로 백신의 개발에 신기술이 도입되어 백신 기능을 획기적으로 향상시킬 수 있었다. 오늘날에는 다양한 생물학 분야의 발전에 힘입어 질병 원인균의 특정 유전자를 임의로 조작하고 면역체계에 대한 이해가 급속히 확대됨에 따라 이를 이용한 새로운 형태의 백신이 개발되고 있다. 이에 따라 점차적으로 백신 요법이 항생제에 내성을 가지는 병원균에 대한 유일한 치료법으로 인식되고 있다.

백신의 개발은 병원균 전체를 백신으로 쓰던 단계에서 병원균의 일부만을 분리하여 백신으로 이용하는 단계로 발전해왔다. 전세대의 백신이라고 할 수 있는 병원균 전체를 백신으로 이용하는 방법도 약독화 백신과 불활성화된 백신(inactivated/killed vaccine)의 2가지로 나뉜다. 두 방법은 모두 병원균 자체를 백신의 재료로 이용하는 점에

	18세기	19세기	20세기 초반	2차 대전 후
생백신 (live attenuated)	천연두 (1798)	광견병 (1885)	BCG(1927) 황열병(1935)	(세포배양) 소아마비, 홍역, 유행성 이하선염, 풍진, 아데노바이러스(감기)
사백신 (killed)		닭콜레라(1886) 콜레라(1896) 페스트(1897)	백일해(1926) 인플루엔자(1936) 리케차(1897)	소아마비 광견병(신종)
정제된 단백질이나 정제된 다당류		디프테리아 독소 (1888)	디프테리아 (1923) 파상풍(1927)	폐렴 뇌수막염 인플루엔자 B형 간염

표1 시대별 백신

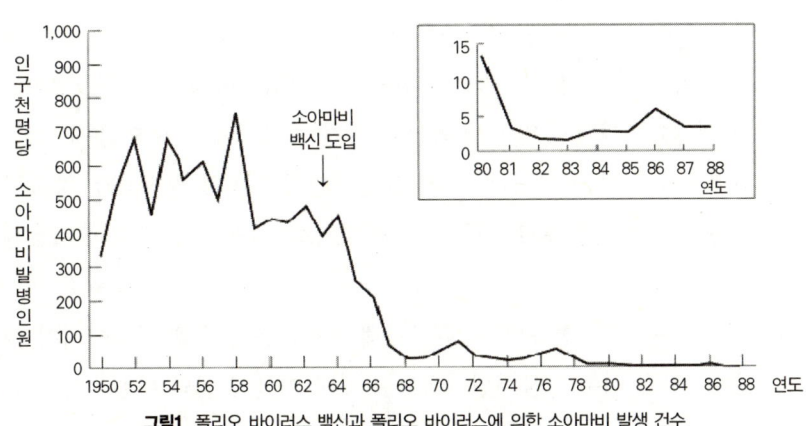

그림1 폴리오 바이러스 백신과 폴리오 바이러스에 의한 소아마비 발생 건수

서는 같다. 그러나 전자는 계대배양 등을 통해 독성이 없는 돌연변이를 선택하여 백신으로 이용하기 때문에, 비록 독성은 없으나 병원균이 증식할 수 있는 능력은 살아 있다. 따라서, 일반적으로 한 번의 접종만으로도 장기간에 걸친 백신의 효과가 나타난다. 하지만, 돌연변이가 정상적인 병원체로 다시 전환되는 위험한 경우도 간혹 있다는 치명적인 약점도 동시에 가지고 있다. 이 방법으로 개발된 대표적인 백신으로는 흔히 BCG라고 부르는 결핵 백신과 소아마비 백신인 경구용 폴리오 백신이 있다. 세계보건기구의 자료에 의하면, 경구용 폴리오 백신의 도입으로 1988년에 전세계적으로 3만 5천여 건에 달하던 폴리오로 인한 소아마비가 1996년에는 대략 10분의 1 수준인 4천 건 미만으로 줄어들었다.

또 다른 형태의 백신인 불활성화 백신은 화학약품이나 방사선을 처리하여 완전히 죽은 병원체를 백신의 재료로 이용하는 경우이다. 죽은 병원체를 이용하기 때문에 자체적으로 증식을 하거나 다시 살아나서 독성을 나타내는 경우는 없다. 그러나 필요한 예방효과를 위해서는 여러 번의 접종이 필요하다는 것과 화학약품에 의한 불활성화가 제대로 이루어지지 않아서 독성을 가진 병원균이 남아 있을 수 있는 위험성이 있다는 단점이 있다. 또한, 면역성의 유발에 매우 중요한 세포성 면역 반응(Killer T 임파구의 활성화 등)을 유발하는 데 비효율적인 단점도 있다.

이 두 가지 형태의 백신은 전체 병원균을 이용해 만들어지기 때문에, 비록 매우 드물지만 백신 자체에 의한 감염의 위험성이 항상 있다. 따라서, 병원균에서 항원성이 있는 일부의 물질만을 분리하여

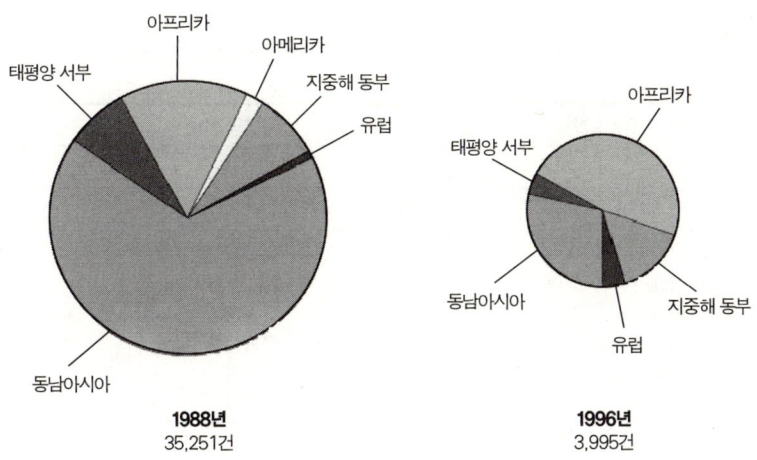

1988년
35,251건

1996년
3,995건

그림2 1998년 이후 지역별 소아마비 발생 비율의 변화

백신으로 이용하는 새로운 백신의 형태가 개발되어 시도되고 있다. 이 방법에 이용되는 항원성 물질은 대체로 세 가지로 나눌 수 있다. 첫째는, 폐렴 백신이나 뇌수막염 백신의 경우처럼 병원체의 세포벽을 구성하는 다당류를 백신으로 이용하는 경우이다. 다당류 백신은 T면역 세포 활성화를 유도할 수 없어 효과적인 면역반응을 일으킬 수 없다는 큰 단점이 있다. 그러나 뇌수막염 백신의 경우는 다당류를 단백질에 인위적으로 결합시켜 이러한 단점을 훌륭하게 극복하였다. 둘째는, 디프테리아나 파상풍과 같이 병원균이 분비하는 독소를 항원으로 이용하는 경우이다. 이 질병의 증상은 대부분 독소에 의해서 나타나고 독소를 중화시킴으로써 질병을 막을 수 있기 때문에 이를 이용한 백신이 상당히 효과적이다. 셋째는, 병원균의 표면에 발현되는 항원성 단백질을 재조합유전자기술을 이용하여 많은 양을 발현시킨 후,

표2 현재 주로 사용되고 있는 백신의 종류 및 형태

질병이나 병원체	백신의 형태
병원체	
박테리아	
탄저병	불활성화
콜레라	불활성화
백일해	불활성화
페스트	불활성화
결핵	약독화
장티푸스	약독화
바이러스	
A형 간염	불활성화
인플루엔자	불활성화
홍역	약독화
유행성 이하선염	약독화
폴리오(sabin)	약독화
폴리오(salk)	불활성화
광견병	불활성화
로타바이러스	약독화
풍진	불활성화
황열병	약독화
정제된 항원성 물질	
독소	
디프테리아	불활성화된 독소
파상풍	불활성화된 독소
다당류	
폐렴	23가지 서로 다른 다당류
표면 항원	
B형 간염	재조합 표면 단백질

이를 분리하여 백신으로 이용하는 것으로 재조합항원 백신이라 부른다. 이 방법은 B형 간염 백신의 생산에 처음으로 적용되었는데, B형 만성간염 질환을 예방하는 데 효과가 매우 큰 것으로 평가된다.

백신의 미래

현재 개발중인 새로운 백신의 대부분은 항원 단백질을 이용하는 재조합항원 백신이다. 근래에는 이들보다 더 단순화된 방법이 시도되고 있는데, 병원균의 항원 단백질 중 일부를 인공적으로 합성하여 백신으로 이용하는 것이다. 이 방법은 항원 단백질을 분리하여 백신으로 이용하는 것과 유사하지만, 전체 단백질이 아닌 대략 10개 내외의 아미노산으로 이루어진 펩티드 조각을 이용한다. 특정 단백질에서 B세포나 T세포를 활성화할 수 있는 성질이 있는 부위를 규명하여 그 부분만 대량 합성하여 백신으로 이용하는 것이다. 이 방법은 기존의 것과는 달리 순수하게 화학적인 방법으로 합성하기 때문에 다른 이물질이 오염될 위험은 거의 없다. 그러나 아직은 보다 많은 연구가 필요하고, 상용화까지는 많은 시일이 걸릴 것으로 추정된다.

최근에는 항원 단백질에 대한 재조합 유전자를 이용하여 항원 단백질을 체내에서 직접 발현시키는 방법이 개발중이다. 이는 항체 반응과 더불어 세포성 면역 반응을 효율적으로 유도할 수 있어 훨씬 더 효과적일 것으로 기대된다. 특히, 항원성 단백질을 발현할 수 있도록 만든 재조합 유전자 자체를 체내에 직접 주입하는 백신(DNA 백신)이 최근 개발되고 있다. 말라리아, AIDS 및 독감에 대한 DNA 백신이 개발중이고, 수년 후에는 이 외의 여러 질병에 대한 DNA 백신이 개발될 것으로 예상된다.

백신은 예방약으로서뿐만 아니라 치료제로서도 이용될 수 있다. 그 중 대표적인 것이 암치료제로서 백신을 개발하는 것이다. 오래전부터 환자의 암세포에서 특이적으로 발현되는 항원을 규명하는 작업이 지속적으로 진행되어왔다. 암세포는 일반적으로 단일 클론으로 이루어졌기 때문에, 이들에게서 발현되는 특이적 항원이 규명된다면 이를 이용한 치료용 백신을 만들 수 있다. 이 백신은 환자에게서 암 세포 특이적인 면역반응을 유도함으로써 암세포를 제거하는 치료제로 이용될 수 있다. 향후 단백질 분석능력이 더욱 향상되어 개별 환자의 암세포 특이적 항원을 분석하는 데 소요되는 비용과 시간을 획기적으로 줄이면 이 방법의 실용화가 더욱 용이할 것으로 기대된다.

백신의 보급

백신은 개발뿐만 아니라 접종도 중요한 문제로 부각되고 있다. 과학자들은 오늘날 전체 질병의 약 60%에 해당하는 질병에 대해서 백신의 가능성을 검토하고 있다. 여기에는 설사병, 급성 호흡기 질환이나 말라리아와 같은, 주로 개발도상국의 어린이에게 위협이 되는 것들도 포함된다. 이들 질병의 효과적인 예방을 위해서는 가능한 많은 수의 어린이에게 백신을 접종해야 한다. 선진국에서는 백신의 접종비용에 대한 국가적 차원의 지원이 없다 해도 개개인의 소득이 높기 때문에 특별히 문제는 없어 보인다. 그러나 소득수준이 낮은 저개발국가에서는 국가적 차원에서 이러한 사업을 전개하고 싶어도 재정 규모가 너무 작아 불가능한 경우도 많다. 최근 개발되는 백신은 대략 1억 달러 정도의 개발비용이 소요되기 때문에 1회 접종에 소요되는 비용도 점진적으로 증가하는 추세이다. 1회 접종비용이 몇 달러에 이르면, 저개발국가에서는 며칠 동안 쓸 수 있는 생활비에 해당하는 경우도 허다하다.

이 같은 문제점을 해결하기 위해, 현재 세계보건기구와 유니세프가 공조하여 개발도상국에서 주로 발생하는 질병에 대한 백신의 개발, 생산 및 저렴한 가격으로의 공급 등을 일괄적으로 추진하고 있다. 한국도 이와 같은 국제적 노력에 동참하고 있는데, 서울대학교 연구공원 내에 위치한 국제백신연구소는 세계 최초의 백신전문연구 국제기구로서 효과적인 새로운 백신의 개발과 보급을 그 목적으로 하고 있다. 국제백신연구소는 한국이 백신 연구 및 개발 분야에서 세계에 기여할 수 있는 발판이 될 것이다.

병원균과 인류 사이의 전쟁

백신의 개발은 병원균과 인류 사이의 전쟁과 같다고 할 수 있다. 새로운 백신의 개발은 궁극적으로 기존의 병원균을 제거할 수 있지만, 새로운 형태의 병원균이 출현하여 새로운 질병이 나타날 가능성은 항상 있다. 그러나 과학기술의 발달에 힘입어 새로운 질병에 대처하는 시간이 점차적으로 단축되면서 앞으로 더 많은 질병에 대한 백신이 개발될 것이다. 1980년대에 접어들면서 천연두에 대한 공포에서 해방되었던 것처럼, 백신의 개발은 인류에게 감염성 질병으로부터의 해방이라는 희망을 보여주고 있다.

　　새로운 백신의 개발을 위해서는 앞으로도 많은 기술적인 발전이 필요할 것이다. 이러한 기술적인 발전의 밑바탕에는 면역학이나 분자생물학을 비롯한 기초 자연과학 분야의 발전이 필수적이다. 지금까지 개발되어온 백신이 기초적인 자연과학 분야의 발전을 발판으로 하여 이루어졌듯이, 미래의 신기술의 등장도 여러 기초학문 분야의 깊이 있는 연구와 발전의 토양 위에서만 가능할 것이다.

참 고 문 헌 및 웹 사 이 트

1. S. Plotkin and E. Mortimer, Vaccines, W. B. Saunders Company, 1988.

2. 박상대 외 6인, 「국제백신연구소 설립지원 기본계획 수립에 관한 연구」, 서울대학교, 1996.

3. P. Ho and F. Lisowski, *A Brief History of Chinese Medicine*, World Scientific Publishing Co. Ltd., 1997, 2nd Edition.

4. J. Kuby, *Immunology*, W. H. Freeman and Company, 1997, 3rd Edition.

5. http://www.sc.edu/library/spcoll/nathist/jenner.html

6. http://www.who.int/home-page/

7. http://www.who.ch/programmes/gpv/gpv_home.htm

의학과 자연과학이 만났을 때

김병문
서울대학교 화학부

과학의 인류에 대한 가장 위대한 공헌들 중 하나는 인간과 동물의 건강증진이다. 예를 들어 사람의 수명에 대해서 살펴보더라도 1900년에 미국에서 태어난 남자아이의 기대수명은 47세였으나 1997년의 기대수명은 75세로 늘어났다. 이러한 수명의 연장은 의학 및 그와 관련된 자연과학의 제분야가 눈부시게 발전한 덕분이다.

고대에는 자연계의 식물이나 동물 또는 광물질에서 추출한 화합물들이 약물로 많이 사용되었다. 그러나 1805년 독일의 제르튀르너가 아편에서 모르핀을 분리하여 최초로 현대적 의미의 순수한 성분의 약을 발견한 이후, 19세기 들어 새로운 화합물들의 합성법이 발달하면서 질병에 대처할 수 있는 새로운 의약들이 개발되기 시작하였다. 최근에는 새로운 의약의 개발은 대부분 제약회사의 연구소나 국립연구기관 또는 대학연구실에서 이루어지고, 그 일들의 주요한 부분을 화학자, 생물학자, 의학자 및 약학자들이 담당하고 있다.

의약개발에 자연과학이 공헌한 업적들

자연과학의 건강에 대한 공헌은 가장 먼저 요오드나 페놀 등과 같은 소독약의 개발에서부터 찾을 수 있다. 파스퇴르, 리스트, 코흐 등의 연구로 병원성 미생물에 의한 상처의 감염의 원인을 알게 되었고, 이로부터 소독약을 사용해 상처의 감염을 방지할 수 있게 되었다. 또한 마취제도 과학발전의 결과로 얻어졌다. 마취제가 개발되기 이전에는 알코올을 대신 사용하기도 했다. 즉, 환자에게 술을 잔뜩 먹여 취하게 한 다음, 고통스러운 수술을 시행하곤 하였다. 그러나 에테르라는 마취제가 발견되면서, 보다 효과적으로 외과적 수술이나 치과진료를 할 수 있게 되었다. 이후 마취제는 점점 더 발전하여 간단한 수술의 경우 국소마취만으로도 고통없이 할 수 있게 되었고, 오늘날에는 마취가 없는 수술이란 생각하기 어려워졌다.

신약개발에 앞서 질병의 진단에 있어서도 과학자들이 이룩한 업적은 이미 잘 알려져 있다. 오래전부터 X-선 투사사진의 개발을 통해 인체의 여러 질병들을 진단할 수 있게 되었으며, 최근에는 MRI이라는 기기나 초음파촬영기, 컴퓨터단층촬영기 등을 통해 신체 내부의 여러 현상들을 진단할 수 있게 되었다. 병원에서 질병을 진단하기 위해 가장 먼저 하는 혈액이나 소변검사 등도 임상화학자들이 개발했다. 우리의 혈액형도 혈액세포의 표면에 있는 당단백질(glycoprotein) 항원의 형태에 따라 달라지는 것으로, 이러한 항원과 항체의 면역학적 관계를 진단하는 것은 수혈에서 절대적으로 필요한 분석이다.

1920년 이전에는 박테리아 감염만으로도 수많은 사람들이 생명을 잃었다. 그러나 염료산업의 일환으로 개발된 설폰아미드 계열의 화합물들이 일부 박테리아에 대해 항박테리아 성질이 있다는 것이 알려진 이후, 이 같은 항생제의 개발을 위해 수많은 새로운 화합물들이 합성되었다. 20세기 초엽에 에를리히는 아조염료 화합물들이 생쥐의 파동편모충증(trypanosomiasis)에 대해 치료효과가 있다는 것을 발견하였고, 최초로 '화학요법'이라는 용어를 사용하였다.

1932년 독일의 과학자인 도마크는 설폰아미드계 화합물들을 조사하던 중에 프론토실(prontosil)이라는 붉은색 계통의 염료화합물에서 강한 항박테리아 효과를 관찰하였다. 그는 박테리아에 감염된 생쥐에 이 화합물을 투여하여 생쥐로부터 치료효과를 얻을 수 있음을 알아냈고, 이후 박테리아 감염으로 절망적인 상황이었던 한 여자아이에게 이 약을 투여하여 살려냄으로써 인류역사에서 '항생제 치료'라는 새로운 지평을 열었다. 이 발견으로 도마크는 1939년 노벨 생리의학상을 수상하였고, 이후 수많은 학자들이 설폰아미드기를 함유한 소위 '설파제'라는 항생제 개발을 위해 노력했다.

이러한 최초의 항생제 개발의 의미는 박테리아 등의 미생물은 죽이면서 사람에게는 아무런 해를 끼치지 않는 물질의 개발이 가능하다는 것을 의미하고, 그로 인해 완전히 새로운 연구분야가 열렸다. 여기에는 박테리아 등의 미생물과 사람에 대한 세포생물학 및 생화학적 연구가 결정적인 역할을 했다. 박테리아는 엽산(folic acid, 비타민 Bc)이라는 필수비타민 없이는 생존할 수 없고 이 엽산을 자체적으로 합성하여 사용한다. 위에서 말한 설파제는 박테리아에서 엽산을 만드는 효소를 억제하는 효과가 있다는 것이 밝혀졌다. 그러나 사람은 이러한 엽산합성효소가 몸 속에 없으므로, 음식물로부터 엽산을 섭취하여 사용해야 하는 기전을 가지고 있다. 어떤 의미에서는 우리는 우리 몸이 가지고 있지 않은 효소 때문에 오히려 항생제라는 박테리아에 대한 선택적인 약을 사용할 수 있게 되어 이득을 보는 셈이다.

오늘날에는 거의 모든 질병의 영역에서 치료약이 개발되지 않은 분야가 없다. 물론 몇몇 중요한 질병에 대한 약들은 아직 충분한 효과를 내지 못하는 경우도 있다. 박테리아에 대한 항생제 이외에도, 항바이러스제, 항진균제 및 기생충에 대한 구제약들도 개발되어 있다. 하지만 아직도 일부 바이러스 질병에 대해서는 더 나은 약들이 필요하며, 더 좋은 항진균제의 개발도 필요하다.

이와 같은 외부로부터 들어오는 감염균에 대한 약들 이외에도, 우리 몸 내부에서 일어나는 문제들로 인한 질병에 대한 약들도 매우 중요하며 이 분야에서도 괄목할 만한 발전이 이루어졌다. 고혈압, 뇌졸중이나 심장마비에 대한 치료약도 개발되어 있으며, 궤양도 약으로 치료가 가능하다. 진통제와 항우울제, 또한 다양한 호르몬 결핍에 대한 치료제도 개발되어 있다. 항히스타민제나 멀미약, 또는 콜레스테롤을 낮추는 약들도 많이 개발되어 있다. 아직 완전한 수준은 아니나 항암제나 에이즈 치료제도 우리에게 제공되고 있다.

현재 과학자들이 개발중인 신약들 및 신약 관련 문제들

먼저 새로운 의약의 개발과정을 살펴보면, 그림 1에서와 같이 어떤 질병에 대한 원인이 규명되면, 그 병인(病因)을 표적(target)으로 이를 제거하기 위한 방법을 강구하게 된다. 이 표적에 대해 다양한 약물들을 검색할 수 있는 약효검색법을 확립하고 이로부터 선도물질을 얻어낸다. 이런 선도물질은 천연물이나 미생물 대사물질 등 매우 다양한 자원으로부터 얻어내며 최근에는 조합화학이라는 방법을 써서 매우 많은 수의 합성화합물들의 조합으로부터 얻기도 한다. 또한 표적의 3차원적 구조가 알려져 있을 때는 '합리적 의약설계법'에 의해 컴퓨터 모델링 등의 방법을 사용하여 예측해낼 수도 있다. 이렇게 하여 얻어진 선도물질로부터 의약으로서의 바람직한 성질을 갖춘 화합물을 얻기까지 최적화의 과정을 거치며, 이 과정은 반복적으로 시행된다. 이렇게 해서 신약 후보물질이 얻어지면 이 화합물은 독성시험 등을 포함한 전임상과 임상실험의 단계를 거쳐서 신약으로 개발된다.

수많은 신약개발 관련 과학자들이 새로운 약의 개발을 통해 아직 풀지 못한 질병들에 대해 해결책을 찾기 위해 부단히 노력하고 있다. 이러한 새로운 연구분야들의 몇 가지 예를 들어보자.

대부분의 박테리아 감염은 다양한 항생제들에 의해 박멸되지만 최근 어떠한 항생제로도 구제되지 않는 박테리아들이 발견되었다. 이들은 기존의 항생제들에 대한 내성균들로서, 특히 병원에서 치료중 감염되는 경우도 많다. 이것은 돌연변이를 일으킨 균들 중에서 소위 '적자생존'의 원리에 의해 기존의 항생제에 대해 살아남은 균들이다. 이를 해결하기 위해 매우 내성이 큰 박테리아라 할지라도 박멸할 수

| 표적 발굴 | 선도물질 발굴 | 신약후보물질 개발 | 독성 및 임상시험 | 허가 및 신약발매 |

그림1 신약연구 개발과정

있는 새로운 항생제들을 개발하기 위해 현재 연구가 진행중이다.

최근 많은 제약회사들이 도전하고 있는 문제들 중 하나는 에이즈를 유발하는 인간면역결핍바이러스(HIV)에 대한 치료제의 개발이다. 이 HIV라고 불리는 바이러스는 숙주세포 내에서 자신의 번식에 필수적으로 소요되는 효소들을 만들어낸다. 최근 의약화학자들은 이러한 효소들을 억제하는 약들을 개발하여 바이러스의 감염을 막는 새로운 약들을 개발하고 있다. 이 경우 '합리적 의약설계 방법(rational drug design)'이 사용되기도 하는데, X-선 회절법을 이용하여 신약개발의 표적이 되는 효소(이 경우 HIV 프로테이즈)의 3차원적인 구조를 알아내고, 이 효소의 활성자리에 결합하는 억제제들의 구조를 컴퓨터 모델링으로 예측하기도 한다. 최근에는 이와 같은 효소의 3차원 구조와 컴퓨터 모델을 이용하여, 실제 신약 후보물질을 합성하기 이전에 수만 개의 신약 후보물질들을 컴퓨터로 검색하는 '가상스크리닝(virtual screening)' 기술도 개발되고 있다. 그러나 HIV 바이러스의 경우에도 효소억제제들에 대한 내성을 가진 새로운 균들이 나타나고 있어 이 내성문제를 해결할 수 있는 열쇠를 찾기 위해 노력하고 있다.

바이러스에 의한 질병들 중 오랜 기간 동안 인류의 역사와 함께 전해 내려온 질병은 독감이며, 이 독감을 일으키는 바이러스가 인플루엔자 바이러스이다. 이 바이러스에 대해서도 '합리적 의약설계' 방법에 의한 효과적인 치료제를 개발하고자 하는 노력의 결과로 많은 신약 후보물질들이 개발되었고, 최근 새로운 치료제가 미국 식품의약국에 의해서 승인되었다.

암에 대한 치료제의 개발은 거의 모든 제약회사들이 많은 노력을 기울이는 분야이다. 지금까지 알려진 항암치료제의 문제점은 대부분 암세포뿐 아니라 정상세포도 파괴하는 기전을 가지고 있어 강한 부작용을 동반하는 것이다. 최근에는 이러한 부작용을 없앨 수 있도록 암세포에만 선택적으로 작용할 수 있는 새로운 기전의 항암제를 개발하기 위해 많은 노력을 기울이고 있다. 이러한 선택적 항암치료제를 성공적으로 개발하기 위해서는 세포의 생성, 증식 및 소멸에 대한 근본적인 이해가 필수적이며, 또한 암세포에 대한 특이성에 대해서도 체계적인 세포생물학적 · 생화학적 연구가 필요하다.

또한 많은 환자들이 심장이나 간, 신장 등이 손상되면 다른 사람의 장기를 이식하여 생명을 연장하게 되는데, 이때 몸이 외부에서 이식된 기관들에 대해 면역적 거부반응을 일으키는 문제가 있다. 이를 해결하기 위해서는 우리 몸의 면역반응을 낮추는 것이 필요한데, 이를 위해서도 많은 새로운 약들이 개발되고 있다.

의료기술 및 의약의 발전으로 인간의 수명이 점점 연장되면서 노년기에 찾아오는 질병에 대한 관심 또한 매우 높아지고 있다. 그 중에서 특히 일명 노인성치매라고 하는 알츠하이머병의 경우 수많은 사람들의 삶의 질을 현저히 떨어뜨리고 주위 가족에게 고통을 초래하게 된다. 이러한 신경계질환의 치료제를 개발하기 위해서도 최근 더욱더 많은 노력이 경주되고 있다.

또한 아직도 완전히 정복되지 못한 질병들로, 당뇨, 알레르기, 천식, 비만 및 기타 유전적 질병 등이 있는데, 특히 비만은 그 자체로는 큰 질병이라고 볼 수 없으나 다른 질병들 즉, 고혈압, 심장병, 당뇨 등과 연결될 소지가 매우 높아 중요한 신약개발의 목표로 부각되고 있다.

게놈시대의 신약개발과 관련 학문들

의약화학자들은 많은 치명적 질병에 대해서 머지않아 효과적인 치료제가 개발될 것이라고 믿고 있다. 특히 최근 인체 염색체의 모든 염기서열 해독이 거의 완성되었고, 많은 병원체의 유전자 염기서열도 속속 해독되면서 게놈사업이 새로운 치료약의 개발에 무한한 가능성을 가져다 줄 것이라고 생각하고 있다. 게놈사업을 통해서 방대한 양의 유전적 정보가 실제 단백질의 기능으로 번역이 되면, 이는 질병치료를 가능케 하는 방대한 양의 표적을 제공하여 수많은 질병에 대한 치료제를 개발할 수 있게 된다. 이에 따라 신약개발의 패러다임도 기존의 과정과는 많이 다른 양상으로 전개될 것으로 기대되고 있다.

인간유전체의 방대한 유전정보를 체계적으로 유용한 형태로 전환할 수 있게 해준 것이 바로 생물정보학(Bioinformatics)이다. 염기서열로부터 얻어지는 10만 개 정도로 예상되는 단백질들의 정보를 얻는 것은 염기서열을 알아내는 것보다 훨씬 더 어려운 일이 될 것이다.

그림2 에이즈를 유발하는 HIV 바이러스의 번식에 필수적인 단백질분해효소와 그에 대한
억제제가 결합된 모습을 컴퓨터 그래픽으로 나타낸 모습

이를 위해서 생물정보학의 역할은 앞으로도 매우 중요할 것이다.

　포스트게놈시대의 연구과제는 염기서열로부터 얻어지는 단백질
들의 구조와 기능 및 생명현상에서의 역할 등을 규명하고 이로부터
유용한 신약개발 정보를 얻어내는 것으로 이를 기능유전체학
(Functional genomics)이라고 한다. 기능유전체학은 유전자로부터
얻어지는 단백질의 기능을 연구하는 분야이다. 단백질의 기능을 밝히
는 일에 관련된 연구분야로는 단백체학(Proteomics)이 있다. 이 분야
는 세포 내의 모든 단백질의 분석과 단백질들 사이의 상호작용에 대
해 연구하여 이와 질병과의 관계를 연구하는 분야이며, 게놈사업으로
부터 얻어진 방대한 양의 정보로 인해 크게 활성화된 분야이다.

　기능유전체학이 효과적 질병 치료제의 개발로 연결되기 위해서

는 신약 선도물질을 찾는 단계가 필수적이다. 최근에는 선도물질이 될 가능성이 있는 일군의 화합물들로부터 역순으로 새로운 단백질의 기능과 그 단백질을 찾아내는 방법이 제시되었다. 이를 화학유전체학 (Chemical genomics)이라고 하며 화합물의 풀(pool)을 이용하여 직접 기능유전체학을 연구하는 분야이다. 이러한 화학유전체학이 제대로 이루어지기 위해서는 다양한 구조를 가진 수많은 화합물들을 단시간에 얻을 수 있는 조합화학(Combinatorial chemistry)의 개발과 이를 이용한 화합물 라이브러리(library)의 구축, 또한 이들을 이용한 고효율 스크리닝시스템(High Throughput Screening(HTS) system)의 개발이 필수적이다. 이 같은 화학유전체학의 기법이 발달되면 신약개발이 훨씬 신속히 이루어질 것으로 예상된다.

이러한 모든 연구분야가 궁극적으로 다양한 질병의 치료제로 이어지기 위해서는 전임상단계의 연구에도 많은 변화가 필요하게 되었다. 현재 신약개발에서 거의 예측 불가능하며 신약 후보물질 개발에서 많은 시간과 노력을 차지하는 부분이 독성조사 및 '흡수, 전달, 대사 및 방출(ADME)'로 대변되는 신약 후보물질의 약리학적 성질조사이다. 이 분야의 연구는 기능유전체학 등을 통한 다양한 신약개발과제를 해결하는 데에 있어서 가장 큰 도전이 될 것으로 생각되나, 과거와는 달리 다량의 데이터가 축적될 수 있을 것으로 보여 이 분야에 대한 체계적인 연구가 가능할 것으로 기대된다.

이상에서 짧게나마 의약의 발전과 그와 관련된 자연과학의 연구분야들에 대해 소개하였다. 현대적 의미의 의약이 개발되기 시작한 것은 역사적으로 볼 때 약 1백 년 정도밖에 되지 않지만, 그 동안 수많은 과학자들의 헌신적인 연구 덕분에 괄목할 만한 성장이 이루어져서 오늘날 의약 없는 복지는 생각할 수가 없다. 의약이라는 연구분야는 어느 한두 전공만의 연구분야라기보다는 생물학, 화학, 약학, 의학의 수많은 연구분야들이 한 팀으로 협력하여 만들어내는 학제간 연구의 대표적인 케이스라고 볼 수 있다. 최근에는 포스트게놈시대를 맞아 새로운 기법에 근거한 새로운 표적의 의약을 개발하기 위한 신규 연구분야들이 태동되고 있다. 인류의 건강을 증진시키고 삶의 질을 향상시키기 위한 과학자들의 노력은 21세기를 맞아 더욱 가속화될 것으로 기대된다.

추천도서 및 웹사이트

1. 강건일, 『이야기 현대약 발견사』, 까치, 1997.

2. 에드먼드 첸, 『장수과학의 현재와 미래』, 지엠홀딩, 2000.

3. 스튜어트 B. 레비, 『항생물질 이야기』, 전파과학사, 1995.

4. 김신근, 『한국의약사』, 서울대학교 출판부, 2001.

5. 로널드 브레스로우, 『화학의 현재와 미래』, 여인형 역, 자유아카데미, 1997.

6. Gareth Thomas, "Medicinal Chemistry", John Wiley & Sons, 2000.

7. 박찬웅『약, 그 허와 실』, 서울대학교 출판부, 1996.

8. William O. Foye, Ed. "Cancer Chemotherapeutic Agents" American Chemical Society, 1995.

9. 배리 워스, The Billion-dollar Molecule", Touchstone, 1994.

10. 한국신약개발연구조합 http://www.kdra.or.kr

11. 과학신문 http://www.sciencenews.co.kr

12. 한국정밀화학공업진흥회 http://www.kscia.or/kr

13. 의약품연구정보센터 http://dric.sookmyung.ac.kr

14. 의약정보전략연구소 http://www.pharmanet.co.kr

15. 보건복지부 http://www.mohw.go.kr

16. 대한화학회 http://www.kcsnet.or.kr

17. 대한약학회 http://www.psk.or.kr

18. 약사회 http://www.drugcom.co.kr

19. 합성 및 의약화학 연구실 http://synmed.snu.ac.kr

인류의 배고픔을 해결하다
-질소비료의 개발

김태영
인디애나대학 박사과정

인간에게 먹는 것을 해결하는 문제만큼 절박한 관심거리도 없을 것이다. 왜냐하면 매일 매일의 생활에 필요한 영양분을 몸에 공급하는 일은 남이 대신 해줄 수도 없을 뿐만 아니라 충분히 시간을 갖고 생각할 문제가 아니기 때문이다. 흔히 사람이 살아가기 위해서는 입을 옷, 먹을 음식, 잠잘 곳이 꼭 필요하다고들 말한다. 그런데 이 세 가지 중 옷과 집이 삶의 양식에 관한 문제라면 먹는 문제는 삶, 그 자체라 할 수 있다. 먹는 일에 지나치게 집착하다 보면 우리가 먹기 위해 사는지, 살기 위해 먹는지 가끔씩 혼란스러울 때도 있으니까!

하지만 우리가 먹을 수 있는 음식을 언제나 원하는 만큼 확보하는 것은 결코 쉬운 일이 아니다. 우리나라에서 쌀에 관해 이야기할 때 '식량 안보'라는 용어가 항상 더불어 나오는 이유는 그만큼 안정적인 식량공급이 사회의 안녕과 국가의 안전을 위해서 중요하기 때문이고,

또한 이것은 다른 나라의 주요 먹거리에 대해서도 마찬가지이다.

그림의 떡, 질소

인류는 정착생활을 시작한 이후 농사를 지어 나름대로 안정적인 식량공급을 유지할 수 있었다. 19세기 들어 화학에 대한 지식이 확대되면서 사람들은 질소와 칼륨, 인이 식량생산에서 결정적으로 중요하다는 사실을 알게 되었다. 당시의 기술수준에서도 칼륨과 인의 공급은 비교적 손쉽게 해결될 수 있었는데, 칼륨염을 캐내 칼륨 비료를 만들거나 인을 많이 포함하는 암석에 산을 가해 식물의 뿌리에서 잘 흡수될 수 있는 화합물로 전환하는 일은 그리 어려운 일이 아니었기 때문이다. 그러나 불행히도 질소의 경우에는 농사에 이용할 수 있는 양이 극히 제한적이었다.

생물체에게 이용 가능한 질소의 양이 상대적으로 적은 이유는 바로 그 원소의 자체 성질 때문이다. 우리가 알고 있듯이 질소는 대기의 78%를 차지할 정도로 많은 양이 존재한다. 그런데 질소 기체는 질소 원자들끼리 아주 안정적인 삼중결합을 하고 있어서 식물들이 쉽게 흡수할 수 있는 다른 화합물의 형태로 쉽게 바뀌지 않는다. 강한 빛을 쪼여주면 이 결합이 깨지기도 하지만, 대부분 자연에서 일어나는 '질소고정과정,' 즉 원자들끼리 짝을 이루고 있던 질소분자의 결합이 깨져 화학적으로 반응이 쉬운 질소화합물로 전환되는 과정은 몇 종류의 박테리아에 의해서 이루어진다. 그 중 우리에게 가장 많이 알려진 질소고정박테리아는 콩과 식물류의 뿌리에 혹을 만드는 뿌리혹 박테리아들이다.

식물에 고정된 질소는 작물이 성장하면서 생기는 자연적인 손실과 식물 본체로의 유출로 인해 지속적으로 토양에서 제거된다. 따라서 경작지는 주기적으로 질소공급이 부족한 상황에 놓인다. 우리네 조상들이 퇴비를 만들어 농지를 비옥하게 했듯이, 산업사회 이전의 다른 지역의 농민들도 부족한 질소를 보충하기 위해 작물의 잔류물이나 동물이나 사람의 배설물을 경작지에 공급했다. 그렇지만 이러한 전통적인 비료들은 질소의 농도가 낮기 때문에 충분한 양을 공급하기 위해서는 많은 양을 투입해야 했다. 곡류나 다른 재배작물을 콩과 함께 재배하는 방법을 쓰기도 했는데, 콩의 뿌리에 사는 질소고정박테리아들은 땅에 질소를 공급하는 데 도움이 되었다. 심지어 일부 농부들은 순전히 비료로만 사용하기 위해 콩을 재배해서, 그것을 수확하지 않고 일종의 청정비료로 그대로 갈아엎기도 했다.

전통 유기농법의 모순

이론적으로 콩을 같이 심으면서 인간과 동물들의 배설물을 재활용하는 전통적인 방법으로는 매년 경작지 1헥타르 당 질소를 약 2백 kg 정도까지 공급할 수 있으며, 이런 식으로 생산되는 식물 단백질 200~250kg이 인구 밀도의 이론적 한계라 할 수 있다. 즉, 일년 내내 연속재배가 가능하고 좋은 토질과 적정한 수분, 적절한 기후를 가진 지역의 농장 1헥타르는 15명을 먹여 살릴 수 있는 것이다. 그러나 실제로 유기농법에 의존하는 나라들의 인구밀도는 이보다 훨씬 낮다.

20세기 초의 중국은 경작 가능 농지 1헥타르 당 평균 5~6명 정도를 먹여 살릴 수 있었다. 그리고 1헥타르 당 약 5명이라는 인구밀도는 19세기 당시에 전적으로 전통적인 방법으로 농사를 지었던 북서 유럽에 있는 비옥한 토지에서도 마찬가지였다.

경작지 1헥타르 당 약 5명이라는 인구밀도는 여러 현실적인 이유 때문이다. 날씨가 언제나 농사짓기 좋도록 도와주는 것도 아니고 심심찮게 발생하는 해충으로 인해 생산량이 감소하기도 한다. 또 섬유나 약초와 같이 식량생산 이외의 목적으로 길러야 하는 작물도 있다. 농사를 지을 땅을 더 찾을 수 없거나 비료생산을 위한 목초지와 같은 비경작지가 없는 나라에서는 전통적인 비료공급방법이 근본적인 한계에 직면할 수밖에 없다.

이런 나라에서 농부들이 기존의 방법으로 수확량을 늘릴 수 있는 길 중 한 가지는 더 많은 청정비료를 재배하는 것이다. 하지만 비료재배를 위한 땅을 늘리면 늘릴수록 식량수확을 위한 땅이 모자라게 되는 모순된 결과를 낳는다. 더 나은 방법이 콩과 주요 곡물을 돌아가면서 짓는 것이지만 이렇게 하는 것도 한계가 있다. 콩과의 식물은 산출량이 적을 뿐더러 소화가 잘 안 되고, 빵이나 국수로 만들기가 쉽지 않다. 결과적으로 전통적인 방법으로 재배되는 어떠한 작물도 충분한 질소공급원이 될 수 없다.

질소가 천상에서 지상으로
19세기 말 농경제학자들과 화학자들 사이에는 점점 집약화되어

가는 농업이 머지 않아 질소의 위기를 맞을 것이라는 긴박감과 불안감이 퍼져 있었다. 따라서 당시의 과학자들은 질소의 부족을 해결하기 위한 여러 시도를 했다. 칠레의 사막에서 발견된 암석 침전물로부터 얻어지는 용해 가능한 무기질산염(칠레 초석)과 페루의 건조한 한 섬에 있는 새들의 배설물이 굳어진 유기 구아노(鳥糞石)는 당시 농민들에게 일시적인 구제책이 되었다. 석탄을 코크스로 전환시킬 때 사용되는 화덕으로부터 황산암모늄을 회수하는 방법도 농업에 필요한 질소를 공급하는 데 다소나마 기여했다.

1898년 독일에서 코크스를 석회와 질소와 섞어 반응시켜 칼슘, 탄소, 질소를 함유하는 화합물을 생성하는 과정이 개발되었지만, 생산에 필요한 에너지가 너무 많이 필요한 탓에 실용화될 수 없었다. 전기방전으로 질소와 산소의 혼합물로부터 질소산화물을 얻는 것 또한 너무 많은 에너지를 필요로 했다. 결국 만성적인 질소 부족은 프리츠 하버의 암모니아 합성의 발명과 함께 근본적인 해결책을 찾게 된다.

공기 중의 질소를 수소와 반응시켜 암모니아를 만드는 일이 얼마나 중요한 업적인지를 이해하기 위해서는 생명체에서 질소의 역할을 살펴볼 필요가 있다. 우리 몸의 대부분을 구성하고 있는 탄소나 수소 그리고 산소와 비교해볼 때 질소는 양적으로는 적지만 생명체에게 결정적으로 중요한 원소이다. 질소는 유전정보를 저장하고 전달하는 핵산들의 구성성분이면서 모든 식물과 동물들의 세포구조성분을 만드는 데도 필요하다. 또한 우리 몸 안의 신호를 전달하고 받아들이며, 생체촉매작용을 하는 단백질들에도 질소가 들어 있다. 그런데 다른 주요 원소들이 인간이 섭취하는 음식이나 물을 통해 자연적 형태로부터 우리 몸 조직의 일부로 쉽게 이동할 수 있는 반면, 질소는 대부분 공기 중에 안정한 형태로 존재한다. 다른 고등동물을 비롯한 인간의 몸은 이러한 질소를 이용하는 능력을 가지고 있지 않다. 더구나 적절한 영양을 위해서는 동물이나 식물의 단백질 형태로 흡수되는 최소의 양만이 필요하므로 음식을 통해 질소를 섭취하는 것 이외는 달리 방법이 없다.

물질세계의 타임머신, 촉매

질소 기체와 수소 기체로부터 암모니아를 얻는 과정은 화학반응의 기본이라 할 수 있는 화학평형과 반응속도, 그리고 이에 관계되는 촉매의 원리를 잘 보여준다.

$$N_2(g) + 3H_2(g) \rightleftarrows 2NH_3(g) + 92.22kJ$$

위의 반응식에서 볼 수 있듯이, 이 반응은 기체 네 부피가 반응하여 두 부피의 생성물을 만들고 이 과정에서 열이 발생하는 발열반응이다. 화학평형의 원리로부터 이 반응의 평형을 암모니아 생성 쪽으로 이동시키기 위해서는 반응용기의 압력을 높여주면서 생성되는 열을 제거해주어야 한다. 그러나 이러한 평형조건에 대한 원리는 반응이 얼마나 빨리 진행될 수 있는가에 대해서는 아무런 도움을 주지 못한다.

위와 같은 기체들간의 반응이 빠르게 진행되기 위해서는 단위 시간당 충돌 횟수가 많아야 하는데, 그러기 위해서는 온도가 높아야 한다. 다시 말해 화학평형의 원리에서 이 반응의 생성물을 늘리려면 온도를 낮추어야 하고, 반응속도의 측면에서 반응을 빠르게 하기 위해서는 온도를 높여주어야 한다. 이 모순된 상황을 해결해주는 것이 촉매의 작용이다. 화학반응이 일어나기 위해서는 반응물과 생성물 사이의 에너지 장벽을 극복해야 하는데, 이 에너지 장벽의 높이를 촉매가 조절해준다. 정촉매를 쓰면 에너지 장벽을 낮춰 반응속도를 빠르게 하고, 부촉매를 쓰면 에너지 장벽을 높여 반응속도를 느리게 한다.

엄청나게 긴 반응시간 때문에 우리가 사는 동안에 보지 못할 반응결과를 볼 수 있도록 해준다는 면에서 촉매는 일종의 '타임머신' 역할을 하는 셈이다. 암모니아 생성반응에서도 정촉매를 사용하여 에너지 장벽을 낮추면 평형을 정반응 쪽으로 이동시키는 적당히 낮은 온도에서 실질적인 반응속도를 얻을 수 있다. 하버는 처음에 철 촉매를 사용했는데, 이후 연구를 거듭하여 우라늄과 오스뮴이 더 좋은 결과를 준다는 사실을 알아냈다. 나중에 카를 보슈는 알칼리나 알칼리토금속의 산화물이나 염들이 촉매의 활성을 높여준다는 것을 실험적으로 확인했다.

한 끼 식사를 책임지고 있는 질소비료

하버-보슈 암모니아 합성법의 상업화는 두 세계대전 중의 경제적 어려움으로 늦추어져, 1940년대 말까지 전세계 암모니아 생산량은 5백만 톤 이하의 수준에 머물렀다. 질소비료의 사용은 1950년대에 점진적으로 1천만 톤까지 증가하였고, 1960년대에 도입된 기술적인 혁신은 합성에 필요한 전기의 사용을 90% 이상 줄여 보다 크고 경제적인 시설들을 만들어냈다. 이후 지속된 폭발적인 수요증가는 1980년대 말쯤에 전세계 생산량을 8배나 증가시켰다. 현재는 매년 약 1억 7천 5백만 톤의 질소가 세계 각 경작지로 흘러들어가고 있고, 작물들에 흡수되는 모든 질소에서 합성비료가 차지하는 비율은 약 40%가 된다.

1차 세계대전 중에 살상용 염소기체를 개발하여 최초로 사용한 사실이 암모니아 합성개발을 비롯한 하버의 다른 뛰어난 과학적 업적들을 가리는 어두운 그림자인 것처럼, 인공합성비료의 과다사용과 그로 인한 환경오염은 질소비료의 효용성을 희석시키는 주요한 요인이다. 실제로 일부 선진국에서는 경제적 이익을 위해 필요한 양보다 배 이상 되는 인공비료를 농지에 투입하고 있다. 하지만 개발도상국과 땅이 좁은 나라들에게는 합성질소비료의 사용이 그 나라의 사회 안정과 유지를 위해 피할 수 없는 선택이라고 할 수 있다. 아직까지 60억의 사람들에게 필요한 식량을 생산하기에 충분할 만큼 재활용 가능한 질소는 없기 때문이다. 현재 세계 인구 중 적어도 20억은 그들 몸에 있는 단백질이 공장에서 하버-보슈법을 이용한 산물로부터 얻어진 질소로 만들어져 있다. 다른 측면에서 생각해보면 모든 세상 사람들의 몸에 들어 있는 단백질을 구성하는 질소의 3분의 1은 하버의 업적에 신세를 지고 있는 셈이고, 당분간 이러한 상황은 앞으로 태어날 사람들에게도 역시 마찬가지이다.

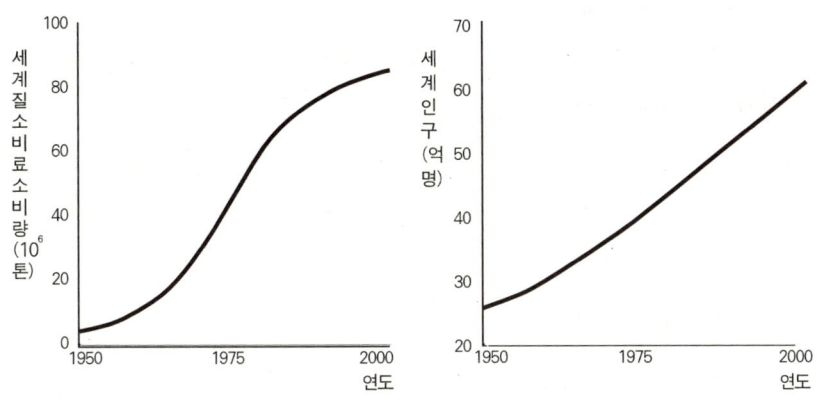

그림1 질소 비료 생산이 본격화된 1950년대 이후 세계인구의 증가 추세는 세계 질소비료 소비량의 증가 추세와 비슷한 양상을 보여준다.

자연의 흉내

최근에는 질소기체로부터 암모니아 기체가 만들어지는 반응의 얼개에 대한 좀더 상세한 연구결과들이 나오고 있다. 현재 공업적으로 상용되는 질소비료의 생산과정은 높은 온도에서 높은 압력을 가하는 위험한 과정이다. 이에 비해 토양의 박테리아들이 질소를 고정하는 방법은 공장의 과정에 비해 훨씬 안전하고 효율적이다. 따라서 이들이 공기 중의 질소를 고정하는 원리를 밝혀 흉내낼 수 있다면 우리는 현재보다 좀더 나은 방법으로 암모니아를 얻을 수 있다. 한편으로는 현재 빠르게 발전하고 있는 생명공학기술에 기대를 걸어볼 수 있다. 모든 곡물에 질소를 공급할 수 있는 뿌리혹박테리아를 만들거나 곡류 자체가 바로 질소고정능력을 가지게 하는 기술 또한 근본적인 해결책이 될 수 있기 때문이다. 이러한 기술들이 순환경작, 콩의 병작, 유기퇴비의 재활용 등과 같은 전통적인 비료공급방법들과 함께 사용되면 우리는 지금보다 친환경적인 방법으로 식량을 안정적으로 확보할 수 있을 것이다.

참 고 문 헌

1. 김희준, 〈하버와 암모니아 합성-인류를 먹여살린 화학비료〉,《과학동아》, 1998년 2월호
2. Vaclav Smil, *Enriching the earth: Fritz Haber, Carl Bosch and the transformation of world food production*, MIT Press, 2001
3. Vaclav Smil, *Scientific American*, July 1997, 58
4. Jeremy M. Smith et. al., *Journal of the American Chemical Society*, 2001, 123, 9222
5. http://www.nobel.se/chemistry/laureates/1918/index.html
6. http://www.woodrow.org/teachers/chemistry/institutes/1992/Haber.html
7. http://preview.britannica.co.kr/spotlights/nobel/list/B24h1997b.html
8. http://www.newtonkorea.co.kr/newton/magazine/newton/2000_11/inmul.htm

생명복제기술의 현황과 전망

황우석
서울대학교 수의학과

　　생명공학이란 산업적으로 유용한 생산물을 만들거나, 생산공정을 개선할 목적으로 생물학적 시스템, 생체, 유전체 또는 그들로부터 유래되는 물질을 연구·활용하는 학문과 기술을 총칭한다. 여기에는 의·약학, 동·식물·미생물 등 생물학, 생화학, 분자생물학, 농·축·수의·수산학 등 관련 학문분야가 매우 다양하다.

　　생명공학의 특징은 그 기술은 기초과학 의존적이나 그 연구결과는 산업화로 직결된다는 점에 있다. 예를 들면 인체유전자연구(Human genome project)는 매우 기초적이나 질병 관련 유전자를 탐색하여 치료제나 신약 등을 개발하는 산업적 응용분야로 연결된다. 또한 안정적이며 오랜 연구개발기간이 필요하다는 점과 이로 인해 투자회수기간이 수 년 또는 몇십 년이 걸린다는 특징도 있다. 예를 들면 특정 유전자가 적중된 동·식물을 생산하기 위해서는 십수 년이 소요되며 체세포 복제동물이 태어나기까지 각국에서는 15～16년의 연구과정이 있었다.

생명공학은 인간의 질병퇴치, 식량증산, 환경보존, 에너지대체 등을 통한 삶의 질을 향상시키는 도구기술이 될 것이다. 1990년부터 미국을 중심으로 한 선진국들이 추진한 인간유전체연구사업의 결과가 그 대표적 예로서 인간생활에 막대한 영향을 끼칠 것으로 보인다. 또한 생명공학기술은 정보 · 전자나 나노기술 등과 상호결합하여 생명정보학 형태 등으로 발전해가면서 성장속도가 점점 가속화되는 추세이다. 아울러 지식기반의 고부가가치 창출이 가능한 기술분야로서 생산물은 극소량일지라도 매우 고가이며 잠재력이 막대하다는 특징으로 국가 사회적 중요성을 더해가고 있다.

우리나라의 생명공학기술은 1983년에 제정된 생명공학육성법이 기초가 되어 생명공학종합정책심의회가 구성되었으며, 뒤이어 생명공학육성기본계획(1994～2007) 등을 토대로 추진되고 있다. 공공연구비 투입현황은 1994년부터 1999년까지 7개 부처에서 6,579억 원이 집행되었으며 2001년에는 3,280억 원이 투자되었다. 이들 연구비 지원에 의해 수행된 연구성과물로서 체세포 복제동물의 생산, 인공 씨감자 개발, 에이즈 DNA 백신 기술개발 등이 대표적으로 제시되고 있다.

아울러 「21세기 프론티어 연구개발사업」과 같은 대형사업으로 본격 추진하고 있으며, 첫 번째 사업으로 1999년에 '인간유전체기능연구사업단'을 설치하여 2009년까지 총 1,770억 원을 투자, 위암 · 간암 등 한국인 호발질병의 치료생존율을 현재 20%에서 2010년까지 60% 수준으로 제고하는 목표가 설정되어 있다. 2000년에는 '자생식물이용 기술개발사업단'이 발족되어 2009년까지 1,650억원을 투자, 식품의약 · 기능성 향장품 25종, 식물백신 5종을 개발하고 있다. 또한 2001년도에 '식량작물의 분자육종 기술개발사업단'과 '생체기능 조절물질 개발사업단'이 선정되어 사업이 착수되었으며 2002년도에는 세포이용기술, 미생물, 단백질 등의 사업절차가 진행중이다.

21세기 생명기술의 목표

아프리카 지역에서는 영양결핍과 질병으로 매년 수많은 사람이 죽어간다. 멀리 갈 것도 없이 북한에서는 우리의 동포들이 기아로 고통받고 있다. 사회학자들의 분석에 의하면 커다란 국지전이나 세계대전은 대개 식량과 인구의 불균형이 심화된 시점에서 발생되었다고 한다. 일부 논자들은 지구에서 생산되는 식량의 절대량은 세계 인구를 충족시키고도 남는다고 한다. 단지 왜곡된 경제체제와 분배구조가 문제라는 지적이다. 일면 타당한 논리일 수도 있다.

그러나 자본주의와 시장경제원리가 거역할 수 없는 세계적 조류인 현실에서 이와 같은 이상적 지적이 현실적 대안이 될 수 있겠는가 하는 점이다. 개간이나 간척사업 등으로 아무리 재배면적을 확대시켜도 개발이나 사막화에 의해 잠식당하는 경작지를 상쇄할 방안은 되지 못한다. 재래영농기술은 농작물의 소출량을 향상시키기에는 거의 한계점에 다다랐다. 즉, 전세계의 먹거리 총량은 정체 또는 감소되고 있으나 지구의 인구는 아직도 증가일로다. 해결방안은 전쟁이나 치사율이 높은 전염병으로 강제적 인구도태를 유도하든지, 인간의 소화생리를 변화시켜, 먹지 않고도 살아갈 수 있게 하거나 신기술을 개발하여 식량증산을 달성하는 방법밖에는 없다.

이 가운데 이성적 판단력을 지닌 인간이 택할 수 있는 유일한 방안은 자명하다고 하겠다. 죽음의 고통에 짓눌리던 어린 백혈병 환자, 치매상태의 가장을 구완하느라 정상적 사회활동을 포기해야 했던 가정, 난치성 질병으로 생의 중간지점에서 날개를 접어야 했던 엘리트 중견인, 이들에게 환한 미소를, 활기찬 삶의 역동을, 재도약을 향한 날갯짓을 가져다 줄 수 있는 길은 무엇일까. 현대의학은 이들에 대한 완벽한 해법을 제시하지 못하고 있다.

그러나 미래 생명공학기술은 우리에게 해결의 실마리를 던져주고 있다. 바로 생명복제기술을 중심으로 한 생명공학기술은 인류의 영원한 3대 숙제인 식량, 질병, 생태 및 에너지 문제를 해결할 수 있는 열쇠를 우리 손에 넘겨줄 것인가 여부를 숙고하고 있는 것 같다. 우리는 이 열쇠를 넘겨받아 안락하고 희망찬 21세기 삶의 지평을 열 것인가, 고통과 갈등을 함께하는 20세기적 생활양식을 답습할 것인가. 여기 21세기 과학기술의 핵심이자 판도라의 상자이기도 한 생명복제기술의 현황과 미래에 대해 살펴본다.

생명복제과정과 기술개발 역사

생명체의 복제는 20세기 과학사 가운데 최대 사건 중 하나가 될 만큼 큰 사안이었다. 그러나 이에 대한 과학적 접근보다는 일부 측면의 지나친 부각과 함께 인간복제에의 연계 등 발전적 논의가 오히려

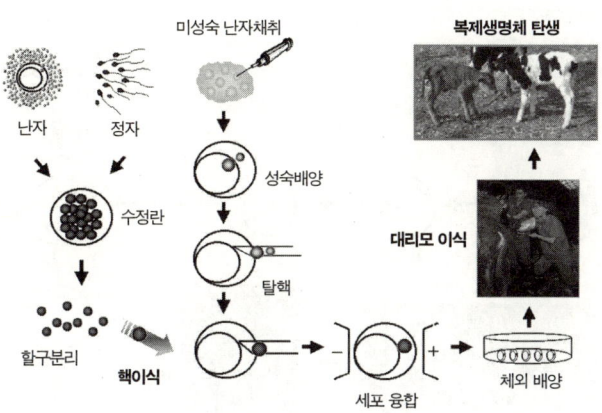

미성숙 난자채취

복제생명체 탄생

난자 정자

성숙배양

수정란

탈핵

대리모 이식

할구분리 핵이식

세포 융합 체외 배양

그림1 생식세포 복제과정

차단되고 있는 상황이다.

　복제기술이 개발되기 전까지는 암수 생식세포간의 결합(수정)에 의해서만 정상적인 개체발생이 가능한 것으로 알려졌으나, 최근 세포 융합 또는 세포직접주입과 같은 체세포 핵이식기술이 발전하면서 생명체의 복제가 본격적으로 이루어지고 있다. 복제기술은 그림 1과 2에서와 같이 생식세포복제와 체세포복제로 나눌 수 있다. 생식세포복제란 암컷의 난자와 수컷의 정자가 결합하여 이루어진 수정란의 분할과정에 있는 난세포(할구)를 공여핵세포로 이용하는 것이다. 이는 현존하는 생명체의 복제기술이 아니고 향후 태어날 생명체를 복제하는 것으로 일란성 쌍둥이 또는 일란성 다둥이 생산과 같은 의미이다.

　이에 비해 체세포복제는 현존하는 생명체의 몸을 이루고 있는 세포(체세포)를 공여핵세포로 하는 진정한 생명복제기술이라 할 수 있

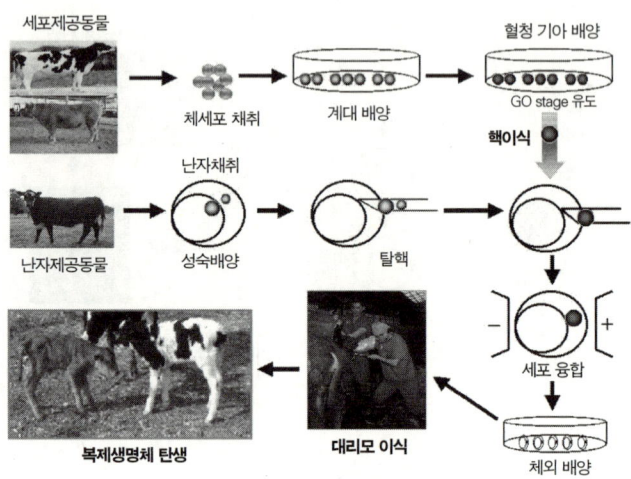

그림2 체세포 복제과정

다. 복제하고자 채취한 체세포는 몇 단계의 준비과정을 거쳐 복제에 적합한 상태로 유도한다. 그리고 현재까지는 인공난자 제조기술이 개발되지 않았기 때문에 복제과정에서 필수적인 난자는 동물의 난소에서 채취하여 이용한다. 난자에서 핵을 제거한 후 복제용 세포를 이곳에 주입한다(핵이식). 그 후 세포융합과 인큐베이터에서의 체외배양 과정을 통해 복제난자로 발육시키고 대리모의 자궁에 주입, 임신과정을 거쳐 복제생명체가 태어나게 된다. 이와 같은 체세포 복제는 수정과정이 없이도 생명체를 탄생시킬 수 있기에 바로 신의 영역에 도전하는 행위가 아닌가 하는 논란을 불러일으키기도 한다.

이중 생식세포 복제는 1983년 맥그라스와 솔터라는 과학자가 생쥐를 복제한 이후 윌라슨이 1986년 면양을 복제하는 등 각종 동물에서 성공을 거두었다. 그러나 1997년 2월 23일 복제양 돌리가 체세포 복제기술에 의해 탄생되었다는 발표가 나오면서 생식세포복제는 더 이상의 설자리를 잃고 체세포복제에 그 자리를 내주었다. 돌리 이후 각국에서는 생쥐, 소 등의 복제가 뒤따랐고, 우리나라에서도 1999년 복제 젖소 영롱이와 한우 진이가 탄생되면서 복제기술에 관한 한 선진국 대열에 동참하여 치열한 경쟁을 벌이고 있다.

드디어 2000년에는 어렵다는 돼지의 복제에도 성공하였고, 인간에게 장기를 제공하기 위한 유전자 적중 돼지도 2002년 1월 복제되어 세상을 놀라게 했다. 동시에 각종 암이나 치매, 당뇨병과 같은 난치성 질병을 극복할 수 있는 치료용 세포 생산을 향한 길에도 바짝 다가서고 있다. 또한 2002년 2월에는 한국인 과학자 신태영 박사의 주도하에 고양이의 복제에도 성공하여 복제기술의 영역이 점차 외연을 넓혀가고 있다. 아울러 이종간(異種間) 복제도 국내 연구진에 의해 그 가능성이 확인되어 복제기술의 적용영역은 그 한계가 어디까지일까 예측할 수 없을 정도로 확대, 심화되고 있다.

생명복제과정

생명복제기술의 실용성을 이해하기 위해서는 복제과정에 대한 대강을 알아야 하는데, 이를 간략하게 설명하면 다음과 같다. 생명체 복제과정은 그림 2에서와 같이 수핵세포질(난자)과 공여핵세포의 준비, 핵이식, 난자 활성화와 리모델링, 리프로그래밍, 복제 수정란의 배양, 대리모 이식 등의 단계를 거치게 된다.

수핵난자는 복제대상이 되는 체세포를 받아들여 생명체로 발육시키는 배지와 같은 역할을 하며, 현 단계의 기술로서는 인공난자를 제조할 수 없어 생체에서 채취한 난자를 이용하고 있다. 생체 또는 도축된 동물로부터 얻은 미성숙 난자를 인큐베이터에서 배양시켜 성숙난자로 만들고 이로부터 세포질 일부와 함께 핵을 제거하여(탈핵), 주입하는 체세포와 융합할 수 있는 상태로 유도한다. 최근에는 탈핵의 간편화와 핵이식 효율의 증진을 위해 투명대를 절개한 후 곧바로 스퀴징(squeezing)하여 극체 및 그 주변 세포질을 제거하는 방법이 적용되고 있다.

체세포를 이용한 핵이식 복제기술에서는 세포의 리프로그래밍에 장시간이 요구되며, 이미 분화된 세포를 G-0기로 조절해서 이용하는 방법이 주로 적용되고 있다. 돌리를 탄생시킨 로슬린연구소팀이 바로 이 기술을 개발하였으며, 이들은 배양액 중의 혈청농도를 일반적인 수준보다 20배 정도 희석하는 혈청 기아배양기술을 적용하여 세포시계를 일종의 휴지상태인 G-0기로 유도할 수 있었다.

공여핵원세포를 수핵난자의 세포질 내에 이식하는 방법은 세포융합법과 세포질 내 직접주입법으로 나눌 수 있다. 세포융합법은 핵이식 후 화학물질에의 노출, 불활화된 센다이 바이러스 주입, 전기자극 등의 방법이 있으나 간편성과 재현성을 감안하여 전기자극법이 주로 이용되고 있다.

난자가 정자와 결합하여 이루어지는 자연수정에서는 정자로부터 특정성분이 작용하여 난자를 활성화시켜 난분할 등 생명체 탄생의 길을 걷게 된다. 체세포복제에서도 자연수정에서 이루어지는 것과 같은 난자의 활성화 과정이 있어야만 정상개체 발생이 가능하기 때문에 인위적으로 난자의 활성화를 유도해야 한다. 이때 이용되는 방법으로 전기자극법이나 칼슘이온과 단백질 합성억제제의 병용 처리법 등 몇 가지 기술이 동원된다. 이와 같은 난자 활성화 유도 조처는 핵이식란 의 융합 전 또는 후 활성화 등 시기에 따라 상이한 성적을 나타낸다.

리프로그래밍이란 일반 수정란에서처럼 난분할 및 발육에 적응 하는 과정이며 핵이식란에서도 일반 수정란과 같은 과정과 현상을 보 인다. 이것이 바로 체세포복제에서도 자연수정과 마찬가지의 과정을 거친다는 증거가 되며 그 과정을 리프로그래밍이라 한다. 이와 같이 핵이식 수정란은 리프로그래밍에 의해 자신의 생물학적 시계를 되돌 리게 된다.

핵이식란을 대리모에 이식하여 착상시키기 위해서는 일정 단계 까지 체외에서 발육시켜야 한다. 세포융합이 완성된 핵이식란은 동물 종이나 세포의 종류에 따라 각각 특정 배양조건을 갖춘 인큐베이터에 서 체외배양과정을 거쳐 난분할 및 발육과정을 밟는다. 이 과정에서 일정 발육단계에서 다음 단계로 분할에 장애현상이 나타나며, 동물종 특유의 이러한 세포장벽(cell block) 현상을 극복해야 한다.

초기에는 이 세포장벽을 극복하기 위해 동종 또는 이종 동물의 체내 시스템(나팔관 내 일시적 가이식)을 응용하기도 했으나 최근에는 인큐베이터 내에서의 단순 배양으로도 문제를 해결할 수 있게 되었 다. 그러나 아직도 체세포 복제기술이 지니고 있는 기술적 한계, 즉 낮은 수태율, 높은 유산율, 거대 태아증 등은 바로 이 배양기술과 관 련된 것으로 추정되고 있어, 앞으로도 체외배양기술은 한층 향상시켜야 할 숙제이다. 또한 현재의 체세포복제기술은 수핵세포질 내에 존재하는 미토콘드리아 DNA의 영향을 배제할 수 없는 수준이기에 완전한 복제라 할 수 있는가에 대해서는 이론의 여지가 남아 있다.

그러나 이와 같은 미토콘드리아 문제가 규명되면 현재 심혈을 기울여 추진중인, 인간의 모계 유전병 극복, 멸종되었거나 멸종 위기에 직면한 희귀동물의 보존에도 이 기술을 적용할 수 있어 많은 과학자들이 이 부분에 전력을 기울이고 있다. 이와 같은 과정을 통해 후기 상태로 발육된 복제 수정란은 성주기가 수정란의 발육단계에 일치된 대리모의 자궁 내에 이식하여 착상, 수태에 이르게 된다.

생명복제기술의 적용영역과 전망

생명복제기술은 그 잠재영역 중 대부분이 바이오 의학이나 바이오 농업에 적용될 것이며, 그 외에 환경보전 및 바이오 에너지 분야 등에도 이용될 수 있을 것이다. 또한 장래에 유전자 적중기술이 복제기술과 어우러져 실용화되면 각각의 기술이 지닌 특성에 시너지 효과가 발휘되어 인간의 삶의 질 향상에 중요한 역할을 할 것이다. 향후 10년 전후의 시기에 실용화가 가능할 것으로 예측되는 기술을 열거하면 다음과 같다.

첫 번째로 동물의 번식과 개량을 들 수 있다. 유전적 진보는 유전적 다양성을 탐색하여 그중 제한된 개체를 대량으로 번식시키는 기술에 달려 있다. 산업적으로 중요한 몇 가지 유전특성은 그것을 완전히 밝혀내려 해도 환경요인에 의해 심하게 영향을 받아 개체의 유전적 장점을 정확하게 파악하기가 어렵다. 젖소에서 경제적 손실을 초래하는 주요 질병인 유방염과 부제병 등이 그 대표적인 예다. 형질이 우수한 젖소를 번식에 이용할지 결정하기에 앞서 동일한 개체를 몇 번 복제하여 1두로는 밝혀내기 어려운 질병 감수성 등 경제형질을 정확하게 파악하여 향후 우량형질 보존에 적용할 수 있게 된다.

다시 말해 수많은 산업동물 중에서 우량동물을 선발하고 이를 복제하여 단기간 내에 능력개량을 이룬다면 축산업의 생산성은 획기적으로 향상될 것이다. 이와 같은 복제기술의 실용화는 3~5년 후부터 적용할 수 있을 것으로 예견된다. 아울러 체세포복제기술은 형질전환동물 생산의 획기적 전기가 되고 있다. 즉 세포에서 특정 유전자를 제거하거나 변화시켜 유전자가 적중된 세포를 복제에 이용하면 원하는 유전형질로 변화된 동물을 생산할 수 있어 기존의 형질전환동물 생산기술이 지니고 있는 한계를 극복할 수 있을 것이다.

두 번째로 의학용 단백질의 생산을 들 수 있다. 치료용 단백질은 질병치료에 유익하게 이용되고 있으나 공급이 부족하거나 생산원가가 비싼 상태이다. 일부는 혈액에서 정제하기도 하나 생산비용이 비싸다. 또한 시료에 에이즈, C형간염 또는 광우병 등 감염원의 오염 가능성도 있다. 이런 단백질은 세포배양에 의해서도 생산될 수 있으나 극소량에 불과하다.

물론 세균이나 효모에 의해 대량생산하는 방법도 있으나 생성된 단백질의 정제가 쉽지 않다. 이에 비해 형질전환동물의 젖이나 오줌, 혈액에서는 대량생산이 가능하며 가격은 상대적으로 저렴해진다. 체세포핵이식에 의한 형질전환 복제동물 생산은 전핵에 직접 주입하는

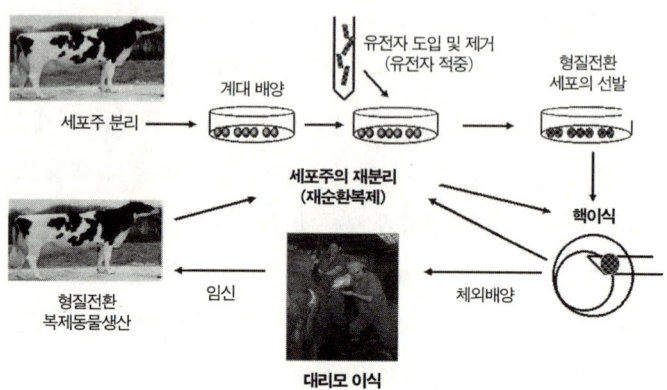

세포주 분리 → 계대 배양 → 유전자 도입 및 제거
(유전자 적중) → 형질전환
세포의 선발

세포주의 재분리
(재순환복제)

핵이식

형질전환
복제동물생산 ← 임신 ← 대리모 이식 ← 체외배양

그림3 치료용단백질 생산용 형질전환 젖소복제과정

등의 전통적 기술에 비해 절반 정도의 실험동물로도 실용화가 가능한 장점이 있다. 일년 반 정도면 원하는 성을 지닌 소수의 복제동물로 실험군을 조성하여 임상적용을 하기에 충분하다.

이런 방법으로 복제된 형질전환동물을 생산한 후 적용할 수 있는 대표적 예로 혈청 알부민이 있다. 전세계적으로 화상이나 창상 치유에 필요한 인간 혈청 알부민은 6백 톤 이상이다. 이런 알부민은 단지 외래 유전자를 도입한 형질전환젖소에서는 원래 소의 것과 분리해내기가 어려우며, 많은 양을 정제하기가 쉽지 않다. 이와 같은 문제는 그림 3에서와 같이 유전자적중(gene targeting) 기술에 의해 극복할 수 있다. 예를 들어 소에서 동등한 부위를 인간의 알부민 유전자로 대치하는 방법으로 특정 단백질을 대량생산할 수 있게 된다. 이 기술은 미국 및 영국에서는 이미 일부 성공한 예가 발표되기도 했으며, 국내에서도 가까운 장래에 도달할 것으로 예측된다. 이런 분야의 연구는

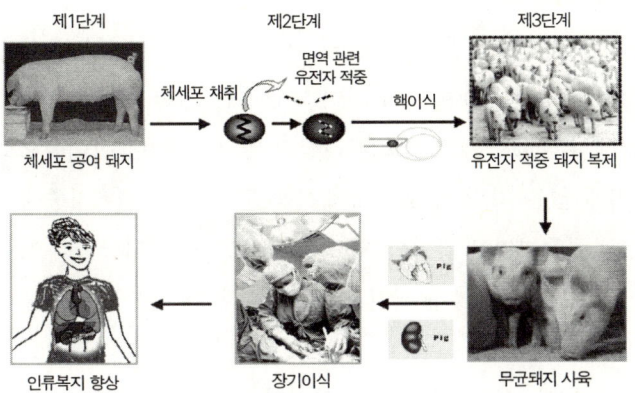

제1단계   제2단계   제3단계

체세포 채취

면역 관련
유전자 적중

핵이식

체세포 공여 돼지

유전자 적중 돼지 복제

무균돼지 사육

장기이식

인류복지 향상

그림4 장기제공용 돼지 생산 개요

향후 3~5년간 관련기술의 보완연구에 의해 10년 이내에 산업화에 도달할 수 있을 것이다.

세 번째는 특정 영양물질의 생산이다. 예를 들어 우유는 송아지에는 이상적이지만 어린이에게는 모유보다 못하다. 만일 우유의 구성성분을 인간에게 적합하도록 변화시킬 수 있다면 가치가 훨씬 향상될 것이다. 체세포 핵이식기술과 유전자 적중기술은 인간 단백질을 소나 양의 단백질과 전환시켜 특정 소비자군에게 적합한 형태로 영양성분이 전환된 우유를 생산할 수 있다.

예를 들어 우유의 특정 단백질에 면역반응을 보이거나 락토스 같은 성분을 분해하지 못하는 사람에게 공급할 수 있는 우유를 생산할 수 있다. 또한 특정 환자군에게 적합한 성분의 우유를 생산할 수 있는 형질전환 복제젖소의 출현도 가능할 것이다. 이 기술은 향후 5년 이내에 실용화에 도달할 것으로 예측된다.

네 번째는 장기이식용 동물의 생산이다. 심장, 안구 등 인간 장기의 이식 적용예는 20여 년이 되어 최근에는 일반 치료술로 인식되고 생명구제의 중요한 영역으로 자리잡고 있다. 그러나 절대적으로 부족할 수밖에 없는 장기 공급원의 해결책은 제한된 사후 기증예가 아니라 제3의 공급방안을 찾아야 할 것이다. 여기에는 의공학적 기술에 의한 인공장기의 개발과 형질전환기법에 의한 장기제공용 동물의 생산 방안이 있다.

형질전환동물에 의한 인간 장기의 생산에는 면역조직학적 거부반응, 종특이성과 같은 난제 및 미생물학적 감염 위험성 배제 등 해결되어야 할 과제가 산적해 있다. 그러나 최근 생명공학기술의 발전은 형질전환 및 체세포 복제술을 적용하여 이를 해결하려는 시도가 이루어지고 있다. 동물로부터 인간 장기를 생산하기 위해서는 우선 동물과 인간 사이에 장기의 해부학적 유사성, 생리학적 적합성 및 대량공급의 가능성 등 전제조건이 충족되어야 한다.

이와 같은 조건에 부합되는 동물로서 돼지를 으뜸으로 꼽고 있으나 돼지는 인간과 면역체계가 상이하며 병원성 미생물의 전파 가능성도 있어 당장 실용화하기는 요원한 상태이다. 그러나 그림 4에 나타난 바와 같이 인간의 장기와 유사한 특성을 지닌 돼지의 세포에서 인간에게 초급성 거부반응 유전자를 제거하여 형질전환된 돼지를 복제하고 여기에 미생물을 통제할 수 있는 사육시스템을 적용한다면 인간에게 적합한 장기제공용 돼지를 생산할 수 있을 것이다.

이와 관련된 연구는 2000년 3월 12일 미국 버지니아주에서 5두

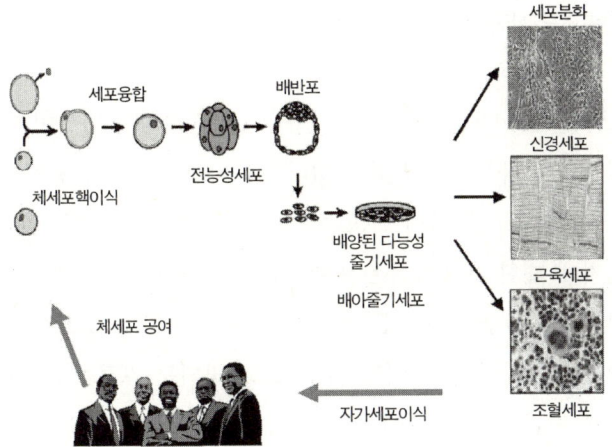

그림5 배아 줄기세포의 복제 생산 과정

의 복제돼지가 처음으로 태어났으며, 2001년 9월에는 미국 미주리대학 연구팀이 유전자제거 복제돼지를 생산하여 본격화되고 있다. 국내에서도 10여 개 연구팀에서 관련 연구가 진행되고 있으며, 머지않은 장래에 국내에서도 형질전환된 복제돼지의 탄생을 지켜볼 수 있을 것이다. 그후 전임상실험과 임상실험을 거쳐 적용하기까지에는 10년 정도가 소요될 전망이다.

　다섯 번째는 질병모델동물의 생산을 들 수 있다. 쥐나 토끼와 같은 실험동물은 인간을 대상으로 한 질병 관련 실험을 대신할 수 있는 질병모델동물로 적합하다. 이와 같은 질병모델동물은 그 종류도 다양하며 대량으로 이용되고 있다. 그러나 질병모델동물간에 존재하는 다양한 유전형질의 차이는 약물투여나 사양실험에서 예기치 않았던 유의차를 초래할 수 있다. 그러므로 특정 유전형질 보유개체를 체세포

복제방식으로 대량생산하여 실험에 적용하면 실험의 질적 향상과 고부가가치의 창출이 가능할 것이다.

　이와 같은 이유로 이 분야의 연구가 가속화되고 있으며, 10년 이내에 실용화를 목표로 정진하고 있다. 다음으로 세포, 유전자 치료(줄기세포 연구)를 들 수 있다. 백혈병, 파킨스씨병, 당뇨병 등 세포성 질병의 환자에 대한 세포이식은 이미 시도되고 있다. 이러한 치료용 세포는 면역거부반응에 대한 문제를 피할 수 있는 대상으로부터 얻어야 한다. 인간세포가 난자 없이도 리프로그래밍되는 과정을 더 이해하게 되면 환자 자신의 세포를 이용할 수 있게 되어 조직의 불일치에서 발생하는 문제를 줄일 수 있다.

　즉, 환자 자신으로부터 세포를 채취하여 원하는 세포 타입으로 만들고 이를 다시 치료 목적으로 환자에 이식하는 것이다. 그러나 현재까지는 난자를 이용하지 않고서는 세포를 완전히 리프로그래밍하여 역분화시키는 방법이 없으며, 이 때문에 세계 각국에서는 배아 복제를 통한 배아줄기세포의 확립에 관한 연구가 활발히 진행되고 있다. 그러나 여기에는 인간개체 복제로 오·남용될 수 있는 가능성이 있어 각국마다 적절한 가이드라인과 법적 규제장치를 마련해가고 있다. 자연수정란에서는 줄기세포를 배양하는 데 성공했으며 복제기술을 이용한 배아줄기세포 생산도 가까이 접근하고 있다.

　체외 수정란으로부터의 배아줄기세포 생산은 미국, 호주, 싱가포르에 이어 2000년에 국내에서도 마리아산부인과 기초의학연구소의 박세필 박사팀, 미즈메디병원 윤현수 박사팀, 중문의대 차병원의 정형민 박사팀 및 서울의대 문신용 교수팀도 배양에 성공하였다. 체세포복제에 의한 배아줄기세포 구축에는 아직 국내외에서 성공한 예는 없으나, 그 직전 단계인 배반포까지의 배양에는 미국과 필자 등의 연구팀에서 각각 성공하여 국제특허가 출원된 상태이다.

생명복제의 윤리적 쟁점과 허용범위

대부분의 생명공학기술은 그 쓰임새에 따라 인류에게 축복이 될 수도 있고 재앙으로 작용할 수도 있다. 특히 생명의 창조에 견줄 수 있는 생명복제기술은 선용이냐 오·남용이냐에 따라 극단적 영향을 끼칠 수 있을 것이다. 악용시의 해악은 타 분야 과학기술과 비교할 수 없을 정도의 엄청난 규모가 될 것이기에 이 기술개발과정 및 적용영역에 대한 철저한 준비와 사회적 합의가 수반되어야 한다.

세계 각국에서는 생명복제기술에 대한 가이드라인과 법적 장치가 속속 마련되고 있으며, 국내에서도 국회 과학기술정보통신위원회를 중심으로 입법과정을 밟은 적이 있으나 15대 국회의 마감과 함께 자동폐기되었고, 제16대 국회에서 입법 청원된 상태이다. 최근에는 보건복지부에서 생명안전윤리법 제정을 위한 용역사업 후 공청회를 개최하여 법안의 주요 내용이 발표된 바가 있다. 또한 과학기술부 산하의 생명윤리자문위원회가 구성되어 가칭 '생명윤리 기본법시안'을 마련하여 과학기술부에 제출한 상태이다. 이에 대해서도 기술개발과 연구내용을 일부 통제해야 한다는 시민단체, 종교계 등의 주장과 이에 반대하는 과학계 및 산업계의 의견이 팽팽하게 대립되고 있다.

...
불치병을 낫게 하는 줄기세포 치료법

이건수
서울대학교 생명과학부

　　모든 생명체가 세포로 구성되어 있다는 사실은 현재는 당연한 것으로 받아들여지고 있지만, 불과 2백 년 전까지만 해도 그렇지 않았다. 사람은 약 1백조 개의 세포들로 구성되어 있다. 개체를 구성하는 세포들은 동일한 유전정보를 가지고 있음에도 불구하고 각 세포들의 구조와 기능은 서로 상이하다. 이를테면 가지를 많이 뻗은 것처럼 보이는 신경세포는 외부로부터의 감각을 받아들이고, 이를 해석하며, 반응을 지시하는 역할을 담당한다. 또한 근세포는 근육 단백질들이 매우 규칙적으로 배열되어 있으면서 신경세포로부터 받은 자극에 따라 수축하는 역할을 담당한다.

　　이같이 동일한 유전정보를 가진 세포들이 어떻게 서로 상이한 형태와 기능을 담당할 수 있을까? 이는 세포마다 번역되는 유전정보들이 서로 다르기 때문이다. 신경세포에서 사용되는 유전자들과 근세포에서 사용되는 유전자들의 종류는 상이하다. 즉, 각 세포에는 성체의 모든 조직을 만들기에 충분한 유전정보가 보관되어 있지만, 이 유전정보가 모두 다 쓰이는 것이 아니고 세포들이 처한 상황과 위치에 따라 다른 종류의 유전자들이 발현하게 되며 결국 각 세포는 서로 다른 기능을 담당하게 된다는 뜻이다.

이렇게 다양한 형태와 기능을 가진 세포들도 애초에는 하나의 세포에서 출발한다. 즉, 정자와 난자가 만나면 하나의 수정란을 형성하고, 수정란이 지속적으로 분열함에 따라 개체의 세포수가 늘어난다. 그러나 어느 정도에 다다르면 미분화 상태의 배아세포들은 차츰 특정 조직으로 분화해간다. 예를 들면, 신경세포는 초기 배아의 바깥쪽에 위치하기에 외배엽이라고 명명된 세포층에서 유래한다. 하지만 이 세포들이 단번에 신경세포가 되는 것이 아니고, 먼저 신경세포가 되리라는 결정이 내려진 후에 미분화 신경세포가 되며, 더 나아가 특정 신경세포로 분화해간다. 비단 신경세포뿐만 아니라 대부분의 생체조직 세포들은 이처럼 단계적으로 분화해간다. 이렇게 세포가 분화하는 과정은 그 세포에서 발현되는 유전자의 종류가 변하는 과정을 수반한다. 예를 들면, 미분화된 세포에서 신경세포 특이 유전자가 발현되기 시작하면 그 세포는 신경세포로 분화되어간다.

줄기세포는 아직 분화되지 않은, 그렇지만 적절한 조건하에서는 특정 조직으로 분화할 수 있는 능력을 보유한 세포를 말한다. 줄기세포의 가장 큰 특징은 지속적으로 분열할 수 있다는 점이다. 즉, 줄기세포는 세포분열을 통해 자가증식을 하다가 적절한 조건에 다다르면 특정 조직세포로 분화하게 된다. 따라서 수정란에서부터 배아를 형성해가는 과정은 근본적으로 줄기세포의 분화과정이라고 볼 수 있다.

줄기세포는 배아형성뿐만 아니라 성체에서도 중요한 역할을 담당한다. 우리 몸을 구성하는 대부분의 세포들은 어느 정도의 시간이 지나면 그 기능이 쇠퇴하고 결국 죽는다. 예를 들면 적혈구세포는 80일 정도의 수명을 가지고 있고, 소장내벽세포의 수명은 이보다 훨씬 짧다. 줄기세포는 이렇게 수명이 다하거나 사고에 의해 없어지는 세포들을 보충하는 역할을 담당한다. 만일 줄기세포가 없다면 사멸된 세포들은 채워지지 않을 것이고, 결국 생명기능이 마비될 것이다.

예를 들어 우리가 불에 데이면 손상된 상피세포들은 죽어가게 된다. 하지만 진피층에 있는 상피줄기세포가 세포분열을 하고 새로운 상피세포로 분화하면 새 살이 나오게 된다. 만일 심한 화상을 입으면 상피줄기세포도 손상을 입게 되므로 새 살이 만들어지지 않는다. 이렇듯 줄기세포는 생명체가 삶을 이어가는 데 매우 중요하다.

줄기세포 치료법

무한히 분열할 수 있는 미분화 줄기세포를 이용하면 다양한 질병의 치료에 응용할 수 있다. 즉, 특정 세포의 기능 저하 혹은 사멸에 의하여 기인하는 질병의 경우, 줄기세포로부터 정상적인 세포들을 얻고, 이를 이식하면 질병을 치료할 수 있다. 줄기세포 치료법이라고 일컫는 이 방법은 현대의학으로 해결하기 어려운 여러 질병의 치료에 새로운 가능성을 제시하고 있다. 여기에서는 파킨슨씨병을 예로 들어 보겠다.

위대한 권투선수였던 무하마드 알리를 기억할 것이다. 알리는 로마올림픽에서 금메달을 획득한 뒤 프로로 데뷔하여 많은 사람들의 기억에 남는 전설적인 경기들을 치렀다. 헤비급 선수의 힘을 가지고 있었지만 동시에 몸이 빨라서 상대 선수를 잘 요리했고, 언변도 좋아서 경기장 밖에서도 항상 인기가 좋았다. 하지만 위대한 챔피언이었던 알리의 최근 모습은 보는 사람들을 모두 놀라게 한다. 몸이 굼뜨고 때로는 손발을 떨기도 해, 예전의 '나비같이 날아서 벌같이 쏘던' 알리의 모습은 찾아보기 어렵다. 또한 그렇게 말을 잘했다는 것이 믿어지지 않을 정도로 어눌해졌다. 알리는 파킨슨씨병에 걸린 것이었다. 다행히 정신은 정상이고 사고판단에는 이상이 없다고 한다.

파킨슨씨병은 도파민 신경세포라는 특정 뇌세포가 사멸하면서 발병한다. 파킨슨씨병은 미국에서만 약 150만 명이 고통을 받는 등, 대표적인 노인병의 하나이다. 알리의 경우에는 권투시합 때 상대방의 펀치 충격으로 도파민 신경세포가 죽었을 것으로 추측하고 있지만, 일반인들의 경우 이들 세포가 어떻게 사멸하게 되는지는 아직 확실히 밝혀지지 않았다.

파킨슨씨병 환자에게 행해지는 통상적인 치료법은 도파민을 투여하는 것이지만, 이는 병의 진전을 어느 정도 지연하기 위한 한시적 치료법일 뿐이다. 시간이 지날수록 환자의 도파민에 대한 반응도는 감소한다. 보다 근본적인 치료법을 개발하려는 시도의 하나로 파킨슨씨병 환자에게 도파민 신경세포를 직접 이식하는 실험이 시도되었고, 놀라운 치료효과를 볼 수 있었다. 하지만 이식할 세포를 얻는 것이 문제가 되었다. 즉, 이식될 도파민 신경세포는 태아의 뇌에서 적출해야 하며, 그나마 여러 명의 태아로부터 세포를 모아야 겨우 한 환자의 치료에 사용할 수 있는 정도인데, 이러한 방식의 도파민 신경세포 이식은 윤리적, 현실적인 문제들을 야기했던 것이다.

이식할 세포를 얻는 한계를 극복할 수 있는 가능성을 제시해주는 것이 바로 줄기세포이다. 즉, 줄기세포를 실험실에서 배양하여 충분한 수의 세포를 확보한 후에 이를 도파민 신경세포로 분화 유도하고, 이를 파킨슨씨병 환자에게 이식한다면 이전에는 거의 불가능했던 이식될 세포의 확보를 일거에 해결할 수 있게 된다. 이런 놀라운 치료법을 실용화하기에는 아직 해결해야 할 문제들이 남아 있으나, 생쥐를 대상으로 한 연구에서는 그 가능성을 충분히 확인하고 있다.

이와 같은 줄기세포 치료법은 비단 파킨슨씨병뿐만 아니라 다양한 질병에 응용될 수 있다. 예를 들면 인슐린 결핍 당뇨병 환자에게 인슐린을 합성하는 췌장세포를 이식하여 당뇨병을 근원적으로 치료할 수도 있을 것이다. 또한 심장질환, 축상동맥경화증, 간질환, 치매, 골관절염 등의 근원적인 치료를 위해 심근세포, 내피세포, 간세포, 신경세포, 연골세포 등을 줄기세포로부터 분화시켜 확보하는 연구가 진행중이다.

배아줄기세포

줄기세포는 크게 배아줄기세포와 성체줄기세포로 나누어볼 수 있다. 성체줄기세포는 성체의 사멸된 세포들을 치환할 목적으로 유지되고 있는 줄기세포로, 우리 몸의 곳곳에 숨어 준비하고 있다가 필요

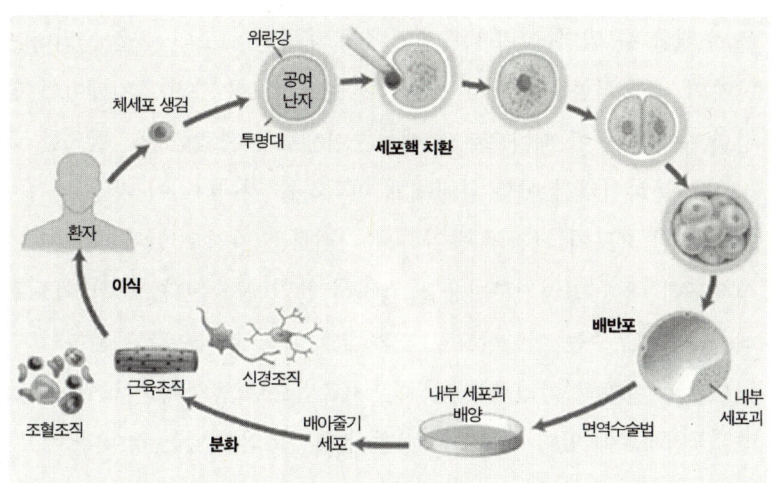

그림1 자아 배아줄기세포 치료법의 개관도. 환자로부터 얻은 세포의 핵을 공여난자에 치환하고 이를 낭배기까지 발생시킨 후, 배아줄기세포주를 확립한다. 이로부터 의도하는 조직을 분화시키고, 이를 환자에 이식하여 치료한다.

에 의해 특정 조직으로 분화되어간다. 예를 들면, 상피줄기세포는 진피층 밑에 있다가 마멸된 상피세포를 채워간다. 모든 혈액세포는 골수에 있는 조혈줄기세포로부터 유래하며, 필요에 따라 다양한 백혈구 및 적혈구로 분화한다. 이에 반하여 배아줄기세포는 초기배아의 미분화세포로부터 확립된 세포주이다. 배아줄기세포의 가장 큰 특징은 적절한 조작에 의해 신경, 근육, 혈구세포 등 다양한 조직세포로 분화해갈 수 있는 전분화능력을 보유하고 있다는 점이다. 그렇기에 배아줄기세포는 세포치료법에 응용할 수 있는 매우 중요한 가치를 지니고 있다.

배아줄기세포에 세포복제기술을 연결시키면 완벽한 세포치료법을 수행할 수 있다(그림 1). 환자에서 채취한 세포의 핵을 분리하여 난자의 핵과 치환하면 환자와 동일한 유전정보를 가진 초기배아를 형성할 수 있다. 이 배아로부터 배아줄기세포를 확립한 후, 필요한 조직으로 분화시켜서 이를 환자에게 이식하는 것이다. 이 과정을 거치면 이식된 세포가 환자와 동일한 유전정보를 가지고 있기 때문에 이식세포에 대한 면역거부반응을 걱정하지 않아도 된다. 또한 확보된 배아줄기세포주는 이론상으로는 개체의 어느 조직으로도 분화할 수 있으므로 환자의 여러 질병을 세포치료법으로 동시에 치료할 수 있다. 질병치료에 있어서 꿈같은 방법이 현실화되고 있는 것이다.

줄기세포 치료법의 현주소

과연 줄기세포를 이용한 치료는 현재 실행되고 있는가? 부분적으로는 이미 적용되고 있다. 화상환자들의 피부이식이 아마도 가장 먼저 시작된 줄기세포 치료법일 것이다. 앞서 언급했다시피, 심하게 화상을 입게 되면 진피층에 있는 상피줄기세포도 손상을 받아서 결국 화상부위에 새 살이 돋아나지 않는다. 이럴 경우 화상을 입지 않은 다른 부위에서 상피줄기세포를 얻고 이를 체외에서 배양하여 충분한 수로 증식시킨 후, 화상부위에 이식하는 시술이 시행되고 있다. 또 다른 예는 항암치료에 의해서 조혈줄기세포가 모두 죽을 것에 대비하여 환자에게서 조혈줄기세포를 항암치료 이전에 확보하고, 항암치료 이후에 다시 주입하는 방법도 시행되고 있다. 즉, 줄기세포 치료법은 몇몇 질병에 국한하여 이미 활용되고 있다.

그렇다면 줄기세포 치료법이 어느 정도 보편화되어 있는가? 아쉽게도 줄기세포 치료법이 다양한 질병치료에 적용되기 위해서는 아직까지는 기술적으로 극복해야 할 문제들이 많다. 이를테면 세포치료를 위해서는 줄기세포를 체외에서 배양해야 하는데, 이 배양조건을 확보하는 것이 문제이다. 줄기세포들이 배양하는 동안에 저절로 분화해버리는 경우가 비일비재하기 때문이다. 또한 줄기세포들을 특정 조직으로 분화하도록 유도하는 것도 큰 문제이다. 즉, 줄기세포 치료법은 조만간 실용화되겠지만, 이를 위해 더욱 많은 연구가 필요하다고 하겠다.

　　배아줄기세포를 이용한 치료법은 기술적인 문제뿐만 아니라 윤리적인 문제도 내포하고 있다. 즉, 환자의 핵이 치환된 난자로부터 배아줄기세포를 얻기도 하지만, 이를 자궁 내에 주입하여 착상을 유도하면 곧 복제인간이 탄생할 수 있다. 과연 복제인간을 만드는 과정이 포함된 배아줄기세포 치료법이 보편화될 수 있을지는 과학자 뿐아니라 사회 구성원 모두가 생각해야 할 문제이다.

　　줄기세포 치료법의 개발은 생명과학 연구성과에 기반을 두고 있다. 과학자들이 개체의 발생과정을 연구하면서 줄기세포를 발견할 수 있었고, 이후 많은 연구들을 통하여 줄기세포의 특징들을 하나하나 확인해 나갔다. 즉, 과학자들은 줄기세포의 이용가치를 먼저 염두에 두고 연구해왔던 것은 아니다. 다만 이전의 무수한 예를 볼 때, 자연과학자들의 연구가 결국 인류의 복지에 응용될 것이라는 믿음을 가지고 행한 연구의 결과이다.

　　앞으로 줄기세포 치료법을 실용화하는 과정에서도 생명과학자들의 역할이 절대적으로 필요하다. 앞서 말했던 기술적인 난관들을 풀어낼 수 있는 사람들은 역시 지금까지 줄기세포 연구를 이끌어오고 있는 과학자들이다. 실험실에서의 연구결과가 병원 혹은 공장에서 응용될 때 과학자들은 보람을 느낀다. 과학연구는 인류문명을 이끌어가는 견인차임을 다시 한번 되새긴다.

식물형질 개선

이일하
서울대학교 생명과학부

식물형질 개선이란 농작물을 위시한 다양한 식물체의 유전적 조성을 변화시켜 유용한 식물로 전환시키는 기술을 말한다. 기록에 의하면, 우리 인류가 1만여 년 전부터 농사를 해왔다고 하니, 실제로 식물형질 개선은 최근에 이루어진 과학적 성과라기보다는 이미 오래전부터 농업행위의 일환으로 이루어져왔다고 해야 맞는 표현일 것이다.

유전의 원리를 과학적으로 이해하지 못했던 시대에도 농부들은 보다 우수한 작물을 얻기 위해, 성장이 빠르거나 생산성이 좋은 작물의 종자를 선별해서 씨종자로 활용하는 과정을 반복했다. 이러한 인위적 선택을 통해 작물의 유전적 조성은 서서히 변화하고 결과적으로 형질개선이 이루어졌던 것이다.

한편 19세기 말 멘델이 유전학의 법칙을 발견하면서 유전의 과학적 원리를 활용한 식물형질 개선, 즉 육종학이 발달하게 되었다. 육종학에서는 야생종 혹은 변이종이 갖고 있는 특수한 우수형질을 실제 농사에 이용되는 재배종에 교배를 통해 옮겨줌으로써 작물의 형질을 개선할 수 있었다. 육종학에서는 우수형질을 선발하기 위해 자연계 내에 존재하는 다양한 야생종들을 활용하기도 했지만, 작물을 방사선 등으로 돌연변이를 시킨 후 우수형질을 갖는 돌연변이체를 선발하기도 하였다. 이 과정에서 육종학자들은 우수형질을 결정하는 유전자들을 교배를 통해 재배종에 도입하거나 돌연변이를 통해 유전자를 변화시키는 보다 적극적인 의미의 유전적 조성변화를 꾀했다고 할 수 있다.

1980년대 이후에는 특정 유전자를 유전공학적 방법으로 식물체에 직접 도입하는 식물형질 전환방법이 개발되었다. 이 방법으로는 종간의 장벽 없이 모든 유전자를, 즉 동물 혹은 미생물 유래의 유전자도 식물체에 도입하여 형질개선을 이룩할 수 있다. 이는 식물형질 개선에 있어서 과거에는 상상하지도 못한 기술혁신이었다.

인구과잉과 녹색혁명의 종말

세계의 인구는 20세기에 기하급수적으로 증가하여 1900년에 16억, 1960년에 30억이 되었고, 1999년 마침내 60억에 도달하였다. 이러한 폭발적인 인구증가는 의료·보건 기술의 발전과 더불어 식량생산량의 획기적 증대에 힘입은 바 크다. 1960년대 전후에 진행되었던 녹색혁명에 의해 1900년대 초 절대 다수가 기아에 허덕이던 상황에서 현재는 농산물 생산과잉의 시대를 구가하고 있다.

녹색혁명은 육종학을 통한 작물품종의 개선, 관개시설을 통한 농법의 개선, 비료와 농약의 개발을 통해 이루어졌다. 특히 작물품종의 개선을 위해 부단한 노력을 기울인 결과 녹색혁명의 견인차 역할을 했던 밀, 옥수수, 벼 신품종이 개발되었다. 그러나 녹색혁명에 의한 생산과잉시대는 그리 오래가지 않을 것으로 전망된다. 녹색혁명 이후 비약적으로 증가하던 농산물생산 증가율은 최근 급격히 감소하고 있고, 상대적으로 인구증가에 의한 농산물 수요는 매우 빠르게 증가하고 있다. 최근의 통계에 따르면 농산물 생산은 매년 1.3%씩 증가하고 있지만 농산물에 대한 수요는 매년 40%씩 증가하고 있다. 이러한 추세라면 2020년에는 세계인구를 충분히 먹여 살리지 못하는 상황에 직면할 것으로 예측된다.

　　더욱 위협적인 것은 녹색혁명이 진행된 60년대 이후 세계 농산물 총생산량은 꾸준히 증가하였지만 단위면적당 최대생산량은 항상 일정하게 유지되었다는 점이다. 즉 전통적인 육종에 의해 개발된 신품종의 잠재생산량은 더 이상 변화하지 않기 때문에 식량수요가 잠재생산량을 초과하는 시점에서는 식량위기가 도래할 수밖에 없게 되는 것이다. 녹색혁명에 의한 농업생산량 증가가 최근 둔화되고 있는 이유는 전통적 육종에 의한 식물형질 개선방법에 뚜렷한 한계가 있기 때문이다. 육종을 통한 형질개선을 위해서는 재배종과 동일한 종에서 우수 유전자를 찾거나 적어도 진화적으로 매우 가까워 교배가 가능한 근연종에서 우수 유전자를 찾아야 한다. 즉 식물형질 전환을 꾀할 수 있는 유용 유전자원에 제한이 있기 때문에 각 품종의 잠재생산량을 증가시키는 데는 한계가 있다.

그림1 애그로박테리아에 감염되어
근두암종을 보이는 나무

이러한 상황에서 최근 제2의 녹색혁명을 가능하게 할 것으로 전망되는 식물형질 전환기술이 개발되었다. 식물형질 전환법은 유용 유전자를 직접 식물체에 도입하는 방법이기 때문에 그 유전자의 기원이 동물이건, 식물이건, 미생물이건 상관없이 이용할 수 있고, 결과적으로 작물의 생산성을 획기적으로 증가시킬 수 있게 해준다.

전문가에 의하면 2040년에는 세계 인구가 90억을 돌파할 것이라 한다. 이때가 되면 식량부족뿐만 아니라 환경오염, 물부족 사태 등 다양한 문제가 대두될 것이다. 하지만 식물형질 전환법을 이용한 농생명공학의 발전은 가까운 장래의 식량문제를 해결하기 위한 열쇠를 쥐고 있을 뿐만 아니라 환경문제에 대한 해결책을 제시해줄 것으로 기대된다.

자연의 유전공학자 애그로박테리아

식물형질 전환법이 개발된 것은 애그로박테리아라고 하는 미생물의 발견에서 비롯된다. 애그로박테리아는 식물에 기생하는 미생물로서 식물의 상처부위에 감염되면 세포분열을 촉진시켜 커다란 암조직인 근두암종(crown gall)을 생성케 한다(그림 1). 애그로박테리아에 감염된 식물세포는 빠른 세포분열을 통해서 애그로박테리아가 생존할 공간을 마련해주고, 동시에 애그로박테리아의 영양원인 오파인이라는 물질을 생산하게 된다.

이 분야의 흥미로운 발견은 1950년대 후반 미국 록펠러대학의 브라운 박사에 의해 이루어졌다. 그는 근두암종의 식물세포를 분리하고 항생제를 이용하여 애그로박테리아를 완전히 제거한 후 세포배양을 하였다. 일반적으로 식물세포의 증식을 위해서는 식물호르몬인 옥신과 시토키닌을 배지에 첨가하여야 한다. 그런데 애그로박테리아를 제거한 근두암종 세포는 옥신, 시토키닌을 첨가하지 않아도 세포증식이 매우 활발하게 진행되었고, 더구나 애그로박테리아의 영양원인 오파인을 생성하고 있었다. 애그로박테리아가 없어도 식물세포의 증식이 활발하게 진행되고 오파인이 생성된다. 따라서 이 결과는 애그로박테리아가 식물세포의 성질을 근본적으로 변화시켰음을 의미한다. 즉 애그로박테리아가 식물세포의 게놈상에 유전적으로 안정된 어떠한 변화를 일으켰음을 알 수 있는데, 이를 생물학에서는 형질전환이라 한다. 이러한 이유로 애그로박테리아를 자연의 유전공학자라고 부르게 되었다. 이후 애그로박테리아에 의한 식물세포 형질전환의 원리를 규명하기 위해 분자생물학의 기술이 열악한 1970년대에 벨기에, 네덜란드, 프랑스, 호주, 미국의 뛰어난 과학자들이 이 분야에 뛰어들기 시작하였다.

초기실험은 애그로박테리아의 게놈 일부가 식물의 염색체 속에 삽입되어 식물세포의 형질전환이 일어났다는 가설을 검증하는 것이다. 네덜란드 라이든대학의 쉴퍼루어트는 간단한 실험을 통해 애그로박테리아의 게놈 DNA가 근두암종 세포에서 분리한 염색체 속에서 발견된다는 박사학위 논문을 발표하였다. 반면 미국 워싱턴대학의 네스터, 고든, 킬튼 박사는 보다 정밀한 실험을 통해 애그로박테리아의 게놈이 식물 염색체 속에 들어 있지 않음을 확인하였다. 그러나 이들의 실험 또한 당시의 분자생물학 기술이 열악해 확실한 결론으로 받아들여지지 않았다.

이러한 난관에 봉착해 있을 때 애그로박테리아에서 흥미로운 플라스미드[1]가 발견되었다. 벨기에 겐트대학의 이보 제넌은 우연히 애그로박테리아에서 통상의 플라스미드에 비해 그 크기가 매우 큰 플라스미드를 발견하였고, 후에 이 플라스미드를 가진 애그로박테리아는 식물세포에 근두종암을 일으키지만 이 플라스미드가 없는 애그로박테리아는 근두종암을 일으키지 않는다는 사실을 발견하였다. 이렇게 발견된 플라스미드를 Ti(종양형성, tumor inducing) 플라스미드라고 부른다.

마침내 워싱턴대학의 킬튼 박사는 Ti 플라스미드의 일부가 근두종암 식물세포의 염색체 속에 삽입되어 있음을 발견함으로써 애그로박테리아에 의한 식물형질 전환의 원인을 규명하였다. 이후 벨기에,

---

1) 박테리아에는 게놈에 해당하는 염색체 DNA뿐만 아니라 유전정보를 가진 조그만 원형의 DNA 조각이 있는데 이를 플라스미드라고 한다. 박테리아에 항생제 저항성을 부여하는 것은 대개 이러한 플라스미드 속의 저항성 유전자 때문이다.

네덜란드, 호주, 미국의 연구진은 경쟁적으로 Ti 플라스미드의 구조 및 기능을 분석하여 식물세포에의 감염에 필요한 유전자군, 식물의 염색체 속에 삽입되는 유전자 조각 등의 구조를 규명하였다. 식물염색체 속에 삽입되는 유전자 조각을 T-DNA(transfer DNA)라고 하는데, T-DNA 내에는 세포분열을 촉진하는 식물호르몬인 옥신, 시토키닌을 생산하는 유전자와 오파인을 생성하는 유전자가 들어 있음이 확인되었다. 이들 유전자가 식물염색체에 삽입됨으로써 식물세포는 옥신과 시토키닌을 생산하여 세포분열이 왕성하게 일어나고, 오파인을 생산하여 애그로박테리아에 영양분을 공급하는 것이다.

애그로박테리아에 의한 식물세포의 형질전환 규명은 순수과학의 입장에서는 서로 다른 생물종간에 유전자 교환이 일어남을 보였다는 측면에서 당시의 생물학적 패러다임을 바꾸는 중요한 사건이었다. 응용적인 측면에서는 애그로박테리아를 이용하면 어떤 유전자이든지 식물체에 도입할 수 있다는 가능성을 보여주었다. 1983년에는 벨기에 겐트대학과 미국의 몬산토, 워싱턴대학의 연구진이 Ti 플라스미드를 개량[2]하여 외래유전자를 식물체에 도입하는 형질전환에 성공하였음을 보고함으로써 마침내 식물 유전공학의 시대가 도래하게 되었다.

식물형질 전환방법

식물형질 전환은 애그로박테리아를 이용하는 방법이 가장 보편

---

[2] Ti 플라스미드의 T-DNA에는 옥신, 시토키닌 생합성 유전자와 오파인 생합성 유전자가 들어 있는데, 이들을 제거하여 암조직 형성이 되지 않게 변형시켰고, 플라스미드의 크기를 작게 만들어서 인위적 조작이 쉽게 하였다.

적이다. 그림 2에서 그 방법을 간단히 소개하고 있다. 우선 식물체에 도입할 유전자를 적당한 제한효소로 잘라 Ti 플라스미드의 T-DNA 부위에 삽입한다. 이렇게 만들어진 재조합 플라스미드 DNA를 애그로박테리아 속에 도입하고, 이 애그로박테리아를 조직배양중인 식물세포에 감염시킨다. 감염된 식물세포에서는 애그로박테리아의 Ti 플라스미드 작용에 의해 T-DNA 부분이 식물세포 속으로 들어가서 마침내 식물염색체 속에 삽입된다. 이후에는 애그로박테리아를 적당한 항생제를 써서 제거하고 원하는 유전자가 삽입된 식물세포를 선발한다. 이때 원하는 유전자가 삽입된 식물세포를 선발하기 위해 선별용 마커 유전자를 T-DNA에 함께 삽입하는 것이 필요하다. 대개의 경우 항생제 저항성 유전자가 마커로 사용되는데, 예로서 카나마이신 항생제 저항성 마커를 사용하였다면 식물세포주를 카나마이신이 함유된 배지에 키우면 도입된 유전자를 가진 식물세포만 살아남는다.[3]

　　이렇게 선별된 세포에 적당한 호르몬을 제공하면 뿌리와 줄기가 분화되어 새로운 식물체로 배양할 수 있다. 식물세포는 동물세포와 달리 전체형성능[4]을 가지고 있어서 하나의 세포에서 완전한 성체로 자랄 수 있기 때문이다.

　　애그로박테리아를 이용한 형질전환은 거의 모든 식물종에 이용

---

3) 현재 환경단체에서 유전자변형농산물을 반대하는 이유 중 하나가 이러한 항생제 저항성 유전자 마커 때문이다. 최근에는 형질전환을 할 때 항생제 저항성 마커를 쓰지 않는 방법이 개발되고 있다.
4) 동물의 경우에는 일반적으로 세포배양을 하게 되면 같은 조직의 세포만이 증식된다. 즉 근조직세포를 배양하면 근세포만 계속 증식된다. 반면 식물의 경우에는 어떤 조직으로 세포배양을 하건 잎, 뿌리, 줄기 등이 완전히 갖추어진 성체를 생산할 수 있는데, 이를 식물세포의 전체형성능이라 한다.

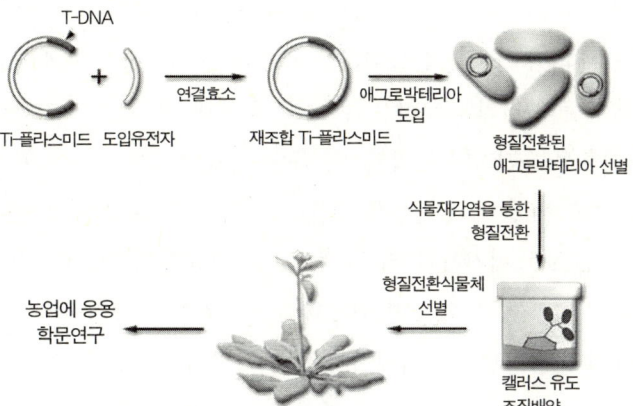

그림2 애그로박테리아를 이용한 식물형질 전환

할 수 있기 때문에 가장 보편적으로 사용되는 방법이다. 그러나 애그
로박테리아에 의해 잘 감염되지 않는 식물의 경우에는 도입하고자 하
는 유전자를 백금입자 등에 싸서 식물세포 속에 직접 주사하는 방법
도 이용된다. 일단 세포 속에 들어간 유전자는 정확한 기작을 알 수
없지만 식물 염색체속에 삽입되기 때문이다. 그 효율에 있어서는 애
그로박테리아를 이용하는 방법에 비해 매우 낮다.

식물형질 개선의 실례

식물형질전환법으로 특정 유전자가 도입된 식물을 유전자변형
농산물(GMO, Genetically Modified Organism)이라 부른다. 최근
에는 모든 농산물이 유전적으로 변형된 식물이라는 이유로 이를

LMO(Living Modified Organism)로 바꾸어 부르기 시작했다. 여기에서는 편의상 GM 농산물이라 부르기로 한다. 현재 재배되고 있는 GM 농산물의 거의 대부분은 두 가지 유전자, 즉 제초제 저항성 유전자와 제충성 유전자가 도입된 콩, 옥수수, 면화, 유채 등이다.

잡초는 작물의 생산성을 저해하는 가장 큰 요인 중의 하나이다. 이러한 잡초를 제거하기 위해 제초제를 사용하게 되는데, 농작물의 생장에 영향을 주지 않으면서 효과적으로 잡초를 제거하기 위해서는 제초제의 사용방법, 그 처리시기 등이 상당히 까다로울 수밖에 없다. 이러한 문제를 해결하기 위한 방안으로 고안된 것이 제초제 저항성 유전자를 가진 GM 농산물의 생산이다. GM 농산물의 경우 제초제를 처리하는 횟수나 양에 있어서 일반 농산물에 비해 약 1/4만 처리해도 되므로 농부의 입장에서는 인력을 덜 수 있고 소비자의 입장에서는 농약이 덜 처리된 농산물을 소비하게 된다는 장점을 가진다.

제충성 유전자는 미생물 유래의 유전자이다. 바실러스종 (Bacillus thuringiensis)의 토양 미생물 포자에는 Cry라는 단백질이 포함되어 있는데, 이 단백질은 곤충중 나방목의 한 종류에 대해 독성을 나타내는 것으로 1901년 일본 미생물학자에 의해 밝혀졌다. 이를 이용하여 1920년대부터는 유기농법을 시행하는 농가에서 이 미생물 포자를 건조시켜 작물에 살포함으로써 해충을 방제하고 있다. Cry 유전자를 직접 식물체에 형질전환을 통해 도입함으로써 해충을 방제할 수 있게 된 것이 제충성 GM 농산물이다. 해충방제를 위해 농약을 살포하지 않아도 되게끔 형질을 개선한 것이다.

최근에는 비타민 A가 풍부하게 함유된 황금쌀(Golden Rice)이

형질전환을 통해 개발되었다고 국내 언론에서 크게 보도한 적이 있다. 비타민 A는 쌀을 주식으로 하는 아시아권에서 특히 결핍되기 쉬운 영양소로, 전세계적으로는 1억의 어린이가 이 결핍증세에 시달리고 있다. 이중 50만의 어린이는 이로 인해 결국 시력까지 상실할 만큼의 중요한 영양원이다. 일반적으로 식물체에는 비타민 A의 전구체인 카로틴이 풍부하게 함유되어 있으나, 불행히도 쌀에는 카로틴이 전혀 생성되지 않는다. 스위스의 포트리쿠스 박사 연구진은 카로틴 생합성 유전자를 벼에 도입하여 쌀에서 카로틴이 축적될 수 있도록 형질을 개선하였다. 결과적으로 카로틴이 축적되어 황금색이 나는 쌀을 생산하게 된 것이다.

이외에 현재 미국식약청 허가를 받고 시판계획중이거나 개발중인 GM 농산물의 예를 보면 장기보관이 가능한 토마토 플라브-사브, 불포화지방산이 풍부한 유채종자, B형 간염과 콜레라 등에 대한 백신이 들어 있는 바나나 등이 있다.

식물형질개선 분야의 전망

식물형질 전환을 통해 우리 인류는 농산물의 생산량을 획기적으로 증가시킬 수 있을 것으로 보인다. 지구상에 존재하는 많은 생물종으로부터 유용 유전자를 찾고 이들을 이용할 수 있는 아이디어만 있으면 작물의 잠재생산량을 크게 증대시킬 수 있기 때문이다. 한 예로서 식물의 광합성 효율을 증대시키는 방안이 모색되고 있다. 식물이 빛에너지를 이용해 탄소동화를 할 때 가장 먼저 작용하는 효소가 루비스코라는 효소인데, 이 효소는 다른 일반적인 효소에 비해 반응속도가 1천분의 1 정도밖에 되지 않는다. 지금까지 알려진 효소 중에서 가장 느리게 작용하는 효소이다. 이러한 효소의 반응속도를 증가시킬 수 있다면 식물의 생장속도를 엄청나게 빠르게 개선할 수 있을 것이다. 홍조류 중 한 종은 그 반응속도가 식물에 비해 훨씬 빠른 루비스코 효소를 가지고 있는데, 이 유전자를 활용하면 작물의 잠재생산량을 증대시킬 수 있을 것으로 기대된다. 또한 콩과식물의 질소고정 능력을 비콩과식물에 도입하는 유전공학적 방법이 오랜 기간 동안 연구되고 있기도 하다.

작물생산량의 증대뿐만 아니라 식물의 형질개선은 다양하게 응용될 수 있다. 현재 토양에 대한 중금속의 오염이나 방사선 오염 등은 심각한 정도인데, 특정 중금속 혹은 방사선 물질을 쉽게 흡수할 수 있는 유전자를 도입한 형질개선 식물을 이용하면 오염된 지역의 정화가 가능해질 것이다. 이러한 분야를 피토레미디에이션 (phytoremediation)이라 한다. 또한 어떤 식물의 경우에는 금을 매우 잘 흡수하는 경우가 있는데, 이들 식물의 형질을 개선하여 보다 빨리 금을 흡수할 수 있게 형질을 개선한다면 금광에서 사람이 직접 일을 하지 않고도 식물로 하여금 금을 채취하게 하는 것이 가능할 것이다.

이와 같이 식물형질 개선 분야는 어떤 아이디어를 활용하느냐에 따라 무궁무진한 응용성을 가지고 있다. 다만 그러한 응용을 위해서는 이용할 수 있는 유용 유전자가 필요한데, 이들을 확보하는 작업이 과학자들이 해야 할 일 중 하나이다. 현재 진행되고 있는 게놈프로젝트나 기능유전체학 등이 이러한 유용 유전자를 발굴하는 작업의 일환

이며, 과학자들의 노력에 의해 지구상에 존재하는 무수히 많은 유전
자들의 기능과 그 유용성이 밝혀질 것이다.

참 고 문 헌 및 웹 사 이 트

1. http://www.colostate.edu/programs/lifesciences/TransgenicCrops/index.html
2. http://plaza.snu.ac.kr/~ilhalee/start.htm 자료실 참고
3. 〈제2의 녹색혁명 주도 식물게놈 프로젝트〉, 《과학동아》, 12월호

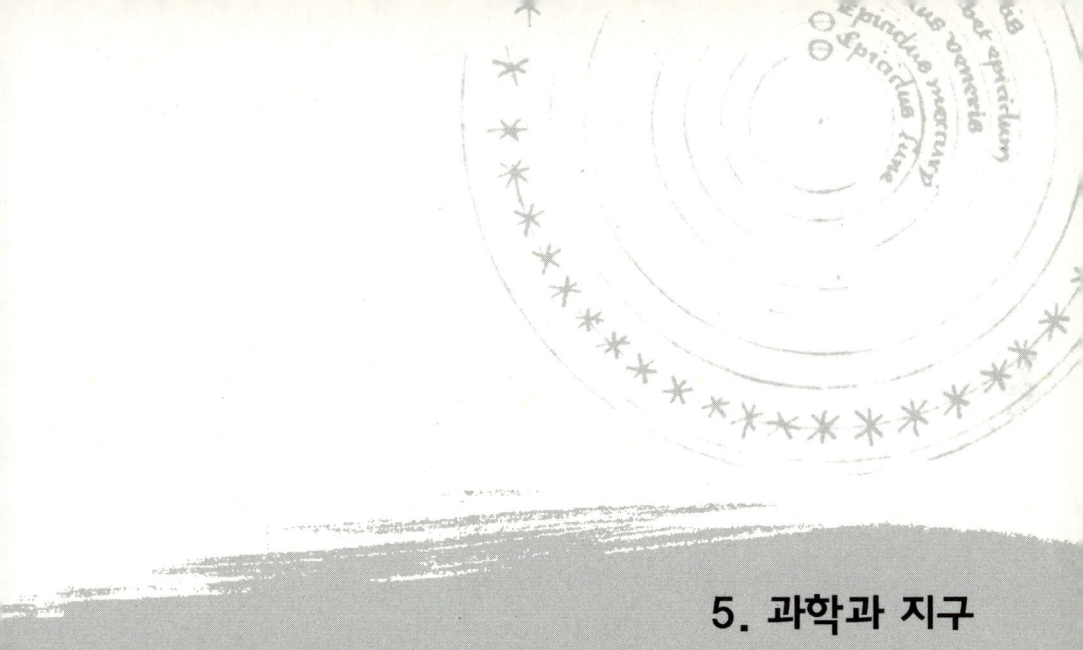

5. 과학과 지구

생물다양성

최재천
서울대학교 생명과학부

지난 세기말 뉴욕에 위치한 미국자연사박물관은 여론조사기관 해리스에 저명한 과학자 4백 명을 대상으로 한 설문조사를 의뢰했다. 그들이 지적한 가장 심각한 환경문제는 바로 생물다양성의 감소 및 고갈이었다. 다른 어떤 환경문제들보다도 생물 그 자체가 사라지는 것이 가장 위협적이라는 판단이다. 그런가 하면 언젠가 어느 연구지원재단에서 첨단과학과제를 지원한다고 하여 내가 신청의사를 밝혔더니, 생태학(ecology)은 첨단과학이 아니라서 지원할 수 없다는 것이었다. '첨단(尖端)'이라는 말은 원래 'cutting edge'라는 영어표현을 우리말로 옮기느라 사용하기 시작했다. 'cutting edge'라는 말은 'leading edge'라는 말과 혼용하여 쓰는 표현인데, 이는 '앞서간다'는 의미가 강한 것이지 '뾰족하다'거나 '미세하다'는 뜻이 아니다. 생물다양성의 고갈을 비롯한 각종 환경문제로 인해 우리 인류 전체의 생존이 심각하게 위협받고 있고, 그 위기로부터 우리를 구원해줄 수 있는 학문이 생태학인데, 그런 학문이 첨단학문이 아니면 과연 어떤 학문이 진정 첨단학문일 수 있을까 의아스럽다.

창세기 1장 28절에 따르면 하느님께서 우리 인간을 만드신 후, "생육하고 번성하여 땅에 충만하라, 땅을 정복하라, 바다의 고기와 공중의 새와 땅에 움직이는 모든 생물을 다스리라" 하셨다. 우리 인간에게 인간을 제외한 모든 자연에 대한 소유권은 물론, 그것을 정복하고 관리할 자격을 부여한 것이다. 또 창세기 9장에 이르면 하느님께서 방주를 만들어 대홍수로부터 노아와 그 아들들을 구하시고 복을 주시며 이르시되 "생육하고 번성하여 땅에 충만하라. 땅의 모든 짐승과 공중의 모든 새와 땅에 기는 모든 것과 바다의 모든 고기가 너희를 두려워하며 너희를 무서워하리니 이들은 너희 손에 붙이웠음이라" 하셨다. 하느님이 이르신 대로 우리 인간은 농업의 개발과 산업혁명으로부터 시작된 기계문명의 발달에 힘입어 성공적으로 생육하고 번성하여 급기야는 실로 땅에 충만하기에 이르렀다.

실제로 이 지구상에서 스스로 번식을 자제하려 애쓸 만큼 버거울 정도로 성공한 동물은 우리밖에 없다. 하느님께서 우리에게 주신 지구의 주인 내지는 환경파수꾼의 역할을 우리 인류가 잘 해내지 못한 것은 말할 나위도 없고, 현재 우리가 겪고 있는 이 심각한 생물다양성 감소 및 전반적인 환경파괴의 문제가 궁극적으로는 지나치게 성공적인 인간집단의 성장에 기인한다. 이제 더 이상 개발이냐 보전이냐를 논의할 여유가 없다. 보전을 생각하지 않는 개발이 조금만 지속된다면 실로 우리의 미래 자체가 불분명한 상황이다. 그래서 나는 이 짤막

한 수상에서 21세기 인류 앞에 놓인 가장 시급하고 심각한 문제인 생물다양성의 실체와 현황을 밝히고 그 미래에 대하여 논하고자 한다.

생물다양성의 정의와 요소

생물다양성을 보호하기 위해서는 우선 그것이 무엇을 의미하는가를 명확하게 알아야 한다. 1987년 미국 기술평가국이 의회에 제출한 보고서에 의하면 생물다양성이란 '생물체들간의 다양성과 변이 및 그들이 살고 있는 모든 생태적 복합체들'을 통틀어 일컫는다. 1989년 세계자연보호재단은 "생물다양성은 수백만여 종의 동식물, 미생물, 그들이 담고 있는 유전자, 그리고 그들의 환경을 구성하는 복잡하고 다양한 생태계 등 지구상에 살아 있는 모든 생명의 풍요로움이다"라고 정의했다. 현재까지 내려진 다른 정의들도 대체로 이와 비슷하여 생물다양성이란 일반적으로 지구상에 존재하는 생명 전체를 의미하는 것으로 간주되고 있다.

생물다양성은 또 대체로 유전자다양성(genetic diversity), 종다양성(species diversity), 생태계다양성(ecosystem diversity)의 세 수준으로 나뉜다. 우리 인류가 경작하는 농작물은 모두 야생식물이었던 조상종의 유전적 다양성 중 우리에게 유리한 유전적 변이만을 인위적으로 선택하여 개발한 품종들이다. 따라서 야생식물이 지니고 있는 유전적 변이 중 경작식물에는 더 이상 존재하지 않는 유전자들이 있게 마련이다. 따라서 수확량을 높이려는 목적으로 야생식물의 서식지를 경작지로 개조하는 것은 생물다양성 보존의 차원에서 볼 때 매우 위험한 일이다. 유전적으로 단순한 집단은 그만큼 진화적 적응력이 약화되어 장기적인 환경변화와 늘 새롭게 변화하며 공격해오는 병원균에 적절히 대응할 수 없기 때문이다.

종(Species)은 가장 일반적으로 받아들여지는 생물다양성의 단위이다. 종다양성은 특정한 환경에 대한 생물종들의 진화적 또는 생태적 적응의 범위를 의미한다. 열대우림을 보존하려는 이유는 그곳에 특별히 많은 종들이 집결되어 있기 때문이며, 그들 중 상당수는 식량이나 목재로 사용되는 것은 물론 의약품의 재료를 제공하기도 한다.

생태계는 특정한 지역에 살고 있는 모든 생물종들의 집합인 군집(biological community)과 그들을 에워싸고 있는 모든 물리적 환경요인들을 포함한다. 온도, 습도, 강수량, 풍속 등 온갖 물리적 환경 요인들은 생물군집의 구조와 특성을 결정하며, 생물군집의 특성 역시 물리적인 환경에 영향을 미친다. 구조적으로 보다 다양한 생태계가 그렇지 못한 생태계보다 더 큰 종다양성과 유전적 다양성을 유지할 수 있다. 경작지로만 이루어진 생태계는 경작지와 목초지, 그리고 산림지역으로 구성된 생태계에 비해 상대적으로 적은 수의 종을 가지고 있으며, 그에 따라 유전적으로 훨씬 단순한 구조를 지니고 있음은 잘 알려진 사실이다.

이렇듯 생물다양성을 지구상에 존재하는 생명 전체로 정의하고 그를 유전자, 종, 생태계의 세 요소로 나누는 방식은 언뜻 보기에 무난해 보인다. 하지만 좀더 자세히 분석해보면 개념이나 실제 적용에 있어서 많은 문제점을 안고 있다. 유전자는 그 실체가 명확한 단위이지만 종과 생태계는 그 개념 자체부터 모호한 요소를 지니고 있다. 개

넘적인 문제를 접어둔다 하더라도 실제 적용 면에 있어서도 많은 어려움이 있다. 우선 개념적으로는 문제가 없는 유전자다양성에 대해 살펴보자. 미국 국립보건연구소는 그 동안 약 3조 원에 달하는 예산을 투여하여 인간의 유전자 목록을 만드는 작업(Human Genome Project)을 진행했다. 이 엄청난 규모의 연구를 통해 얻을 수 있는 것은 결국 인간이라는 단 한 종의 유전자 구성에 대한 자료일 뿐이다 (OTA 1995). 절멸의 위기에 놓여 있는 종들마다 유전자다양성을 파악한다는 것은 재정적, 시간적으로 실로 엄청난 일이 아닐 수 없다.

자연계에 존재하는 대부분의 종들은 구분이 명확한 단위들이나 그 한계가 모호한 종들도 상당수에 이른다. 특히 종간교배 (hybridization)가 빈번하게 일어나는 식물들의 경우 실제로 종다양성을 측정하는 일은 대단히 어려운 작업이다. 한계의 모호함은 생태계의 경우 더욱 심하다. 대부분의 생태계는 유전자나 몇몇 종들처럼 물리적으로 완전히 독립되어 있는 것이 아니고, 그 구성원들도 다분히 유동적이다. 한계가 명확한 생태계라 할지라도 그 속에 생존하고 있는 종들을 모두 파악하기란 거의 불가능한 일이다.

따라서 생물다양성을 통상적으로 유전자, 종, 생태계의 세 수준으로 나누는 방법은 그리 실질적이지 못한 듯싶다. 생물다양성은 사실 자연계를 이루고 있는 계층구조의 어느 수준에서도 그 요소들을 찾을 수 있다. 보존하고자 하는 단위에 따라 융통성 있는 방법을 찾는 것이 보다 합리적인 길이다. 시간과 재원이 한정되어 있는 상황에서 우리 인류에게 가장 중요한 생물자원이 무엇인가를 결정해야 하고, 그에 따라 유동적으로 생물다양성의 어느 요소들과 그들간의 유기적인 구조를 보존할 것인가를 분석해야 한다.

생물다양성의 규모와 현황

　지구생태계의 생물다양성 규모는 과연 어느 정도인가? 1753년 린네가 생물종에 이름을 붙이는 이명법(binomial system of nomenclature), 즉 속(genus, 屬)과 종(species)의 이름을 함께 쓰는 방법을 고안한 이래 지금까지 약 140만여 종의 생물들이 기재되었다. 그 중 곤충이 약 75만종이고 식물이 25만 종, 척추동물이 5만 7천여 종에 달한다. 그러나 현화식물과 척추동물을 제외한 대부분의 생물들은 아직도 엄청나게 많은 종들이 명명되지 못한 채 남아 있다. 특별히 기재가 부족한 생물들로는 착생식물(epiphytes), 지의류, 곰팡이류, 진드기류, 원생동물들과 산림 수관부에 서식하는 작은 생물들을 들 수 있다. 그 밖에도 산호초, 심해, 열대삼림이나 사바나 초원의 토양 속의 생물계 등이 특별히 빈약하게 탐사된 생태계들이다. 이 모든 생태계들과 생물군(biome)들이 다 조사되고 그 구성원들이 모두 기재되면 지구생태계 전체의 생물 총수는 적게는 5백만에서 많게는 3천만으로 추정되고 있다.

　현재 어떤 속도로 생물종들이 사라지고 있는지를 측정하는 것 역시 그리 간단한 문제가 아니다. 우선 지구생태계 전체의 종수에 대한 추정치가 너무나 큰 오차의 한계를 가지고 있는 형편이고, 그나마 기재가 된 종들도 그 분포에 관한 정보가 확실치 않은 상태라 전체 중의 어느 정도가 절멸되고 있는지를 가늠할 수 없는 실정이다. 최근 인도

네시아와 아마존 유역의 대규모 산불사건에 즈음하여 세계야생생물기금이 발표한 보고서에 의하면 전세계의 원시림 중 거의 3분의 2는 이미 손실되었으며, 환경파괴가 지금과 같은 속도로 지속된다면 불과 50년 후에는 완전히 사라지고 말 것이라고 한다.

하버드대학의 윌슨 교수의 계산에 의하면 현재 매년 약 10만 평방km의 자연서식지가 파괴되고 있다. 지구생태계 전체의 종수를 1천만 종이라 가정하면 매년 1천 종 당 하나꼴로 절멸하고 있다는 계산이다. 고생물학자들이 추정한 고생대나 중생대 때의 대절멸사건 당시의 속도에 비해 크게는 1만 배에 이르는 가공할 속도인 셈이다. 또 한 가지 현재의 절멸사건이 예전의 사건들과 본질적으로 다른 것은 예전의 사건과는 달리 생태계의 먹이사슬구조의 기본이 되는 식물다양성 자체가 급속도로 감소하고 있다는 사실이다.

왜 생물다양성을 보호해야 하는가

그렇다면 이러한 생물군집의 파괴로 우리가 잃는 것은 과연 무엇인가? 왜 사라져가는 종들을 보호해야만 하는가? 생물종의 절멸은 우리에게 궁극적으로 어떤 결과를 초래하는가? 현대경제학의 아버지라 불리는 애덤 스미스는 『국부론』에서 사회를 구성하고 있는 개개인이 모두 자기 자신의 이익을 위해서 노력하면 사회 전체가 부유해지고 번영하며, 그러한 과정은 이른바 '보이지 않는 손'에 의해 통제되는 시장경제에 기초한다고 설명했다. 이에 따르면 자유교환의 손익은 거래의 구성원에 달려 있다고 가정하지만 때로는 교환에 직접 관여하지 않은 이들이 손해를 보거나 이익을 보는 경우가 발생한다. 이러한 손해나 이익을 경제학에서는 외계(externality)라 부르는데, 인간의 경제활동에 의해 환경이 피해를 입게 되는 경우가 그 대표적인 예다.

맑은 공기, 깨끗한 물, 비옥한 땅, 훌륭한 경관, 생물다양성을 비롯한 모든 자연자원은 이른바 공유자원이다. 기업, 정부, 심지어는 개인들도 종종 이런 자원을 해치는 이른바 공공자산의 비극(The Tragedy of the Commons)을 범한다. 생물다양성과 자연자원의 가치를 증명하고 측정하는 일은 매우 복합적인 문제이지만 최근 환경경제학의 발달로 서서히 체계를 잡아가고 있다. 최근에는 유전적 다양성, 종, 군집, 그리고 생태계의 경제적 가치를 평가하는 방법으로 우리가 직접 수확하고 이용하는 직접 가치 외에도 자원을 개발하거나 파괴하지 않고 생물다양성에 의해 제공되는 간접 가치로 나누어 계산하는 방법이 제시되었다.

생물다양성의 보호는 우리 인류의 생존과 안녕을 위해 절대적으로 필요한 일이다. 자연계를 구성하는 모든 종들은 다 상호의존적이기 때문에 그 균형을 깨는 일은 그 어느 구성원에게도 궁극적인 이득이 될 수 없다. 따라서 인간도 다른 종들과 마찬가지로 생태적 제한 속에서 살아야 하고 지구의 청지기로서 그 임무를 충실히 이행해야 한다. 생물다양성은 또 생명의 기원을 구명하는 데 없어서는 안 될 중요한 단서를 갖고 있기 때문에 그 일부만이라도 잃을 경우 우리 자신의 존재 이유와 기원의 비밀을 푸는 데 심각한 어려움을 줄 것이다.

이 같은 경제적 가치 및 존재 가치를 떠나서라도 윤리적 또는 철학적 관점에서 생물다양성의 보호를 분석해야 한다. 자연계에 존재하는 모든 종들은 인간의 필요와 상관 없이 존재할 권리와 가치를 지니고 있다. 인간에게 다른 종을 파괴할 권리가 있는 것은 결코 아니다. 자연은 경제적 가치를 능가하는 미적 그리고 정신적 가치를 지니고 있다. 그래서 대부분의 종교와 철학, 그리고 문화적 가치관들은 자연을 보호해야 한다고 가르친다. 이제 과학도 그 이유를 분명히 밝히고 있다.

참 고 문 헌 및 웹 사 이 트

1. 김진수, 손요환, 신준환, 이도원, 최재천, 리처드 프리맥, 2000, 『보전생물학』, 서울: 사이언스북스.
2. Gaston, K. J. 1996. *Biodiversity: A Biology of Numbers and Difference*. Blackwell Science, Oxford.
3. McNeely, J. A. 1988. *Economics and Biological Diversity: Developing and Using Economic Incentives to Conserve Biological Resources*. IUCN, Gland, Switzerland.
4. Perlman, D. L., and G. Adelson. 1997. *Biodiversity: Exploring Values and Priorities in Conservation*. Blackwell Science, Malden, MA.
5. Wilson, E. O. 1992. *The Diversity of Life*. Harvard University Press, Cambridge, MA.
6. Wilson, E. O. 2002. *The Future of Life*. Alfred A. Knopf Publisher, New York, NY. http://www.islandpress.org/ceb/intro_1/index.ssi

지구가 더워지고 있다

김경렬
서울대학교 지구환경과학부

1995년 오존층 연구로 노벨 화학상을 받은 크루첸 교수는 지난 2백여 년을 가리켜 인류세(anthropocene)라고 부르는 것이 적절할 것 같다고 제안하였다. 최소한 1만 년이 넘는 긴 지질학적 시간대에 적용하는 이런 용어를 불과 2백 년 정도의 짧은 기간에 써야 한다면 사람들이 무언가 엄청난 일을 벌려놓은 인상을 준다.

지구 온난화는 이렇게 사람들이 만든 지구환경 문제의 하나다. 이는 기후 시스템을 연구하는 과학자들만의 순수한 과학적 과제를 넘어, 최근에는 전세계의 정치지도자들에게까지 중요한 관심사가 되었다.

이 문제에 대한 우리의 현황을 파악하기 위하여 1988년 결성된 IPCC(Intergovernmental Panel on Climate Change, 기후변화에 관한 정부간 패널)는 작년 2001년 세 번째 보고서를 제출하였는데에는 몇 가지 중요한 결론이 제시되어 있다.

 사람들의 활동으로 대기 중의 온실가스 농도와 복사강제력이 계
속 증가했으며, 이러한 인위적 기후변화는 여러 세기 계속될 것이다.
 이로 인해 전지구의 평균 지면온도는 지난 20세기 동안 약 0.6℃
상승하였으며, 21세기 후반이면 지표면의 온도가 1.4~5.8℃ 정도 증
가할 것이 예측된다.
 전지구적인 평균 해수면이 지난 20세기 동안 0.1~0.2m 상승하
였으며, 21세기 후반까지 0.09~0.88m 상승할 것이 예측된다.

 지난 10여 년간 많은 과학자들의 노력으로 문제의 핵심에 상당히
근접한 것이 사실이다. 여기서는 마치 미궁 속의 사건을 해결하는 탐
정과 같이 과학자들이 주위의 증거들을 하나씩 모아가며 답을 찾아가
던 과정을 살펴면서, 지구 가족의 한 구성원으로 지구환경의 문제에
대해 어떤 자세를 가져야 하는지 살펴보려고 한다.

지구는 더워지고 있다

 개개인이 지구가 더워지는 것을 피부로 느끼는 것은 쉬운 일이
아니다. 그러나 1860년대부터 세계의 곳곳에서 관측되기 시작한 지표
면의 온도를 모두 모아 전지구적으로 연평균값을 구해보았을 때, 지
난 140여 년 동안 지구는 적어도 0.6℃ 정도 더워진 것을 분명히 보여
주고 있다.

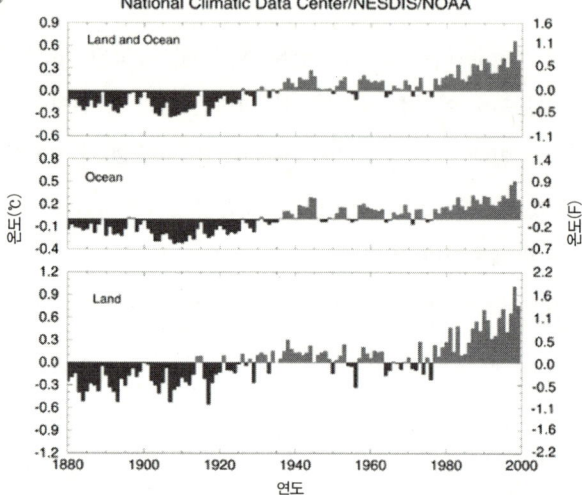

Annual Global Surface Mean Temperature Anomalies
National Climatic Data Center/NESDIS/NOAA

그림1 지난 120여 년 동안 약 0.6℃ 정도의 온도상승이 있었음을 보여주는 관측결과

지구의 온도가 과거에도 자연적으로 변화해온 것은 아닌가

여기서 대두된 중요한 질문은 이 변화가 정말로 인위적인 것인가 하는 것이다. 사람들은 기록을 통해 중세기는 온난하였으나 14세기에서 18세기에 걸쳐서 추운 '소빙하기(Little Ice Age)'를 겪었으며, 더욱 시간을 거슬러가면 지구에 빙하기가 있었음을 이미 알고 있었다. 한 방법은 지구가 과거에 어떠한 온도변화를 겪어왔는지를 더듬어가며, 이들과 최근의 온도변화를 비교해보는 것일 것이다.

과학자들은 과거 지구온도의 변화를 추정할 수 있는 단서가 간직되어 있는 장소들을 알고 있다. 그중의 하나가 바로 그린란드나 남극에 쌓여 있는 빙하이다. 빙하는 과거 이곳에 매년 차곡차곡 쌓인 눈이

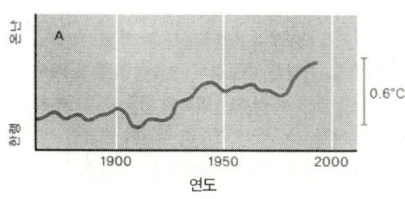

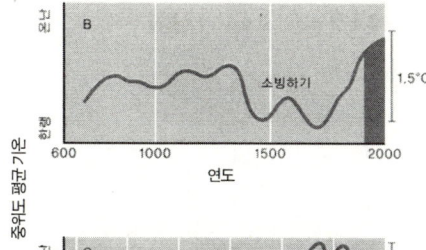

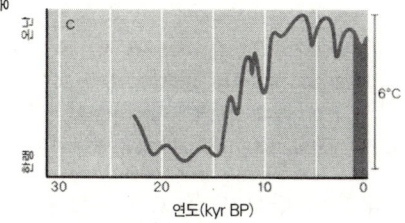

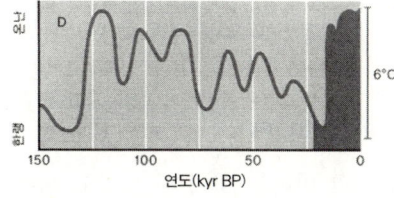

그림2 지난 간빙기 사이의 지구의 온도변화

결국 얼음으로 변한 것이다. 따라서 이 빙하를 뚫고 들어가면서 얼음시료를 채취하면 과거로 거슬러가며 당시 이곳에 쌓였던 눈시료를 얻을 수 있다. 과학자들은 이 얼음의 산소와 수소의 동위원소비를 조사하여 당시의 기후에 관한 정보를 얻게 된다. 또한 탄산칼슘($CaCO_3$)을 골격으로 가지고 있는 바다의 플랭크톤들도 당시 자신들이 살고 있던 바닷물의 온도를 산소 동위원소의 비를 통하여 탄산염의 골격 속에 간직하고 있다. 따라서 죽어 바다 밑에 가라앉아 차곡차곡 쌓여 있는 이들의 퇴적물 시료를 통해서도 과거에 지구가 겪어온 기후의 역사를 알 수 있다.

이런 여러 자료들을 종합하여 지난 15만 년 동안의 지구의 기후

변화를 추정해 그린 그림은 지구가 지난 10여만 년 동안 섭씨 약 6℃ 기후변화를 겪어온 것을 알 수 있다(http://www.pages-igbp.org).

그렇다면 최근의 0.6℃는 지구가 빙하기를 거치면서 겪어온 6℃에 비하면 약 10분의 1밖에 안 되는 작은 증가량이다. 그러나 지구가 6℃의 변화를 겪는 데 10만 년, 최소한 약 1만 년의 시간이 필요했다면, 최근의 0.6℃는 불과 2백 년도 안 되는 짧은 사이에 일어난 것으로서 자연적인 현상으로 받아들이기에는 그 속도가 너무 빠르다.

지구의 대기도 변화하고 있다

키일링 곡선

국제지구물리원년(IGY, International Geophysical Year)인 1957년 시작된 관측의 하나로 스크립스 해양연구소의 키일링 교수가 하와이 마우나 로아에서 수행한 대기 중 탄산가스(CO_2) 농도 관측이 있다.

키일링 곡선이라 불리는 이 자료는 관측이 시작되자마자 곧 두 가지 중요한 사실을 알려주었다. 하나는 지구가 식물들의 활동으로 여름철에는 CO_2를 들이마시며 겨울철이면 CO_2를 대기 중으로 내쉬는 1년 주기의 거대한 숨쉬기를 하고 있다는 것이다. 그리고 이에 더하여 대기 중의 CO_2의 농도가 매년 증가하고 있다는 것이다.

1958년 불과 315ppmv(part per million by volume, 공기 분자 1백만 개 중에 섞여 있는 탄산가스 분자의 개수)이었던 탄산가스의 농도가 오늘날 365ppmv를 넘어서고 있으며, 관측 기간 약 30여 년 동

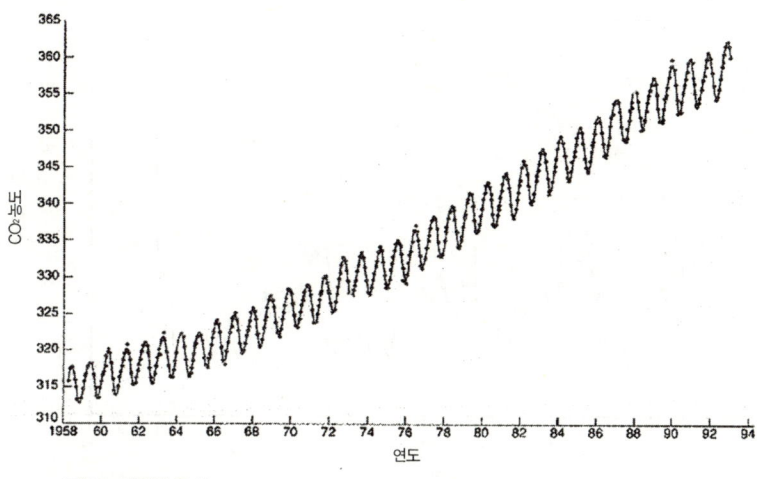

그림3 키일링 곡선

안에 연평균 0.5%의 꾸준한 증가를 보여주고 있다.

　문제의 초점은 '키일링 곡선이 보이는 농도 증가가 사람들이 만들어낸 것인가' 하는 것이었다. 왜냐하면, 탄산가스의 농도 역시 온도와 마찬가지로 분명히 과거에도 변화해왔을 것이기 때문이다.

키일링 곡선은 사람들이 만들어낸 작품이다.

　과학자들이 시도한 연구는 과거 대기 중의 탄산가스 농도를 추정해내는 것이었다. 물론 과거의 대기를 간직하고 있는 보물창고 역시 극지방의 빙하들이었다. 눈들이 계속 쌓이면서 밑에 있는 눈이 얼음으로 변할 때 그 주위에 있던 공기가 함께 얼음 속에 갇히게 된다.

　1999년에는 남극 보스토크 기지에서 최고 3천 5백m 이상이나 되는 빙하시료를 통해 과거 40만 년 이상까지 거슬러가며 약 4번에 걸친

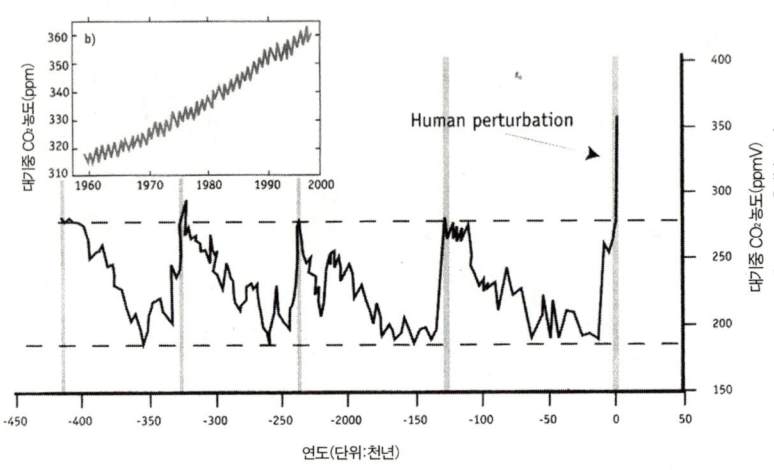

그림4 과거 40만 년 동안의 대기중 CO₂ 농도 변화와 최근의 변화

빙하기와 간빙기의 순환과정을 보이는 자료가 얻어졌는데, 200ppmv
에서 280ppmv 사이의 변화를 반복한 것을 보여주고 있다.

따라서 지구는 적어도 10만 년 정도의 시간을 따라 200ppmv에
서 280ppmv 사이의 변화를 해온 것이 사실이다. 그러나 이에 비하면
산업혁명 이후 2백 년 정도의 짧은 기간 동안 80ppmv 이상의 농도변
화가 있었으며, 지금도 꾸준히 증가하고 있는 것을 자연적인 현상으
로 보기에는 너무 큰 변화임이 분명하다.

키일링 곡선이 과연 지구 온난화의 원인이 되는가

쉽게 답을 내릴 수 없는 어려운 문제이다. 이는 아직도 지구의 기
후를 결정하는 많은 요인들을 잘 파악하지 못한 때문이다. 그러나

2001년에 발표된 IPCC 3차 보고서는 위의 질문에 대하여 매우 긍정적인 답을 내리고 있다. 과학자들은 어떤 근거에서 이런 결론을 내릴 수 있게 되었을까?

지구 기후의 주인공-온실효과

지구의 온도는 지구가 태양으로부터 받고 있는 복사에너지와 이로 인해 더워진 지구가 우주로 다시 방출하는 복사에너지가 서로 균형을 이루면서 결정된다. 만약 태양으로부터 받은 복사에너지에 의하여 더워진 지구가 동일한 양의 열량을 우주로 그대로 내보낸다면 지구는 섭씨 영하 18℃의 얼어붙은 행성이 될 수밖에 없다. 그러나 지구는 평균 섭씨 15℃의 따뜻한 행성으로 유지되고 있는데, 이는 지표면을 덮고 있는 수십km 두께의 대기가 담요 역할을 하며 지구를 덮혀주고 있기 때문이다. 이를 처음으로 이해한 프랑스의 푸리에는 1827년 이를 '온실효과'라고 불렀으며, 1850년대 말에 이르러 영국의 틴달이 온실효과를 내는 대기성분이 대기 중의 미량성분인 수증기, 탄산가스 등 좀더 구조가 복잡한 분자들임을 밝혔다.

그림 5는 우주, 대기 그리고 지표면이 에너지를 서로 주고받으며 평형을 이루는 모습을 보여준다. 그림의 숫자들은 태양으로부터 지구가 받는 복사에너지 100($342 w/m^2$)에 대한 상대적인 크기를 가리킨다. 지구가 태양으로부터 받는 복사량 100 중 31은 다시 우주로 반사되고(이를 알베도라고 부름), 69만이 지구로 실제로 들어와 그중 20은 대기중에 흡수되고 49만이 지표면에 도달하여 지구를 덮힌다. 이렇게 덮혀진 지표면은 19를 복사에너지로, 23을 잠열(수증기의 증발 및 응

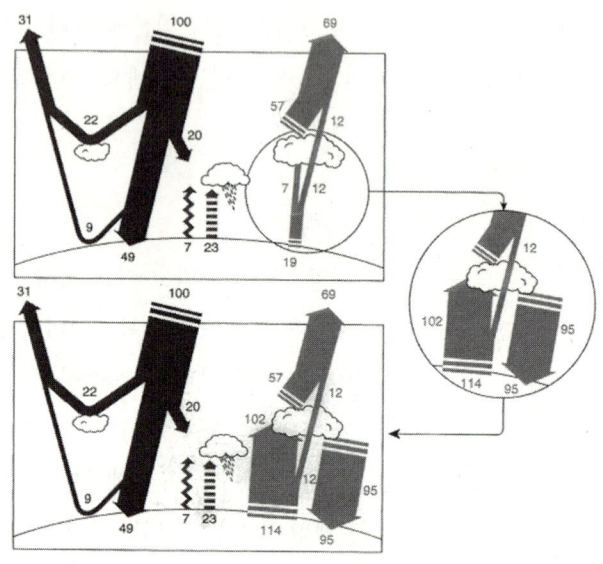

그림5 태양과 지구의 복사에너지 사이의 복사 평형을 보여주는 도표

결과정)로, 그리고 나머지 7을 현열(더운 지표면이 주위의 공기를 데우는 과정)로 대기중으로 방출하면서 열의 균형(49-19-23-7=0)을 이루고 있다. 그런데 오른쪽에 별도로 보인 대로 지표면은 실제 114의 에너지를 방출하는데, 이중 95가 다시 지표면으로 되돌아오므로 결국 이 두 값의 차이 19만 대기로 방출되는 것처럼 보인 것을 알 수 있다.

따라서 이를 전체적으로 종합해보면 다음과 같다.

지구는 태양의 복사에너지 49를 받아 더워진 후 114의 복사에너지를 방출하는데, 실제 지구가 전체적으로 에너지 평형을 이루기 위하여 우주로 다시 내보내지 않으면 안 되는 복사에너지는 단지 69뿐이다. 따라서 나머지 45는 그대로 대기중에 머물게 되며, 이 45가 대

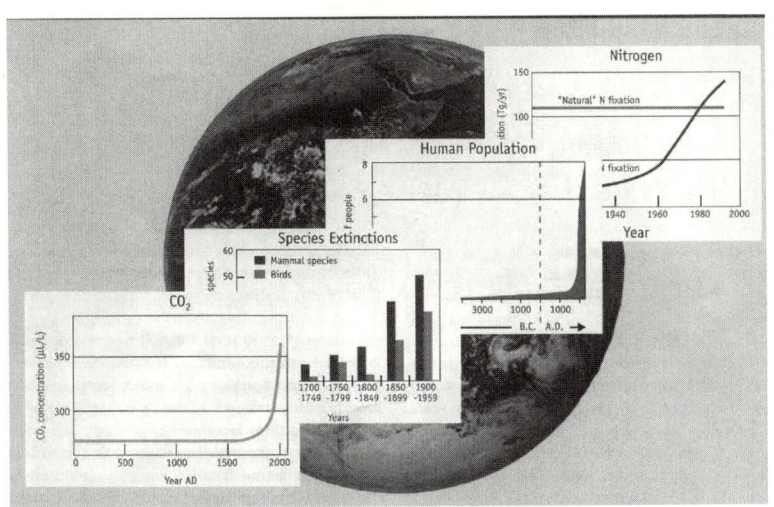

그림6 지난 200여 년 동안 사람들과 관련해서 지수함수적으로 증가하고 있는 여러 변수들

기 중에 머물면서 지구를 덥히는 온실효과를 만들고 있는 것이다.

　이렇게 대기중에 상당량의 에너지를 가두어 지구를 따뜻하게 해주는 장본인들은 푸리에나 틴달이 이미 밝힌 대기중의 미량의 성분들 덕분이며 이들 기체들을 통틀어 온실기체(Greenhouse Gas)라고 부르는데, 앞서 이야기한 수증기, 탄산가스 이외에도 메탄(CH_4), 산화이질소(N_2O), 오존(O_3), 그 이외에 사람들이 만들어낸 염화플루오르화 탄소화합물들(CFCs) 등이 이에 속한다.

사람이 만들어내는 '강화된(enhanced)' 온실효과-지구 온난화

　그런데 최근의 여러 관측결과는 이들 온실기체들의 대기중 농도가 지수함수적으로 증가하는 것을 보여준다. 물론 인구가 늘어난 것이 주요 원인임은 말할 것도 없다. 이런 급격한 변화 때문에 이 시기를 크루첸 교수는 '인류세'로 불러야 할 것이라 언급한 것이다.

온실기체들의 농도의 증가는 대기 중에 머무는 에너지의 양을 증가시킬 것이며, 결국은 지표면의 온도를 상승시킬 것으로 예상된다.

모형들이 보여주는 앞으로의 지구 기후

지구 기후를 연구하는 과학자들은 지난 30여 년 이상 컴퓨터를 이용한 기후모형의 개발에 많은 노력을 기울여왔다. 최근에는 수퍼컴퓨터의 도움으로 기후모형들이 개발되고 있는데, 이를 통해 지구 기후 시스템에 대한 많은 이해가 이루어지고 있다.

또한 이들을 이용하여 과학자들은 앞으로의 기후를 예측하는 연구를 아울러 진행하고 있다. 대기 중 온실기체들의 농도가 앞으로 어떻게 변할지를 확실히 예측할 수 없는 등의 이유로 많은 오차가 있는 것이 사실이다. 그러나 과학자들은 금세기 중반이 되면 탄산가스 농도가 산업혁명 이전의 농도였던 280ppmv의 2배(560ppmv)를 넘을 것으로 생각하고 있으며, 지구의 온도는 21세기 말이 되면 적어도 섭씨 1.4~5.8℃ 정도로 증가할 것으로 예상하고 있다.

지구가 더워지는 것이 정말로 문제인가

극심한 가뭄이나 폭우 등의 이상기후가 더 자주 발생할 것이 예상되며 태풍의 강도나 발생빈도가 높아질 것이 분명하다.

더욱 염려하는 심각한 문제는 해수면의 상승이다. 과학자들은 금세기 말에는 적어도 9~88cm 정도의 해수면 상승이 있을 것으로 예상하고 있다. 물론 지구는 지난 수십만 년에 걸쳐 1백m 이상의 해수면 변동을 겪어온 것이 사실이다. 그러나 앞으로 1백 년도 안 되는 짧은 시간에 해수면이 수십cm 증가했을 때 저지대가 많은 나라에서 겪을 어려움은 쉽게 짐작이 된다. 더구나 상승된 해수면에 조석이나 태풍이 함께 작용할 때 그 파괴효과가 가중될 것임은 더 말할 나위가 없다.

기후모형들이 예측하는 또 하나의 결과는 온난화의 영향이 지역에 따라 상당한 차이가 있으며, 또한 온도변화 속도가 매우 빠를 것이라는 점이다. 빠른 변화에 적응하기 어려운 식물 생태계 등에 미칠 타격이 심각할 것은 너무나도 자명하다. 지구 온난화가 예측하는 미래의 지구는 결코 바람직하지 않은 방향으로 그 추가 더욱 기울어지고 있는 것이 사실이다.

어떻게 지구가 더욱 더워지는 것을 막을 수 있을까

대답은 매우 간단하다. 사람들이 대기중으로 내뿜는 탄산가스의 양을 줄이면 된다. 문제의 핵심은 그 실현이 결코 쉽지 않다는 데 있다. 이는 온실기체들이 바로 우리 생활의 부산물이기 때문이다. 따라서 1997년 12월 채택된 교토의정서와 같이 세계의 정치가들이 모여 탄산가스의 배출을 줄이기 위한 노력을 거듭하고 있지만, 2000년 헤이그에서 열렸던 당사국 총회 모임과 같이 아직도 적절한 타협점을 찾지 못하고 있는 것이다.

1990년대 사람들이 행했던 탄산가스에 대한 평균적인 수지계산서를 보면 60억 명의 지구 식구들이 1년에 약 63억 톤의 탄산가스를 화석연료를 통해 방출하므로 한 사람이 1년에 평균 1톤의 탄산가스를 방출하고 있는 것이다. 물론 선진국으로 갈수록 그 값이 커지고 있다.

연 63억 톤의 탄산가스를 만들어내는 사람들의 활동을 대략적으로 나누어보면 약 1/3 정도는 전기를 만드는 데, 1/3은 산업활동을 통해 그리고 1/3은 자동차, 트럭 및 기타 비행기, 선박 등 주요 운송에 이용되고 있다. 즉, 모든 것이 우리의 일상생활과 연결되어 있는 것을 알 수 있다. 우리 개개인의 하루하루의 생활이 실질적으로 탄산가스 배출의 약 절반을 차지하고 있다. 따라서 지구 온난화의 책임의 약 절반은 우리의 생활에 있는 것을 알 수 있다.

에너지＝탄산가스

어떻게 해야 할까? 간단한 일이 아니다. 그러나 어떻게 해서든지 탄산가스 등 온실기체의 방출을 줄여가야 한다. 탄산가스의 방출을 최소로 하면서 에너지를 만들어낼 수 있는 신기술의 개발이 이루어져야 할 것이다. 또한 탄산가스의 배출을 최소로 하는 새로운 교통수단의 개발도 미래의 과학과 기술이 해결해야 할 과제이다. 가급적이면 효과적인 대중교통체제를 개발하고 이를 이용하도록 하는 것도 정부와 시민 모두가 함께 노력해야 할 중요한 과제이다. 실제로 이를 위한 많은 미래의 신기술들이 연구되고 있으며, 또한 미래의 과학자와 기술자들이 앞으로 해야 할 몫이기도 하다.

그러나 더욱 중요한 것은 우리의 생활 자체가 바로 탄산가스 배출과 직결되어 있음을 깊이 이해하고 이러한 지식을 생활에 적용해가는 일이다. 탄산가스가 바로 에너지임을 명심하고 생활의 작은 부분에서부터 에너지 소모를 최대한 줄일 수 있는 일들을 실천해 나가는 길만이 우리에게 유일하게 허용된 '지구' 호의 미래를 어둡지 않게 하는 방법일 것이다. 또한 이것만이 우리의 후손들도 우리와 마찬가지로 '지구' 호에 승선하여 큰 어려움이 없이 미래를 향한 항해를 할 수 있도록 해주는 유일한 길일 것이다.

지구촌을 샅샅이 살핀다
―인공위성, 원격탐사의 세계

문우일
서울대학교 지구환경과학부

원격탐사(遠隔探査, Remote Sensing)란 그 단어의 뜻에서 알 수 있는 것처럼 '시간이나 공간적으로 멀리 떨어져 있는 것들을 살펴서 조사하는 것'을 말한다. 다시 말해서 원격탐사란 조사하고자 하는 특정 물체나 지역 또는 현상에 관한 정보를, 직접 접촉하지 않는 장치를 이용하여 자료를 획득 분석한 다음, 이들 특정 물체나 지역 또는 현상에 관한 정보를 얻어내는 과학기술 및 학문을 말한다.

이 글을 읽으면서도 우리는 원격탐사를 이용하고 있다. 우리의 눈은 이 책과 공간적으로 떨어져 있어서 직접적인 접촉이 이루어지지 않는다. 또한 눈은 책의 어둡거나 밝은(혹은 검거나 흰) 부분들에서 반사되는 빛을 획득하고 분석하여 정보를 얻는다. 이때 눈은 빛에 따라 반응하여 자료를 획득하는 센서로 작동하고 있고, 눈(센서)을 통하여 얻어진 자료는 뇌(컴퓨터)에서 분석되거나 해석되어 책에 있는 검

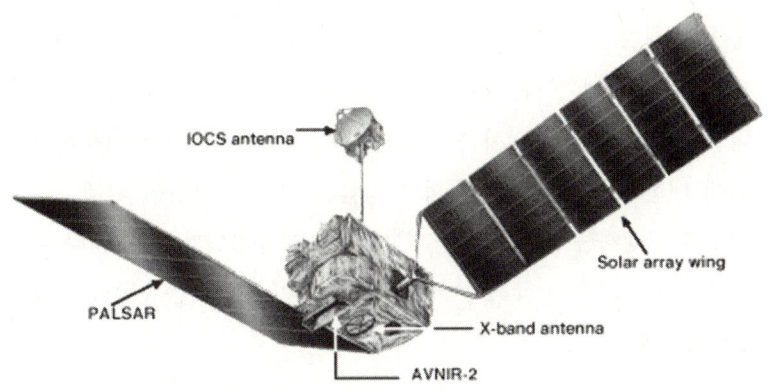

그림1 2002년 일본의 NASDA에서 발사 예정인 ALOS(Advanced Land Observation System) 위성. ALOS 위성은 L-band의 fully polarimetric SAR 시스템을 장착하고 있다.

은 부분을 문자로 인식, 정보를 추출하는 것이다.

그러나 위의 원격탐사에 대한 정의는 매우 광범위한 것으로, 실제 원격탐사는 항공사진이나 인공위성 영상과 같은 센서를 이용하여 연구·조사하고자 하는 특정 물체, 지역 또는 현상에 관한 정보를 취득, 수집, 기록하는 과학기술로 그 의미가 좁혀진다. 좀더 구체적으로 말하면, 원격탐사의 범위는 사진측량 및 판독, 인공위성 영상자료 처리, 자원 및 해양 탐사 등을 모두 포함하는 넓은 의미의 개념과, 항공사진과 분리하여 전자기센서에 의하여 얻어지는 디지털 영상자료를 주 대상으로 하는 좁은 의미의 개념이 있다.

원격탐사는 1860년대 연이나 비둘기에 카메라를 장착하여 항공사진을 촬영한 것을 그 시작으로 한다. 1910년대에는 최초의 항공사진이 촬영되었으며, 1972년 미국 NASA가 최초의 지구탐사 목적의 인공위성 랜드셋(Landsat)을 발사하였다. 이처럼 원격탐사 개발역사는 1백여 년이 채 못 되는 짧은 역사를 가지고 있다. 그러나 그 역사가 짧다고 하더라도, 원격탐사는 국토 및 해양 등 지구 전체의 사물이나 현상에 대한 지도제작과 공간적 특성을 조사하고 심지어 외계 혹성의 지도를 작성하는 도구로 이용되는 등 그 사용범위가 매우 넓다. 이처럼 원격탐사기술이 급격하게 발달한 이유의 핵심에는 인공위성의 발전이 있다.

인공위성의 정의와 초기의 인공위성

인공위성(人工衛星, Artificial Satellite)이란 인간이 어떤 특수한 목적을 이루기 위해 지구 주위를 일정한 주기를 갖고 회전하도록 만든 별을 말한다. 인공위성의 원리는 비교적 쉽게 이해될 수 있다. 실끝에 돌을 매달았다고 가정하자. 돌을 매단 실의 반대쪽 끝을 잡고 실을 돌려보면, 어느 정도의 속도가 되었을 때 돌은 일정한 궤도를 도는 회전운동을 하게 되는 것을 볼 수 있다. 돌이 회전운동을 하는 이유는 돌을 안쪽으로 잡아당기는 힘(인력)과 바깥쪽으로 탈출하려는 힘(원심력)이 평형을 이루기 때문이다. 인공위성도 이와 마찬가지 원리로 큰 질량을 가지는 물체가 당기는 인력과 위성의 회전에 의해 발생하는 원심력이 평형을 이루어서 질량이 큰 물체 주위를 질량이 작은 물체가 회전하는 것이다.

우주시대의 서막을 열게 한 최초의 인공위성으로는 '스푸트니크

1호'가 있으며, 이것은 1957년 10월 4일 옛 소련(러시아)에 의해서 발사되었다. 스푸트니크 1호 위성은 고도 9백km의 저궤도 위성으로 지구를 96분 만에 한 바퀴 돌면서 전파신호를 보내왔다. 스푸트니크 1호 위성의 발사에 이어, 옛 소련은 1957년 11월 3일 두 번째 인공위성 '스푸트니크 2호'를 발사하였으며, '라이카'라는 이름의 개를 인공위성에 탑재했다.

한편, 미국은 소련이 스푸트니크 1호를 발사한 지 4개월 만인 1958년 1월 31일에 '익스플로러 1호'를 처음 발사했고, 이로써 미국과 소련의 본격적인 인공위성 개발경쟁이 시작되었다. 군사적 목적으로 시작된 인공위성의 개발은 통신, 기상, 항법, 지구관측 등 다양한 분야에 활용되고 있으며 인류의 우주개발에 박차를 가하고 있다.

위에서 언급한 바와 같이, 인공위성의 쓰임은 원거리 통신을 위한 목적, 일기예보 및 기상관측을 위한 목적, 항법이나 항해를 위한 목적 등 그 사용범위 및 종류가 다양하다. 그러나 우리는 여기에서 지구관측을 위한 원격탐사위성에 그 초점을 맞추도록 하겠다.

지구관측위성(원격탐사위성)의 종류 및 특징

하늘에서 지상을 관측하는 원격탐사는 로켓을 이용하여 최초로 시작되었다. 1891년 독일인 라르만은 '새의 눈으로 지상의 사진을 찍는 새롭게 발전된 기계(New or Improved Apparatus for obtaining Bird's Eye Photographic Views)'라 불리는 로켓 추진 카메라 시스템으로 특허를 받았고, 그의 기계 이후로 로켓을 이용하여 하늘에서

그림2 지난 2002년 3월 1일 ESA(European Space Agency)는 극궤도의 지구관측위성 ENVISAT을 발사하였다. ENVISAT은 가장 센서를 많이 장착한 인공위성 중의 하나로 한반도 주변 지구 시스템 환경연구에 큰 도움을 줄 것으로 예상된다.

지표를 영상화하는 작업은 계속되었다.

지구관측위성(원격탐사위성)은 태양의 움직임과 같이 지구의 양극을 둘레로 회전하면서, 가시광선, 근적외선, 중적외선, 열적외선 등 다양한 파장영역의 영상을 촬영한다. 지구관측위성은 지구의 표면 및 대기의 관찰을 목적으로 하는 인공위성이기 때문에 지구와의 거리를 최소화하여 낮은 궤도에서 지구를 도는 저궤도 위성이다.

지구관측위성의 효시는 1972년에 미국이 발사한 인공위성

‘ERTS-1 (또는 Landsat 1)’ 이다. ERTS (Earth Resources Technology Satellite)는 NASA가 고안한 프로그램이며, 지구 자원에 관한 자료를 수집하도록 하기 위한 최초의 무인 인공위성 연구 프로그램 시리즈이다. 프로그램 초기에 ERTS -A, B, C, D, E, F로 명명되었던 계획은 1975년 1월 ERTS-B를 발사하기 직전에 그 이름을 ‘랜드셋’ 이라고 변경하였다.

랜드셋 1호는 중량 815kg, 고도 920km의 극궤도 위성으로 지구 자원에 관한 자료를 수집하기 위하여 발사되었다. 18일을 주기로 지구 전체를 촬영하는 랜드셋 1호 위성은 다중분광스캐너(MSS, Multi Spectral Scanner)를 이용하여 가시광선과 근적외선 영역의 자료를 획득하였다. 그 후 1975년에 랜드셋 2호, 1978년에 랜드셋 3호가 발사되었으며, 랜드셋 영상은 1970년대와 1980년대 초기까지 지구를 찍은 유일한 영상으로 영상분석에 매우 중요한 역할을 하고 있다. 1982년에 랜드셋 4호가 발사되었고, 1984년에 랜드셋 5호가 발사되었는데, 이들은 30m의 공간해상도에 주제도 제작용 센서인 TM(Thematic Mapper)를 추가하였다. 지금까지 랜드셋 위성은 랜드셋 7호까지 발사되었으며, 랜드셋 7호는 ETM+(Enhanced Thematic Mapper)라고 불리는 센서를 장착하고 있다. 현재 랜드셋 위성은 미국의 사기업인 EOSAT사에 의하여 민영화되었다.

미국의 랜드셋 프로그램은 다른 나라의 지구관측위성 프로그램 시작에 촉매역할을 하였다. 프랑스 정부는 ‘SPOT(Systme Pour l’ Observation de la Terre)’ 이라는 이름의 지구관측위성 프로그램을 시행하였다. SPOT은 상업 프로그램으로 디자인된 지구관측위성으로써 전세계 30여 개국 이상에 지상 수신소 및 자료 배포망을 지닌 광범위한 국제적 프로그램이다. 1986년에 SPOT 1호를 쏘아올리는 것을 시작으로 1990년 SPOT 2호, 1993년 SPOT 3호를 발사하였다.

SPOT 1, 2, 3호는 832km의 고도에 26일마다 전체 지구를 촬영하는 주기를 가지고 있으며, HRV(High Resolution Visible)라는 센서가 있다. SPOT 영상은 센서가 좌우로 움직일 수 있기 때문에 지구 전체를 더 짧은 주기로 촬영할 수 있고, 동일한 장소를 다양한 각도로 촬영한 후 입체영상을 구현, 3차원 정보를 획득할 수 있다는 장점이 있다. SPOT 4호는 1998년에 발사되었으며 넓은 지역을 저해상도로 촬영할 수 있는 식생 모니터링 장비(VMI, Vegetation Monitoring Instrument)가 추가되었다.

우리나라의 지구관측위성으로는 한국항공우주연구소에서 미국의 TRW사와 공동 개발하여 발사한 다목적 실용위성(KOMPSAT)이 있다. 다목적 실용위성은 1999년 12월 21일 미국의 오비탈사이언스가 제작한 로켓에 실려 미국 캘리포니아 주의 공군기지에서 발사되었으며, 저궤도의 태양동기궤도를 돌고 있다. 98분 만에 지구를 한바퀴 돌면서, 한반도와 그 주변 지역의 전자지도 제작, 해양관측, 우주환경 관측 등 3가지의 주요 임무를 수행한다. 아리랑 1호라고도 불리는 다목적 실용위성은 6.6m 공간해상도를 가지는 전자광학카메라(EOC, Electro Optical Camera) 외에 8백m 공간해상도를 가지는 해양관측용 저해상도 카메라를 가지고 있기 때문에 정밀한 지도제작과 같이 높은 수준의 정밀도를 요구하는 자료를 제공하는 동시에, 해양이나 식생 모니터링과 같이 넓은 지역의 관측을 요구하는 자료를 제공할 수 있는 등 다양한 목적으로 사용될 수 있다. 정부는 2003년에는 해상도 1m의 고해상도 영상을 목적으로 하는 아리랑 2호를 쏘아올릴 계획이다.

새로운 지구 관측 시스템-SAR

지구 온난화 현상 등 범세계적 환경문제의 심각성이 대두되는 가운데 지구관측을 위한 인공위성의 활용이 대두되고 있다. 그러나 미국 NOAA 통계자료에 의하면 1971년부터 1998년까지 광센서를 이용한 지구 시스템 관측은 북반구의 7, 8, 9월을 기준으로 10% 정도에 미치지 않는다. 따라서 마이크로파를 이용한 합성 개구 레이더(SAR, Synthetic Aperture Radar) 시스템이 차세대 지구 관측 시스템으로 각광받고 있다.

1952년 굿이어사의 와일리가 Doppler Beam sharpening 시스템을 최초로 개발함으로써 SAR의 역사는 시작되었다. 기존의 원격탐사위성이 외부의 에너지원에서 빛을 받아 반사된 신호값을 기록하는 수동적인 방법을 사용하였다면, SAR는 자체적으로 생성한 신호값을 지표면으로 보낸 후 반사되어 돌아오는 신호값을 사용하기 때문에 외부의 에너지원을 필요로 하지 않는다. 그렇기 때문에 낮시간뿐만 아니라 태양빛이 존재하지 않는 야간에도 촬영할 수 있다는 장점이 있다. 또한, 약 1~30cm의 범위의 마이크로파 대역을 사용하기 때문에 구름 등 기상현상에 의한 제한을 거의 받지 않는다. SAR는 1960년대 초까지 군사적인 목적으로 개발된 관계로 그 이론을 일반에게 공개하지 못했지만, 1967년 미 공병단의 파나마 지역 지질조사에서 민간용 목적으로 사용된 이후 지구과학 분야에서 지표면의 특징을 분석하는 데 중요한 수단으로 자리매김하고 있다.

SAR 센서를 장착한 인공위성으로는 유럽의 ERS-1, 일본의 JERS-1, 캐나다의 RADARSAT 등이 있으며, 이번 2002년 3월 1일에 유럽항공우주국(ESA)에 의하여 발사된 ENVISAT과 오는 2002년 일본 NASDA에서 발사 예정인 ALOS(Advanced Land Observation System) 위성 역시 SAR 시스템을 장착하고 있다.

원격탐사위성의 사용 및 전망

초기의 원격탐사위성은 과학자들이 자원을 탐사·연구하거나, 냉전시대 국방을 위한 용도로 사용되는 등 그 용도가 제한되었다. 그러나 지금은 지리정보시스템(GIS, Geographic Information System) 기술의 폭넓은 활용과 함께 종래의 항공사진과 비슷한 수준의 높은 해상력을 갖춘 원격탐사자료의 필요성이 증가하였고, 또한 냉전체제의 붕괴와 함께 비밀군사기술로 분류되었던 스파이 인공위성기술이 민간에 많이 소개되고 있어 민간인의 용도가 광범위해졌다. 정밀한 지도제작을 위하여 고해상도 원격탐사영상이 사용될 뿐만 아니라, 삼림지역의 모니터링, 위성영상을 이용한 산불피해상황 파악, 홍수 및 가뭄 등 각종 재해관리, 농산물 상황파악을 통한 정밀농업 등에도 원격탐사영상은 효율적으로 사용될 수 있다. 또한 원격탐사위성에서 촬영한 인공위성영상은 기존의 항공사진과는 달리, 넓은 지역을 한꺼번에 촬영할 수 있다는 장점 때문에 지구온난화현상, 해수면 온도변화 감시, 극지역 빙하의 이동 등 지구환경 모니터링에도 매우 큰 도움을 주고 있다.

1957년 스푸트니크 위성의 발사로 시작된 인공위성산업은 이제 통신, 기상, 항법, 지구관측 등 다양한 분야에서 중요한 위치를 차지하고 있으며, 현재까지 5천 5백여 개 이상의 인공위성이 발사되어 우리 생활에서 반드시 필요한 정보를 제공하는 중요한 수단으로 자리매김하고 있다. 그 중에서도 원격탐사위성은 지표면, 해양, 대기, 극지역 등 지구 전체의 환경에 대한 정보를 제공하여, 우리의 삶을 좀더 편리하고 윤택하게 만드는 데 큰 몫을 하고 있다.

추천도서 및 웹사이트

1. 『인공위성과 우주』(장영근, 최홍규 지음)
2. 서울대학교 인공위성 지구물리 홈페이지　http://eos1.snu.ac.kr
3. 한국항공우주연구원　http://www.kari.re.kr/total1.htm
4. 미국 NASA 웹 페이지　http://www.nasa.gov
5. European Space Agency　http://www.esa.int/export/esaCP/index.html
6. NASDA　http://www.nasda.go.jp/index_e.html

암흑물질은 어디에 있는가

이형목
서울대학교 지구환경과학부

1985년 여름 미국의 프린스턴에서는 암흑물질에 관한 국제천문연맹 주최 심포지엄이 열렸다. 이 회의결과에 대한 논문집 서문은 다음과 같은 말로 시작된다. "이 회의는 그 정체가 전혀 밝혀지지 않은 대상에 관해 열린 국제천문연맹 주최의 최초 심포지엄이다." 그 후 20여 년이 흘렀지만 아직도 암흑물질의 정체에 대해서 새로 알려진 것은 거의 없는 실정이다.

천문학에서는 질량을 측정하기 위해 중력효과를 이용한다. 중력장이 강한 곳에서는 천체의 운동이 빠르고 약한 곳에서는 느리다. 중력장은 질량에 의해 만들어지므로 중력가속도를 측정함으로써 질량을 추정하는 것이다. 예컨대 태양의 질량은 지구나 다른 행성의 운동으로부터 아주 쉽게 측정할 수 있고 지구의 질량은 물건을 던져 운동상태를 보면 알 수 있다. 이런 방법이 더 거대한 규모의 천체에도 -

적용되어 별, 은하, 그리고 은하단의 '역학적 질량'을 측정한다.

츠비키는 1933년 머리털자리(Coma)에 있는 은하단을 연구해 '눈에 보이지 않는 질량'이 많이 있어야 이 은하단 내 은하들의 운동을 설명할 수 있다는 점을 지적했다. 그러나 그 당시는 은하의 질량이나 광도를 정확히 모르던 시절이었고 암흑물질에 대한 또 다른 증거가 없었기 때문에 이런 중요한 발견의 뒤를 잇는 연구는 이루어지지 않았다.

암흑물질이 천문학에서 다시 중요한 문제로 등장한 것은 1970년대 중반부터 나선은하에 대한 많은 분광학적 관측과 21cm 중성 수소 방출선 관측이 이루어지면서이다. 나선은하는 우리 은하와 같이 얇은 원반을 가진 것으로 원반에 있는 별이나 가스는 은하의 자체 중력을 이기기 위해 원운동을 한다. 따라서 원운동 속도를 측정하면 그 궤도 안쪽에 있는 질량을 구할 수 있다. 이렇게 구한 주어진 반지름 이내의 은하 질량은 반지름이 커짐에 따라 비례해서 증가하지만 별에 의한 광도는 어느 반지름 바깥에서는 거의 증가하지 않는다는 사실이 널리 알려졌다. 따라서 은하 바깥쪽에는 빛을 내지 않는 물질이 있음을 알 수 있다. 이렇게 빛을 내지는 않지만 질량을 가진 물질을 '암흑물질'이라 부른다. 그 후 나선은하의 역학적 안정성 연구를 통해 은하 바깥쪽 암흑물질의 존재가 얇은 원반은하의 안정성을 유지하는 데 필요하다는 사실도 알려졌다.

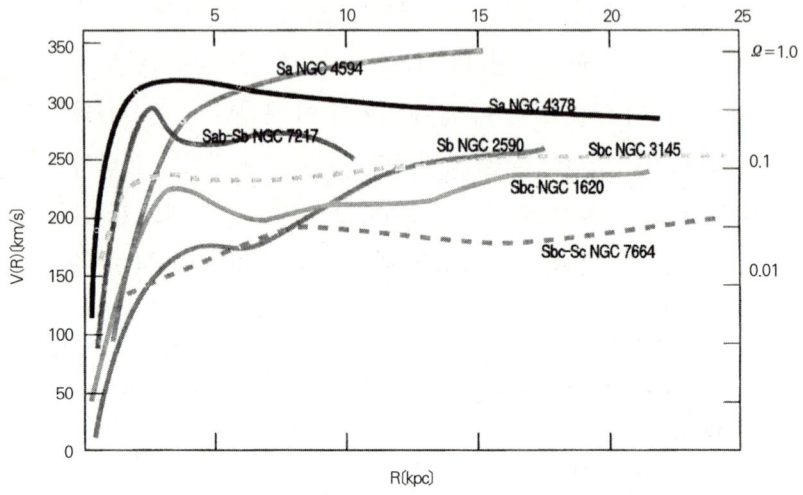

그림1 나선은하들의 회전속도곡선. 별이 거의 없는 바깥쪽에도 회전속도가 줄어들지 않기 때문에 암흑물질이 존재한다고 생각한다.

암흑물질의 분포

암흑물질은 '빛을 내지 않는 물질'이라는 특징 이외에 그 정체에 대해서는 거의 알려진 바가 없다. 물질의 성질을 알기 위해서는 그 물질로부터 나오는 빛을 분석하는 것이 가장 보편적인 방법인데 암흑물질에는 이 방법을 사용할 수 없다. 암흑물질의 본질을 직접 밝히기 어려우므로 어떤 영역에서 암흑물질이 요구되는가를 좀더 구체적으로 알아볼 필요가 있다.

우리 은하 내의 암흑물질

앞서 말한 바와 같이 나선은하의 질량분포는 은하 중심으로부터의 거리에 따른 회전속도를 측정하여 구할 수 있다. 그림 1에는 우리 은하와 같은 나선은하들의 회전속도곡선을 보여준다. 반면 별이나 가스의 분포는 광도분포로부터 구할 수 있는데, 회전속도곡선으로부터 구한 질량분포에 비해 훨씬 안쪽에 집중되어 있다. 따라서 은하 바깥 부분에는 상대적으로 많은 양의 암흑물질이 있음을 알 수 있다.

우리 은하를 비롯해 대부분 은하의 전체 질량은 잘 알려져 있지 않다. 만약 더 이상 질량이 존재하지 않는다면 회전속도가 거리의 제곱근에 반비례해서 떨어져야 하는데 관측된 회전속도는 거의 일정한 값을 유지하고 있으며, 이는 반지름 R 이내의 누적 질량이 R에 비례해서 계속 증가하고 있음을 의미한다.

은하단이나 은하군의 암흑질량

암흑질량의 존재가 처음 암시된 것은 머리털자리 은하단이라는 사실은 이미 말한 바 있다. 츠비키의 첫 분석은 아주 적은 수의 은하를 이용한 대략의 것이었으나, 수많은 관측자료가 누적된 지금에 와서도 그 결과는 크게 변하지 않고 있다. 은하단에는 수백~수만 개의 은하가 몰려 있으며, 그 크기는 수백만 광년에 이른다. 보통 암흑물질의 양을 나타내는 척도로 '질량 대 광도비'라는 양을 사용한다.

이는 역학적으로 추정된 질량을 측정된 광도로 나눈 값으로서 그 값이 클수록 빛을 내는 물질에 비해 암흑물질이 많음을 의미한다. 은하단의 질량 대 광도비는 은하의 값에 비해 최소한 5배 이상 큰 것으로 추정된다. 은하단보다 적은 수의 은하를 포함하고 있는 은하군에도 개개 은하보다는 상대적으로 많은 암흑질량이 있는 것으로 알려져 있다.

우주론적 암흑물질

허블은 1929년 대부분의 은하가 우리로부터 거리에 비례하는 속도로 점점 멀어진다는 '허블법칙'을 발견하였다. 이는 우주 전체가 팽창함을 의미하고, 일반 상대론에 의거해 이를 설명하는 이론을 '대폭발 우주론'이라 부른다. 대폭발 우주론에 의하면 우주는 약 1백억 년 전에 한 점이 폭발해서 오늘에 이른 것이라 한다. 대폭발 우주론에서 우주 진화의 양상은 우주의 평균 밀도에 의해 결정된다. 만약 우주의 평균 밀도가 임계 밀도(약 $10^{-29} g/cm^{-3}$)보다 크면 우주는 팽창을 멈추고 다시 수축해 한 점으로 되돌아가는 '닫힌 우주'가 되며 이보다 작으면 영원히 팽창하는 '열린 우주'가 된다.

우주론에서는 보통 현재의 평균 밀도를 임계 밀도로 나눈 값을 $\Omega 0$이라 하며, 이 값이 1(편평한 우주)을 기준으로 더 크면 닫힌 우주, 작으면 열린 우주가 된다. 현대 천문학의 중요한 관심사 중 하나는 현재 우주의 밀도를 정확히 아는 일이다. 그러나 우주의 평균 밀도를 측정하기 위해서는 아주 큰 체적에 있는 질량을 빠짐없이 구해야 하는데 관측의 어려움 때문에 아직 정확한 값을 알 수 없으나 대략 임계 밀도의 0.2배에서 2배 사이에 놓여 있는 것으로 추정된다. 더구나 1980년대부터 제기되기 시작한 '인플레이션 이론'에 의하면 우주의 밀도는 정확히 임계 밀도와 같아야 한다.

오늘날 대부분의 천문학자들은 우주의 밀도가 임계 밀도와 아주 비슷하다고 생각하고 있다. 다만 최근 초신성을 이용한 먼 은하까지의 거리 측정을 통해 구한 우주의 기하학적 성질에 의하면 '우주론적 상수' 역시 중요할 것으로 추정된다. 우주론적 상수는 마치 우주의 물질과 같은 역할을 하지만 중력과 같이 끌어당기는 힘 대신 밀치는 힘 역할을 한다. 어쨌든 우주론적 상수가 있다면 우주의 평균 밀도는 임계 밀도보다 그만큼 작아진다.

우주의 평균 밀도와 관련된 또 하나의 중요한 사실은 헬륨이나 중수소의 함량비이다. 우주가 처음 만들어지고 약 1/1만 초 정도 지나면 양성자와 중성자가 만들어진다. 그후 온도와 밀도가 계속 내려가 약 1초에서 3분 사이에 핵융합 반응이 활발히 일어나 중수소, 헬륨, 리튬, 베릴륨 등 가벼운 원소가 합성된다. 별이나 성간 기체에서 헬륨이 차지하는 질량은 약 25% 정도이다. 헬륨은 별 내부에서도 만들어지지만 다시 더 무거운 원소로 바뀌기 때문에 현재 관측되는 양은 대부분 우주 초기에 만들어진 것이다.

만약 우주를 이루는 물질이 모두 배리온이었다면 너무 많은 양의 헬륨이 만들어진다. 따라서 배리온은 현재 임계 밀도의 2%를 넘을 수 없고, 나머지 물질은 배리온이 아닌 다른 형태의 물질이어야 한다. 이런 물질을 '우주론적 암흑물질'이라 부른다. 우주론적 암흑물질은 질량 대 광도비로 따져본다면 은하단의 경우보다 더 비중이 크다. 이 사실은 암흑물질이 우주에 아주 광범위하게 퍼져 있음을 의미한다.

이상 살펴본 바와 같이 암흑물질 존재의 증거는 은하와 같이 비교적 작은 규모의 천체에서 은하단 정도의 중간 규모, 그리고 우주 전체와 같은 대규모에 이르기까지 광범위하게 나타나고 있다. 보통

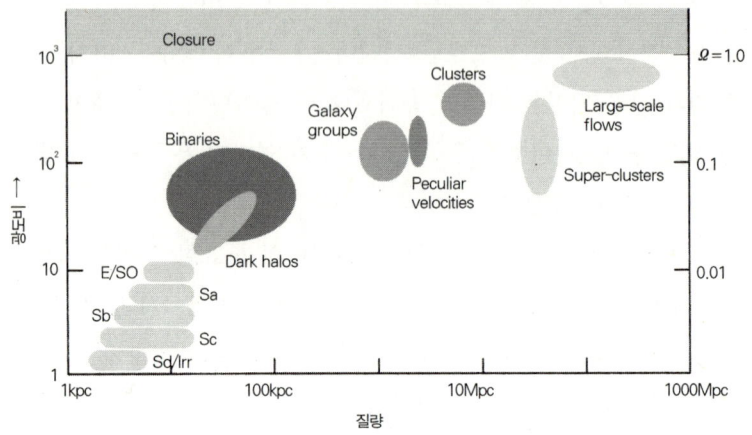

그림2 규모에 따른 질량 대 광도비의 변화. 규모가 클수록 많은 암흑물질이 요구됨을 알 수 있다.

암흑물질의 중요성을 나타내기 위해 질량을 광도로 나눈 질량 대 광도비라는 양을 사용한다. 그림 2에는 규모에 따른 질량 대 광도비의 변화를 보여준다. 규모가 커질수록 더 많은 암흑물질이 필요함을 알 수 있다. 이제 암흑물질로 어떤 것이 거론되고 있는지 그 후보에 대해 알아보자.

암흑물질의 종류와 후보

그러면 과연 우주에는 한 종류의 암흑물질이 여러 규모에 다양하게 나타나는 것일까 아니면 각 규모마다 다른 암흑물질이 존재하는 것일까? 우리는 우주론적 암흑물질은 배리온이 아니어야 한다는 점을 지적한 바 있다. 물론 배리온은 상당량이 우주 초기 핵융합 반응이 일어나기 전에 원시 블랙홀로 바뀌었다면 헬륨 합성에 영향을 미치지 않기 때문에 원시 블랙홀은 배리온이 아닌 물질로 취급할 수 있다. 이제 암흑물질의 후보를 하나하나 살펴보고 이들이 어떤 규모의 암흑물질과 관계 있는지 알아보자.

블랙홀

블랙홀은 무엇이든지 삼키기만 하고 방출하지는 않는 천체로 잘 알려져 있다. 따라서 블랙홀은 암흑물질로서 충분한 후보가 될 수 있다. 그러나 블랙홀은 주변의 물질을 끌어들일 때 이들이 뜨거워져 블랙홀의 바깥쪽에서 많은 빛이 나올 수 있다. 실제로 블랙홀은 가장 효율적으로 빛을 내는 천체로 알려져 있다. 다만 블랙홀 주변에 물질이 거의 없다면 블랙홀은 정의 그대로 완전히 검은 물체가 될 수 있다.

블랙홀에는 질량에 따라 크게 세 가지 정도가 있다. 우선 질량이 비교적 적을 것으로 예상되는 원시 블랙홀이 있다. 이들은 우주의 나이가 아주 작고 밀도가 높던 시절에 만들어질 수 있지만 그 존재 근거가 희박하고 구체적으로 이런 블랙홀을 만들 수 있는지조차 불확실하다. 그러나 만약 이런 종류의 블랙홀이 우주 초기에 아주 많이 만들어졌다면 현재로서는 암흑물질의 역할을 할 수 있을 것이다.

두 번째 종류의 블랙홀로는 별 진화를 통해 만들어지는 것이 있는데, 그 질량은 대략 태양 질량의 10배 정도이다. 이런 블랙홀은 실제 쌍성계에서 그 존재가 검증되고 있다. 원시 블랙홀과 달리 별 진화를 통해 만들어진 블랙홀은 배리온이었던 물질이 수축한 것이기 때문에 우주론적 암흑물질의 후보가 될 수는 없고 은하 정도의 규모에 존재하는 암흑물질로는 가능하다. 그러나 만약 우리 은하나 다른 은하의 헤일로를 이루는 암흑물질의 대부분이 별의 진화에 의해 만들어진 블랙홀이라면 과거에는 별 탄생 활동이 아주 활발했어야 한다. 이는 다른 방법을 통해 추정한 은하의 진화와는 잘 맞지 않는다. 그렇지만 헤일로 암흑물질의 일부분이 될 수 있는 가능성을 완전히 배제하기는 어렵다.

마지막으로 거대 질량 블랙홀을 들 수 있다. 이들은 대개 은하 중심부에서 관측되며 질량은 태양 질량의 1백만 배 이상이다. 은하 중심의 블랙홀은 특히 가스를 활발히 끌어들이면서 막대한 에너지를 내기 때문에 암흑물질로 간주하기 어려울 뿐 아니라 암흑물질이 요구되는 은하 헤일로에 많은 양으로 존재하는지에 대해서는 거의 알려진 바가 없다.

은하 중심부의 경우에는 별이나 가스의 밀도가 아주 높기 때문에 블랙홀이 형성될 가능성이 있지만, 헤일로에서는 형성 자체가 쉽지 않다. 그러나 우주의 나이가 약 30만 년 정도 되었을 시기에 (이때부터 천체의 형성이 가능하다) 자체 중력에 의해 수축이 일어날 수 있는 가스의 질량이 대략 수십만 배 태양 질량이라는 점에서 이 정도 질량의 블랙홀이 이 시기에 만들어질 수 있다는 추정도 가능하다. 이런 블랙홀이 은하 헤일로에 많이 존재한다면 아마도 은하면 통과시 가스를 끌어들이면서 빛을 내는 현상을 찾는 것이 검출의 한 방법이 될 수 있을 것이다.

질량이 작은 별: 갈색 왜성

별은 가스가 뭉쳐 만들어진 것이다. 가스덩어리의 중심 온도는 질량이 클수록 크다. 충분한 밀도와 온도가 갖추어지면 별의 중심에서는 핵융합 반응이 일어나 에너지를 공급해준다. 태양을 비롯해 밤하늘에 반짝이는 모든 별은 이런 방법으로 에너지를 내면서 안정된 상태에 놓여 있다. 그러나 만약 별의 질량이 태양 질량의 0.08배 이하이면 중심 온도와 밀도가 충분하지 못해 핵융합 반응이 일어나지 않는다. 이렇게 빛을 내지 못하는 별을 갈색 왜성이라 부른다. 우리 은하나 우주에 아주 많은 갈색 왜성이 있을 경우 직접 관측이 불가능해 암흑물질로서의 충분한 자격을 가지고 있다. 다만 갈색 왜성의 질량은 대부분 배리온에 의한 것이므로 우주론적 암흑물질로서는 부적합하다고 하겠다. 우리 은하 헤일로에 있는 갈색 왜성은 미세 중력렌즈 효과를 통해 검증할 수 있다.

우주론적 상수

인플레이션 이론에서 요구하는 것은 우주의 밀도가 편평한 우주를 만들 정도가 되어야 한다는 것이다. 우리는 이미 인플레이션이 우주론적 상수에 의해 야기된다는 점을 지적한 바 있다. 인플레이션이 끝난 후에는 우주론적 상수를 0으로 가정하고 있으나 최근 초신성 관측을 통한 우주의 기하학적 성질에 대한 연구를 통해 우주론적 상수가 있어야 한다는 결과가 발표되었다(그림 3). 우주론적 상수는 물질은 아니지만 우주의 밀도에 기여한다. 따라서 초신성 관측 결과를 믿는다면 실제 요구되는 암흑물질의 양은 30% 정도 줄어들게 된다. 우

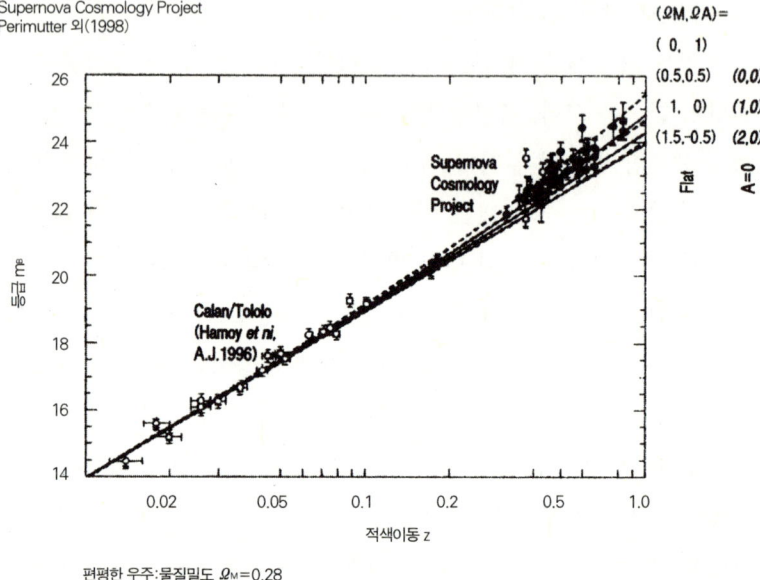

Supernova Cosmology Project
Perimutter 외(1998)

편평한 우주 : 물질밀도 $\Omega_M = 0.28$

그림3 초신성 관측으로부터 우주의 기하학적 특성을 볼 수 있는 그림. 허블 그림이라 부르며 초신성의 밝기를 적색 이동의 함수로 표시하였다. 우주론적 상수가 있는 경우에 관측된 데이터가 잘 설명된다.

주론적 상수의 존재가 검증되려면 더 많은 관측이 이루어져야겠지만, 암흑물질의 양을 결정한다는 점에서 중요한 성분이다.

소립자

광범위한 영역에서의 암흑물질 후보로서 많이 거론되고 있는 것이 소립자이다. 예를 들어 중성미자(neutrino)는 보통 물질과 거의 반응하지 않는다. 태양에서는 핵융합 반응을 통해 많은 양의 중성미자가 방출되고 이들 중 일부가 지구에 도달하는데 대부분은 지구 물질과 상호작용을 하지 않고 그대로 통과한다. 이렇게 배리온과 반응이 거의 없는 소립자는 암흑물질로서 가능성을 가지고 있다. 또 이들은 배리온이 아니기 때문에 우주론적 암흑물질의 후보이다.

소립자 암흑물질은 우주론적으로 아주 중요한 역할을 하고 있다. 이미 배리온만으로는 현재 우주의 질량을 설명할 수 없음을 지적했다. 암흑물질은 현재 관측되는 질량을 메워주는 역할 이외에도 은하나 은하단의 형성에도 반드시 필요하다. 은하나 은하단과 같은 우주의 '구조물' 형성은 중력에 의해 만들어졌다. 우주 배경 복사를 통해 볼 수 있는 과거의 우주는 거의 균질하지만 아주 미세한 요동을 보여주고 있다. 우리가 관측하는 배경 복사는 우주의 나이가 약 30만 년(현재 나이는 약 1백억 년)이던 시절의 상황을 보여준다. 코비(COBE) 인공위성이 관측한 바에 의하면 배경 복사의 불균질성은 약 10^{-5} 정도이다. 이는 밀도가 높은 지역은 평균 밀도에 비해 이 정도로 미세하게 밀도가 높았음을 의미한다. 밀도가 높은 지역은 중력에 의해 서서히 수축해서 은하나 은하단을 만들게 된다.

만약 우주가 모두 배리온만으로 이루어져 있다면 이 정도 적은 규모의 요동이 자라나 은하나 은하단을 만들기 위해서는 아주 많은 시간이 소요된다. 허블 우주 망원경이나 지상의 대형 망원경을 통해 관측한 바에 의하면 원시 은하는 우주의 나이가 10억 년 정도 되는 때부터 벌써 만들어지기 시작했고 더 많은 시간이 걸리는 은하단 형성 역시 아주 오래 전에 끝난 현상이란 것이 최근 관측 결과에 의해 얻은 결론이다. 만약 우주에 배리온보다 많은 양의 암흑물질이 있다면 은하나 은하단 형성에 많은 도움이 된다. 중력 효과는 물질의 양이 클수록 더 중요하기 때문이다.

소립자 암흑물질은 은하 하나하나의 형성에도 직접적인 영향을 미치지만 우주의 거대 구조 형성에도 결정적인 역할을 한다. 인플레이션 이론에 의하면 우주 구조를 결정하는 초기 밀도 요동은 우주가 아주 어렸을 때 가지고 있던 양자 요동이 인플레이션 기간 동안 자라난 것이다. 이때 우주의 대부분을 차지하고 있는 암흑물질이 어떤 종류의 소립자인가에 따라 우주 밀도 요동의 양상이 달라진다. 소립자가 우주의 열역학적 성질로부터 분리되는 때 입자의 운동속도가 빛의 속도에 가까운 상대론적 운동을 하면 '뜨거운 암흑물질'이라 불리고 반대로 빛의 속도보다 훨씬 느린 운동을 하는 입자는 '차가운 암흑물질'이라 불린다. 뜨거운 암흑물질은 초은하단 이상의 거대 구조를 만드는 데 유리한 반면, 차가운 암흑물질은 이보다 훨씬 작은 규모의 구조를 만드는 데 유리하다. 뜨거운 암흑물질의 후보로는 이미 소립자 물리학에서 잘 알려져 있는 중성미자를 들 수 있다. 반면 차가운 암흑물질의 후보는 대부분 가상의 입자이다. 소립자 물리학에서는 이론의 전개에 필요한 여러 종류의 입자가 있으며 중성미자 역시 과거에는 그런 종류의 입자였다. 차가운 암흑물질의 후보인 입자로는 수없이 많은 가상의 입자가 있지만 아직 그 존재가 실험적으로 알려진 것은 거의 없는 형편이다. 과연 현재의 우주를 구성하는 암흑물질은 어떤 입자일까?

이 질문에 대한 답은 간단하지 않다. 원리적으로는 입자를 직접 검출하거나 우주 구조를 연구함으로써 암흑물질의 정체를 알아낼 수 있다. 그러나 중성미자를 제외한 다른 암흑물질 후보 소립자는 실험실에서조차 그 존재 여부가 알려져 있지 않기 때문에 직접 검출한다는 것이 쉬운 일이 아님을 알 수 있다. 우주 거대 구조의 연구를 통한 암흑물질의 추론은 거대 구조 형성과정을 이해해야 하고 아주 멀리 있는 은하들의 분포를 정확히 구해야 한다는 어려움이 있다. 그러나 천문학자와 물리학자들은 이 2가지 방법을 모두 시도하고 있다. 이제 암흑물질 규명을 위한 노력과 그 전망에 대해 알아보자.

암흑물질 규명을 위한 노력

암흑물질은 천체 규모에 따라 다양하게 나타나고 있음을 우리는 보았다. 따라서 암흑물질 정체 규명을 위해서는 우리 은하 규모에서부터 우주론적 규모까지 다양한 실험적·이론적 접근이 있어야 한다. 암흑물질을 찾기 위한 실험은 1990년대 초반부터 활발히 이루어지고 있으며 21세기 들어와서도 우주 기원에 대한 규명과 함께 천문학에서 가장 중요한 화두가 될 것이다. 이제 현재 행해지고 있는 실험과 이들의 성과, 그리고 장래계획 등을 살펴본다.

우리 은하의 헤일로: 빛을 내지 않는 별들

우리 은하의 헤일로에는 빛을 내는 별이 거의 없지만 막대한 양의 질량이 있음이 은하회전곡선으로부터 알려져 있다. 더구나 은하면의 안정성을 유지하기 위해 아주 천천히 회전하는 무거운 헤일로가 있어야 한다는 역학적 당위성도 제기되었다.

은하 헤일로에 있는 암흑물질이 우주론적 암흑물질과 달라야 한다는 이유는 없지만 배리온으로 이루어진 물질의 총량을 알아내는 것이 다른 종류의 암흑물질을 이해하는 데 반드시 필요한 과정이다. 대부분의 별은 빛을 내기 때문에 얼마나 많은 별이 우리 은하에 있는 가를 추정하는 것은 세밀한 관측으로부터 충분히 가능하다. 별이 아닌 가스 상태로 있는 물질의 경우에는 수소 방출선 등의 관측을 통해 그 존재와 양을 알 수 있다. 헤일로에는 적어도 이런 별이나 가스는 거의 없는 것으로 추정된다.

그러나 아주 질량이 작은 별이나 갈색 왜성 등은 질량에 비해 너무 미약한 양의 빛을 내기 때문에 직접적인 관측은 거의 불가능하다. 1990년 초부터 천문학자들은 이런 별을 관측적으로 찾아내기 위한 새로운 방법을 고안하였다. 아인슈타인의 일반 상대론에 의하면 중력은 빛을 휘게 만든다. 이는 마치 렌즈를 통과할 때 빛이 굴절되는 현상과 비슷하기 때문에 '중력렌즈효과'라 부른다. 볼록렌즈가 집광하는 능력을 가진 것과 마찬가지로 경우에 따라 중력렌즈는 빛을 모을 수 있으며, 이를 이용해 보이지 않는 별의 존재를 알 수 있다. 멀리 있는 별로부터 나온 빛이 중력렌즈효과에 의해 집광이 이루어지기 위해서는 렌즈 역할을 하는 별이 배경이 되는 별과 관측자가 만드는 직선상에 거의 일치하도록 놓여 있어야 한다.

밤하늘에 아무리 많은 별이 있다 하더라도 이는 쉽게 일어나는 현상이 아니다. 더구나 배경별의 원래 밝기를 알고 있어야 중력렌즈에 의해 얼마나 많이 증폭이 되는지 알 수 있다. 이 문제는 은하 내의 어떤 천체든지 중력을 이기기 위해 운동하고 있어 배경별과 일직선이 되는 순간에 별빛이 밝아졌다 흐려지는 현상을 관측함으로써 해

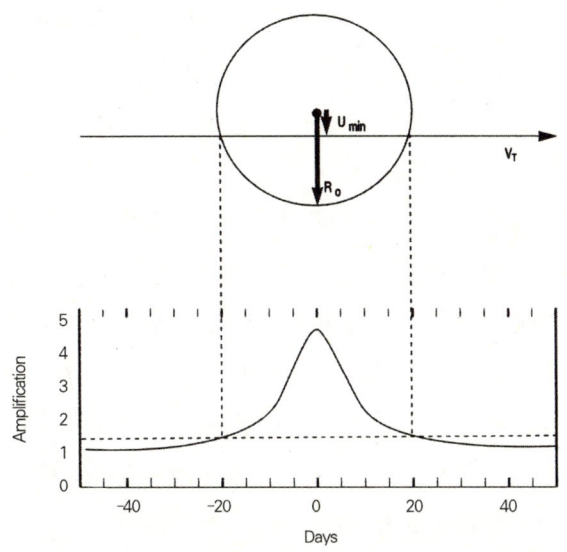

그림4 미세 중력렌즈 효과. 배경에 있는 별빛이 중간에 있는 별 근처를 지나갈 때 휘는 현상 때문에 중간에 있는 별이 렌즈 역할을 해서 배경 별빛이 갑자기 밝아진다. 별들은 항상 운동하고 있기 때문에 천구상에서의 상대 위치가 변하게 되고, 그 과정에서 어둡던 별이 잠시 밝아지는 현상을 관측함으로써 렌즈 역할을 하는 보이지 않는 별을 찾아낼 수 있다.

결할 수 있다(그림 4).

또 중력렌즈의 확률이 작은 것은 아주 많은 별을 동시에 관측한다면 극복할 수 있는 문제이다. 다행히 우리 은하로부터 약 75만 광년 떨어진 곳에 마젤란 성운이라 불리는 왜소 은하가 있어 배경 광원의 역할을 훌륭히 해주고 있다. 이 은하는 너무 멀리 있지 않기 때문에 고성능 망원경으로 개개의 별을 분해할 수 있다. 미국과 호주의 천문학자들은 1991년 호주 캔버라 근교에 있는 지름 1m 망원경에 대형 CCD 카메라를 부착하여 매일밤 마젤란 성운을 촬영하고 어느 별이든지 밝아졌다 어두워지는 현상을 추적하기 시작했다. 그 결과 1993년 첫 번째 중력렌즈에 의한 별빛증폭현상이 관측되었고, 그 후에도 프랑스, 폴란드 등 여러 국가의 연구팀이 이와 비슷한 현상을 잇따라 보고하기 시작했다.

이런 중력렌즈효과를 이용한 연구로부터 우리 은하 헤일로에 있는 암흑물질 중 질량이 작은 별에 의한 공헌도를 찾아내기 위한 연구는 아직도 진행중이며, 보다 정확한 정량적 결과를 얻기 위해서는 더 많은 관측자료가 필요할 것으로 보인다. 그러나 지금까지 연구결과를 보면 헤일로의 암흑질량 중 절반 이상은 이런 형태의 것이 아니라는 결론에 이미 도달하였다. 따라서 나머지 암흑질량은 다른 방법으로 찾아낼 수밖에 없는 실정이다.

중성미자

암흑물질이 중력 이외의 힘과는 거의 상호작용을 하지 않는 소립자라고 하면 직접 검출하는 것은 아주 어렵다. 뜨거운 암흑물질의 후보로 오랫동안 거론되고 있는 것은 중성미자이다. 중성미자는 빛과 마찬가지로 대폭발 후 물질과 열역학적 평형 상태에 있다가 분리되기 때문에 우주 전역에 퍼져 있다. 만약 중성미자가 우주론적 암흑물질이 되려면 질량이 있어야 한다. 따라서 중성미자 검출 실험실에서는 중성미자의 질량을 측정하고자 노력을 기울이고 있다. 아직 확실한 측정치가 나와 있지는 않지만 1999년 일본 가미오칸데 중성미자 실험실에서 질량의 증거를 찾았다는 발표가 있어 학자들 사이에 논란이 되고 있다. 중성미자 검출기의 감도가 높아짐에 따라 더 확실한 증거를 찾을 수 있을 것이다.

중성미자는 통계물리에서 페르미온이라 불리는 계열에 속해 있어 파울리의 배타 원리의 지배를 받는다. 따라서 일정한 영역에 모아놓을 수 있는 중성미자의 개수는 제한되어 있다. 은하의 암흑물질을 중성미자라고 가정하면 그 질량에 대한 하한선을 구할 수 있다. 그 하한 질량은 대마젤란 성운으로부터 초신성 폭발시 검출된 중성미자를 분석해 얻은 질량 상한선보다 훨씬 크다. 따라서 은하 헤일로에 존재하는 암흑물질로서 중성미자는 적합하지 않다.

차가운 암흑물질

이제 차가운 암흑물질의 경우를 생각해보자. 실험적으로 검출된 입자 중에서 차가운 암흑물질의 직접적 후보가 되는 것은 아직 하나도 없다. 다만 차가운 암흑물질의 대략적인 특성은 물질과 거의 상호작용을 하지 않고 질량이 큰 입자여야 한다는 제약조건만이 알려져 있을 뿐이다. 이런 입자를 WIMP(Weakly Interacting Massive Particles)라고 부른다.

WIMP는 질량이 크기 때문에 태양이나 지구의 중심부에 특히 많이 몰리게 되며, 태양과 같은 항성 내부 구조에 미세한 영향을 미친다. 예를 들어 태양 중심 온도를 약간 낮추는 효과를 가지고 있으며 이는 태양으로부터 나오는 중성미자의 양에도 영향을 미친다. 태양의 중성미자는 지구에서 비교적 잘 측정이 된 현상으로 검출되는 양이 이론적으로 예측되는 양에 비해 훨씬 적기 때문에 아직도 완전히 풀리지 않은 수수께끼로 남아 있다. 최근 들어 중성미자 진동으로 이런 문제가 어느 정도 해결됐으나 WIMP에 의한 효과로 해석된 시기가 한때 있었다.

WIMP가 높은 밀도의 태양 중심부에 몰려 있으면 배리온과 상호작용을 통해 높은 에너지의 중성미자를 만들어낸다. 따라서 태양으로부터 이런 종류의 중성미자(즉 핵융합에서 나오는 것보다 훨씬 큰 에너지의 중성미자)를 검출해낸다면 WIMP 존재에 대한 간접적인 증명이 될 수 있다. 또 WIMP는 보통 물질과 거의 상호작용을 하지 않지만 낮은 온도에 놓여 있는 결정체를 지날 때 운동량을 전달해줌으로써 격자를 떨리게 하는 역할을 할 수 있다. 이런 사실을 이용한 검출실험이 독일, 미국 그리고 서울대 김선기 교수의 연구실에서 행해지고 있다. 이런 실험은 아주 미세한 효과를 보는 것이기 때문에 아직도 충분한 감도를 가지고 있지 못한 실정이다.

차가운 암흑물질의 후보로서 거론되는 또 하나의 입자로는 액시온이 있다. 액시온은 WIMP에 비해 질량은 아주 작지만 우주론적으로 밀도 요동을 만들어내는 데는 WIMP와 구별되지 않는다. 이 입자 역시 물질과 거의 상호작용을 하지는 않지만 전자기장과의 상호작용을 통해 빛을 낼 수 있다. 아직 측정된 바는 없지만 실험적인 검증이 이루어질 수 있을 것이다.

앞으로의 전망

암흑물질 정체의 규명이 21세기 천문학에서 가장 중요한 문제 중 하나라는 데 이의를 다는 사람은 없을 것이다. 다만 지금까지 알아본 바와 같이 암흑물질을 직접 찾아내는 것은 아주 어려운 일이다. 암흑물질을 둘러싼 여러 가지 수수께끼를 밝히는 과정은 지루하고 느린 과정이 될 것임에 틀림없다. 암흑물질의 후보가 되는 입자의 구체적인 성질이 알려져 있지 않아 실험적으로 측정하기 어려울 뿐 아니라 이들 입자는 보통 물질과 아주 약하게 상호작용을 하기 때문이다. 앞서 언급한 여러 실험적 시도가 암흑물질 후보에 대한 좀더 구체적인 제약조건을 가져다줄 것이며 궁극적으로 언젠가 그 정체를 드러내게 될 것이다.

이론적인 측면에서 대폭발 이론의 틀 속에서도 초기 우주의 진화, 밀도 요동의 기원 등에 대해 다양한 이론이 존재하고 있다. 인플레이션 역시 표준 대폭발 우주론이 가진 심각한 문제인 편평성의 문제와 지평선의 문제를 해결하기 위해 도입된 획기적 발상이기는 하지만 우주 전체의 진화과정에서 아주 짧은 시간 동안 일어났기 때문에 문제점만 보완해주고 전체적인 윤곽은 그대로 유지하는 이론이라고 말할 수 있다.

그러나 한편으로는 이 짧은 시간 동안의 사건이 우주 전체의 진화를 결정한다는 점에서는 코페르니쿠스적 전환에 해당할 만한 이론이라고 볼 수도 있을 것이다. 또 인플레이션은 소립자 물리학이 우주론에 개입할 수 있는 여지를 처음으로 제공해주었고 잇따라 수없이 많은 새로운 종류의 인플레이션이나 기타 다른 초기 우주진화이론의 기폭제가 되었다. 지금은 여러 종류의 이론이 예측하는 바를 관측으로 검증하려는 시도가 광범위하게 이루어지고 있다. 21세기 천문학의 화두는 우주와 생명의 기원을 밝히려는 '우리는 어디에서 왔는가'

라는 질문이다. 이 질문의 중심에는 암흑물질이 자리잡고 있는 것이다. 왜냐하면 암흑물질이 은하 형성의 열쇠를 가지고 있고 결국 별이나 행성, 그리고 행성에서 생명의 탄생을 규명하는 데에는 은하 형성이라는 첫 번째 고리를 푸는 것이 필요하기 때문이다.

천체와 생명의 기원을 찾아서

구본철
서울대학교 지구환경과학부

20세기를 마치며 국내 유일의 천문 월간지인 《별과 우주》에서 천문학자들을 대상으로 '20세기의 천문 우주 베스트 10'을 선정한 적이 있다. 아인슈타인의 상대성 이론 발표, '허블의 법칙' 발견, 펜지아스와 윌슨의 우주 배경 복사 발견, 아폴로 11호의 달착륙 등이 선정되었으며, 그 중에서 1929년 에드윈 허블이 발견한 '허블의 법칙'이 가장 많은 '표'를 얻었다. 'v=Hr'로 표현되는 허블의 법칙은, 우주가 팽창하며 우주의 나이가 유한함을 보여준 대발견이었다. 이를 기점으로, 고대 그리스로부터 형성된 영원불변한 우주관으로부터, 우주가 빅뱅이라 불리는 대폭발에 의해 생성되어 엄청난 속도로 팽창하고 있는 우주관으로의 새로운 패러다임이 형성된 것이다.

팽창하고 있는 우주는 과거와 현재, 그리고 미래의 모습이 다르다. 과거의 우주는 현재보다 작고 뜨거웠으며, 약 120억 년 전에는 밀도와 온도가 무한히 높은 한 점에 우주가 모여 있었어야 하는 믿기 어려운 결론에 도달한다. 한편 우주의 종말은 블랙홀을 포함한 모든 천체를 이루고 있는 물질이 붕괴하여 광자와 중성미자, 전자, 양성자와 같은 기본입자만으로 이루어진 싸늘하고 황량한 죽음의 우주일 수도, 혹은 반대로 초기의 우주와 같이 밀도와 온도가 무한히 높은 아마겟돈일 수도 있다. 수많은 별들과 은하가 밤하늘을 수놓고, 우리와 같은 지적 생명이 있는 이 아름다운 우주는 팽창하는 우주의 한정된 기간 동안만 존재할 수 있는 것이다. 그렇다면 이들은 언제 어떻게 생겨났을까? 그리고 어떻게 현재와 같은 모습을 갖게 되었을까? 지구는 우주의 유일한 생명의 보금자리인가? 우리가 우주의 유일한 지적 생명체인가? 21세기 천문학의 화두는 천체와 생명의 '기원'이 될 것이다.

별과 은하가 없는 초기 우주의 모습

120억 년 전—대폭발 후 대략 30만 년이 되었을 때—의 우주는 마치 짙은 안개 속과 같다. 아무런 구조도 없으며, 위치와 방향을 구별할 수 없다. 사방은 밝게 빛나며 온도는 3천℃에 이른다. 이러한 초기 우주의 모습은 1965년 미국의 벨연구소에서 일하던 아노 펜지아스와 로버트 윌슨이 우연히, 그러나 끈질긴 집념이 있었기에 발견한 우주 배경 복사에 나타난다. 우주의 모든 방향에서 관측되는 우주 배경 복사의 특성은 1989년 발사된 코비위성에 의해 자세히 연구되었다. 그 결과에 의하면 우주 배경 복사는 열적 평형에 있는 흑체가 방

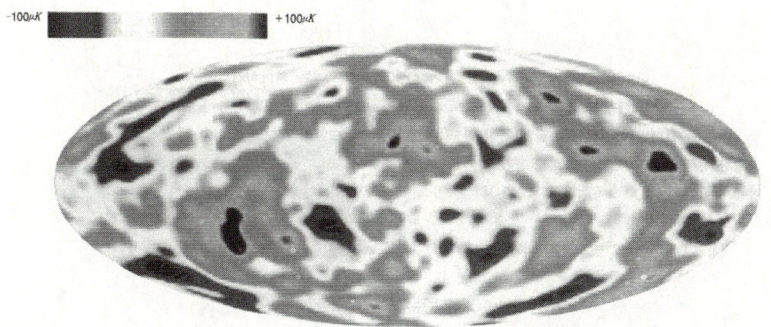

그림1 우주 배경 복사에 나타난 120억 년 전의 우주의 모습. 그림에서 색깔은 평균 온도인 2.73K에 비하여 높고(붉은색) 낮음(푸른색)을 나타내며, 그 크기는 그림의 왼쪽 위에 표시되어 있다. 온도의 높고 낮음은 바로 물질의 밀도가 낮고 높음을 나타낸다.(출처:Bennett 등, *The Astrophysical Journal*)

출하는 복사와 완벽하게 일치하며, 그 온도는 절대온도 2.73℃로 전 하늘에 걸쳐 거의 동일하다. 이러한 특성은 초기의 뜨겁고, 불투명한 우주로부터 방출된 빛이, 우주가 팽창하면서 파장이 늘어나, 현재의 우리에게는 긴 파장의 전파로 도달할 것이라는 대폭발 우주론의 예측과 일치하는 것이다. 그리고 아인슈타인의 일반상대성 이론에 의하면, 중력이 강한 곳에서는 빛의 파장이 길어지기 때문에, 우주 배경 복사의 온도는 물질의 밀도가 높은 곳에서는 온도가 낮게 나타난다. 즉 우주 배경 복사는 120억 년 전 우주의 물질분포를 보여주고 있는 것이다.

우주 배경 복사는 거의 완벽하게 균일하다. 그러나 완벽하지는 않다. 아니 완벽할 수 없다. 왜냐하면 현재의 우주에 있는 별과 은하, 그리고 은하들의 집단인 은하단과 같은 천체가 생겨나기 위해서는,

그림2 'Hubble Deep Field'라고 알려진 이 사진은, 천문학자들이 현재 관측할 수 있는 가장 먼 우주의
모습을 공동으로 연구하기 위해 1995년 12월 18일부터 열흘간 허블 우주 망원경으로 관측하여 얻
은 것이다. 사진의 크기는 보름달의 1/900에 해당하며, 위치는 북두칠성 근처이다. 사진에 보이는
희미한 은하들은 생성된 지 수십억 년이 채 안 된, 갓 생성된 은하들이다. (출처:NASA/STScI)

극히 미세하나마 밀도가 높은 곳이 초기의 우주에 있어야만 그들이
점차 자라나 현재의 우주를 만들 수 있기 때문이다. 구체적으로 얼마
만한 크기의 밀도 요동, 즉 밀도의 높고 낮음이 있어야 하는가는 암
흑물질이 무엇이냐를 포함하여 여러 가지 요인에 따라 다르다. '암흑
물질'이란 빛을 내지는 않지만 중력이 작용하는 미지의 물질로서 우
주 전체 질량의 90% 이상을 차지하고 있는 것으로 알려져 있다('암
흑물질'에 관해서는 이 책에 실린 이형목 교수의 글을 참고하기 바람).
코비위성은 $\Delta T/T \sim 1 \times 10^{-5}$의 크기를 갖는 미세한 온도의 요동을
검출하였다. 이는 암흑물질이 빛과 거의 상호작용을 하지 않는 무거

운 입자들로 이루어졌다는 '차가운 암흑물질(Cold Dark Matter)' 모형을 포함하여 무거운 입자와 가벼운 입자가 섞여 있다는 '혼합 암흑물질(Mixed Dark Matter)' 모형 등 여러 모형에서 예측하는 값과 일치하는 결과이다. 이들 모형 가운데 어느 것이 옳은가를 판단하기 위해서는 작은 규모의 요동을 관측해야 한다. 그러나 코비위성의 각분해능은 7도—현재 우주의 수십억 광년에 해당하는 크기—로서, 작은 규모의 요동은 관측할 수 없었다. 21세기에는 2000년 가을 발사 예정인 맵(MAP)을 시작으로 플랑크 등의 인공위성 관측을 통하여 밀도 요동의 자세한 특성이 밝혀지고 이를 바탕으로 우주 모형이 정립될 것이다.

밝혀지기 시작한 은하의 생성과 우주의 구조

우주에는 과거와 현재가 공존한다. 멀리 보면 볼수록 우주의 과거를 볼 수 있으며, 우주의 역사를 재구성할 수도 있다. 20세기 들어 지름 2.5m의 윌슨산 망원경(1917), 지름 5m의 팔로마 망원경(1948), 지름 3.6m의 CFHT 망원경(1979) 등 먼 우주에 있는 극히 희미하고 작은 천체의 모습을 보기 위한 대형 광학 망원경들이 건설되었다. 이들 대형 망원경을 이용하여 우리는 희미하게만 보였던 은하들이 수천억 개의 별들로 이루어졌으며, 우주에는 다양한 모습의 은하들이 수없이 많다는 사실을 배울 수 있었다. 또한 은하들이 수백, 수천 개씩 모인 은하단과 '대성곽(Great Wall)'이라 불리는 길이 5억 광년의 거대한 은하들의 띠구조가 발견되기도 하였다. 반면 은하들이 거의 없는, 지름 1억 광년의 거대한 '빈터(Void)'도 발견되었다(참고로 은하들의 크기는 수천 광년에서 수십만 광년이다). 우주의 역사에서 가장 궁금한 '사건' 가운데 하나는 은하들이 언제 생성되었으며, 어떻게 현재와 같은 모습과 분포를 갖게 되었는가 하는 것이다.

우주의 역사를 밝히고자 하는 인류의 집념은 1990년 4월 24일 최초의 우주 망원경인 허블 우주 망원경을 우주 공간에 올렸다. 허블 우주 망원경은 지름이 2.4m에 불과하지만 우주 공간에 있어 멀리 있는 천체의 가장 선명한 상을 얻을 수 있는 망원경이다. 허블 우주 망원경이 밝혀낸 가장 중요한 사실 가운데 하나는 나이가 수십 억 년밖에 안 된 갓 생성된 은하들은 그 모습이 현재의 은하들과 매우 다르다는 것이다. 그들은 대부분 불규칙하고 비대칭적인 모습을 하고 있으며, 둘 혹은 세 개의 은하가 서로 충돌하고 있는 모습도 쉽게 볼 수 있다. 현재의 우주에서 볼 수 있는 안드로메다 은하와 같은 아름답고 거대한 나선 모양의 은하는 찾아볼 수 없다. 이는 현재의 나선은하가 이러한 불규칙한 작은 은하들의 충돌에 의해서 생겨났을 가능성이 높음을 시사하는 결과이다. 우리 은하 역시 작은 은하들의 충돌에 의해 생겼다는 주장도 여러 관측 사실을 바탕으로 꾸준히 제기되고 있다. 최근 연세대학교의 이영욱 교수는 구상 성단으로 알려졌던 오메가 센타우리(ω Centauri)라는 천체가 오래전에 합병된 작은 은하의 핵일 가능성이 높음을 보여주는 흥미로운 연구결과를 발표한 바 있다. 한편 허블 우주 망원경이 발견한 은하 가운데 가장 멀리 있는 은하는 대략 110억 년 전의 모습인 것으로 판명되었다. 이는 은하들이 생성되기 시작한 시점이 우주의 나이가 10억 년이 채 안 되었을 때임

그림3 1995년 11월 20일자 《타임》 겉표지를 장식했던 이 허블 망원경 사진은 '독수리 성운'이라 알려진, 별생성 영역의 모습을 보여주고 있다. 기둥같이 보이는 어두운 구조는 수소 분자로 이루어진 성간운으로, 그 길이는 대략 1/3광년이다. 성간운의 위쪽 경계면에 작은 미꾸라지 모양의 구조들을 볼 수 있는데, 미꾸라지의 머리에 해당하는 부분에 갓 탄생한 별과 행성계가 숨어 있다. 그리고 앞으로 수만 년 안에 그 모습을 우주에 드러낼 것이다. (출처:NASA/STScI)

을 의미한다.

우리가 우주의 거대한 구조와 우주의 과거를 들여다보기 시작한 것은 극히 최근이다. 그리고 현재까지 탐사한 우주는 우리가 볼 수 있는 우주 전체의 극히 일부분에 불과하다. 1990년 이후에 선진 각국은 2대의 지름 10m 망원경으로 이루어진 켁 망원경(미국), 4대의 지름 8.2m 망원경으로 이루어진 VLT(유럽), 지름 8.3m의 수바루 망원경(일본) 등 초대형 망원경들을 경쟁적으로 건설하였다. 그리고 미국은 지름 8m의 적외선 망원경인 '차세대 우주 망원경(NGST)'을 2008

년에 우주 공간에 올릴 예정이다. 21세기에는 이들 대형 망원경들을 통하여 우주의 과거에 한 걸음 다가간 모습을 보게 될 것이다.

나를 흥분시킨 한 장의 '사진'

1999년 11월 15일자 국내 일간지에는 "'태양계 밖 태양계' 첫 확인, 페가수스자리 별 촬영 성공"(조선일보), "또 다른 태양계 첫 망원경 실측"(중앙일보), "태양계 밖에도 행성 존재한다.〔……〕 다른 별 표면 그림자 촬영"(동아일보) 등 다양한 제목과 함께 깜짝 놀랄 '사진'이 실렸다. 태양이 아닌 다른 별의 주위를 돌고 있는 외계 행성이 그 별을 가리며 지나가는 순간을 포착한 매우 인상적이고 기막힌 '사진'이었다. 그러나 그 '사진'은 사진이 아니라 상상도, 즉 그림이었다. 내용인즉슨 미국 버클리대학의 조프리 마시 교수가 이끄는 연구팀이 지구로부터 150광년 떨어져 있는 HD209458이라 불리는 별의 밝기가 1.58% 어두워지는 것을 관측하였으며, 이러한 밝기 변화가 별 가까이에서 3,524일의 주기로 공전하고 있는 거대한 행성이 별의 일부분을 가림으로써 예측되는 변화와 일치한다는 것이었다. 그리고 신문에 실린 그림은 이러한 내용을 근거로 미국의 여성 화가 라이넷 쿡이 그린 상상도였다(필자는 궁금해서 '권위 있는' 《뉴욕 타임스》의 원문을 찾아보았다. 다행스럽게도(?) 11월 15일자 《뉴욕 타임스》에 실린 기사 역시 쿡의 그림을 실제 사진으로 착각하고 있었다).

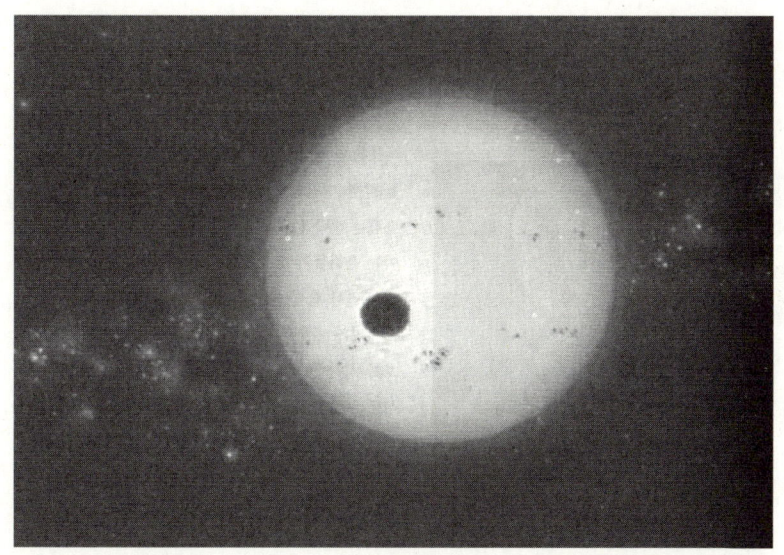

그림4 1999년 11월 15일자 일간지에 '사진'으로 잘못 게재된 이 그림은 미국의 여성 화가인 라이넷 쿡이 그린 것으로 태양으로부터 150광년 떨어진 HD209458이라는 별의 주위를 돌고 있는 외계 행성이 그 별을 가리며 지나가는 순간을 상상으로 그린 것이다. HD209458에서는 별의 밝기가 1.58% 어두워지는 것이 관측되었으며, 이러한 밝기 변화가 별 가까이에서 3,524일의 주기로 공전하고 있는 거대한 행성이 별의 일부분을 가림으로써 예측되는 변화와 일치하는 것으로 알려졌다. (Copyright, 1999, Lynette R. Cook)

현재까지 발견된 외계 행성은 모두 32개

외계 행성은 1995년에 스위스의 천문학자 미셸 메이어와 디디에 로즈가 최초로 발견한 이후 현재까지 모두 32개가 발견되었다. 작년 말에는 쌍성 주위를 돌고 있는 행성을 한국인 재미 여성 천문학자인 이선홍 박사가 발견하여 화제가 되었던 적도 있다. 그리고 입실론 안드로메다(Upsilon Andromedae)라고 불리는 별의 주위에서는 모두 3개의 행성이 발견되기도 하였다(참고로 태양은 지구를 포함하여 모두

9개의 행성을 거느리고 있다). 이들 행성들은 모두 중심 별의 미세한 요동을 통해서 간접적으로 발견된 것이다. 행성의 중력 때문에 발생하는 중심 별의 요동은 매우 작다. 예를 들어 태양은 목성의 중력 때문에 초속 12.5m로 12년을 주기로 태양 표면의 가상점을 중심으로 공전한다. 질량이 작은 행성에 의한 변화는 더 미미하다. 이러한 미세한 속도변화는 관측하기가 쉽지 않으며, 더군다나 12년의 주기를 가진 변화를 발견하기 위해서는 수십 년 이상의 정밀한 관측이 요구된다. 따라서 현재의 기술로는 목성 정도의 질량을 가진, 주기가 짧은 거대한 행성밖에 발견할 수 없다. 현재까지 발견된 32개 행성들의 질량은 목성의 0.4배에서 11배 사이이며, 주기는 가장 짧은 것이 3일이고 가장 긴 것은 4.4년이다(참고로 지구의 질량은 목성의 1/300이다). 앞에서 언급한 마시 교수의 발견이 갖는 의의는 최초로 중력이 아닌 별빛의 변화에 의해 행성의 존재를 입증했다는 데 있다. 그러나 아직 별빛의 주기적인 변화를 관측한 것이 아니라, 별빛이 어두워지는 것을 한 번밖에 관측하지 못했기 때문에 앞으로 관측을 통해 확인할 필요가 있다.

발견된 외계 행성 가운데 '51-페가시형(51-Peg like)'으로 분류되는 대여섯 행성은 특히 흥미롭다. 51페가시라 불리는 별에서 발견된 행성과 동일한 특성을 가지고 있어 51-페가시형이라 불리는 이들 행성들은 별의 아주 가까이(0.04~0.06AU, 1AU는 지구와 태양 사이의 거리로서 1.5×10^{13}km에 해당함)에서 3~5일을 주기로 돌고 있다. 이는 태양계와 전혀 다른 모습이다. 태양계의 경우, 목성 혹은 토성과 같쿼 이 거대한 행성들은 태양계의 바깥쪽(>5AU)에 위치하고 있으며,

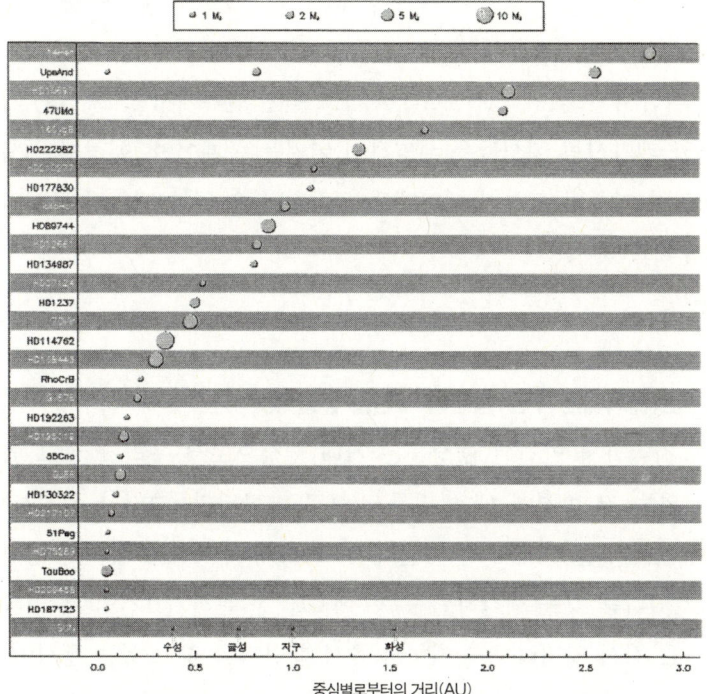

그림5 현재(2000년 3월)까지 발견된 외계 행성 32개의 특성. 세로축에는 중심별의 이름이 적혀 있으며, 가로축에는 중심별로부터의 거리가 AU(1AU=지구-태양 사이의 거리)로 표시되어 있다. 원의 면적은 행성의 질량에 비례하며, M_J는 목성의 질량을 나타낸다. 비교를 위해서 태양계의 경우를 맨 아래에 표시하였다. (자료 출처:http://cfa-www.harvard.edu/planets/catalog.html)

대부분이 수소와 헬륨 기체로 되어 있다. 반면 수성, 금성, 지구 및 화성과 같은 안쪽의 작은 행성들은 고체로서 규소, 산소, 철 등의 무거운 원소로 되어 있다. 이렇게 안쪽과 바깥쪽 행성들의 구성 원소 및 그 특성이 다른 이유는, 태양계가 생성되면서 안쪽은 온도가 높기 때문에 무거운 원소만이 응결하여 작은 행성으로 성장할 수 있었던 반면, 바깥쪽은 온도가 낮기 때문에 수소와 헬륨같이 가벼운 원소들을 집적하여 거대한 행성으로 성장할 수 있었던 것으로 이해할 수 있다. 따라서 수성 궤도(0.39AU)보다도 훨씬 안쪽에서 돌고 있는 거대한 51-페가시형 행성들은 설명하기 어려운 존재이며, 행성계의 생성에 관한 기존의 학설이 태양계에만 적용될 수 있는 제한된 모델임을 시사하고 있다.

21세기에는 푸른 행성의 사진을 얻을 것

지금까지 발견된 행성들은 거대 행성으로서 우리가 살고 있는 지구와는 그 환경이 매우 다를 것으로 예상된다. 그러나 우리 은하 안에 있는 4천억 개의 별 가운데 약 10%에 해당하는 별들이 행성을 갖고 있다는 것을 생각하면—우주에 그러한 은하가 1천억 개 있다는 사실은 잠시 잊더라도— 지구와 유사한 환경을 갖고 있는 행성이 우주에 수없이 많이 있으리라는 것은 의심의 여지가 없다.

21세기에는 지구와 유사한 외계 행성을 사진으로 직접 볼 수 있을 것이다. 미항공우주국은 '지구형 행성 탐사경(Terrestial Planet Finder)'을 2011년에 발사할 예정으로 연구중이다. 이 탐사경은 지구 둘레를 돌고 있는 지름 3.5m의 적외선 우주 망원경 4대로 이루어진다. 적외선으로 관측하는 이유는 별빛은 약해지고 행성의 빛은 밝아지기 때문이다. 그리고 망원경 4대의 빛을 기술적으로 합함으로써 중심 별빛을 상쇄하고 주변 행성의 미약한 빛을 직접 모을 수 있다. 이러한 방법으로 50광년 안에 있는 행성을 발견할 수 있을 것으로 기대

된다. 그러나 행성들은, 마치 갈릴레오가 1610년에 자신이 만든 망원
경으로 보았던 토성의 달들의 모습과 같이, '별 주위를 돌고 있는 별'
로만 보일 것이다. 하지만 우리가 오늘날 보는 태양계 내 행성들의
사진에 가까운 자세한 사진을 얻기 위한 거대한 규모의 우주 공간 간
섭계인 '행성 촬영선(Planet Imager)'도 구상단계에 있어, 21세기에
는 외계 행성의 사진을 볼 수 있을 것이다. 또한 이들 망원경들은 분
광기를 이용하여 외계 행성의 대기에 있는 이산화탄소, 물, 오존, 메
탄 등의 양을 측정함으로써 생명의 발달 여부도 밝힐 계획이다.

외계 생명체의 탐색

1996년 여름, 남극 대륙에서 발견된 질량 1.9kg의 작은 운석이
세계를 떠들썩하게 했던 적이 있다. 미항공우주국의 발표에 의하면,
화성에서 온 것으로 믿어지는 이 앨런힐스(ALH)84001라 불리는 운
석에서 박테리아와 같은 미생물이 죽은 후에 생기는 유기 화합물이
발견되었던 것이다. 실제로 신문지상에 보도된 사진에 나타난 지렁
이 모양의 구조는 어떤 미생물의 화석같이 보였다. 발표대로라면 우
주에 지구 이외의 다른 행성에서도 생명체가 발달했음을 보여주는
최초의 역사적인 발견이었다. 그러나 운석에서 발견된 유기 화합
물—예를 들어 다핵방향족 탄화수소(PAHs)—은 생명체와 관련 없이
도 우주에서 생성되며, 또한 운석이 지구에 떨어진 후 오염되었을 가
능성이 확인되면서, 앨런힐스84001의 의미는 상당히 퇴색되었다. 한
편 1970년대의 바이킹 탐사선과 1997년의 패스파인더도 화성 생명체

의 징후를 발견하지 못했다. 그러나 한편으로는 지구의 사막에서 비슷한 실험을 했더라도 생명체의 흔적을 찾지 못했을 것이라는 주장도 있다. 21세기 초에는 미국과 유럽이 경쟁적으로 화성에 탐사선을 보내 생명체의 탐색을 시도할 계획으로 있어, 흥미로운 결과가 예상된다. 화성이 이렇게 생명체 탐사의 주된 대상이 되고 있는 이유는 과거 강이 있었던 흔적이 있는 등 40억 년 전에는 지구와 유사한 환경을 갖고 있었다고 믿어지며, 따라서 생명체가 발달되었을 가능성이 높다고 생각되기 때문이다. 태양계 내에는 화성 이외에도 목성의 위성인 유로파(Europa)에 생명체가 존재할 가능성이 꾸준히 제기되고 있다. 유로파는 두터운 얼음으로 뒤덮여 있으며, 그 밑에는 물이 있을 것으로 추측된다. 그리고 30억 년 전에는 화산 활동이 활발하여 생명체의 발달에 필요한 조건이 갖추어졌을 것으로 추측된다. 유로파의 생명체 존재 여부도 21세기에는 밝혀질 것이다.

한편 태양계 내의 생명체 탐사와는 달리 우주에 존재할지도 모르는 외계 문명체를 탐색하기 위한 연구도 1960년에 미국 천문학자 프랭크 드레이크가 처음으로 시도한 후, 현재 세계 여러 곳에서 꾸준하게 진행되고 있다. 예를 들어 미국 세티(SETI) 연구소의 피닉스 프로젝트에서는 태양에 가까운 1천여 개의 별들을 대상으로 외계의 신호를 포착하기 위한 연구를 수행하고 있으며, 미국의 하버드대학, 버클리대학, 호주의 세티연구소 등에서도 비슷한 연구가 이루어지고 있다. 영화 〈컨택트〉에서 매력적인 여주인공이 거대한 전파 망원경을 배경으로 노트북 컴퓨터에 헤드폰을 끼고 외계로부터 올지도 모르는 방송에 귀기울이고 있는 모습이 허황된 것만은 아니다.

우주의 광활함을 생각한다면 외계 생명체—그것이 미생물이던 고등 생명체이던—의 존재 가능성을 부정하기 어렵다. 그리고 현재 예정된, 혹은 검토중인 탐사계획들은 머지않아 태양계 내, 혹은 가까운 별에서 생명체의 징후가 발견될 것임을 예감하게 한다. 외계 생명체의 발견은 인류의 사고에 또 한번의 혁명을 가져올 것이다.

S의 중요성을 되새기며

홍성욱
토론토대학교 과학기술사철학과

　요즘 신문지상에는 IT, BT, NT 등 T-브라더스가 심심치않게 등장한다. 정부는 무한경쟁시대에 선진국으로 도약하기 위한 원동력을 IT, BT, NT 등에서 찾아야 한다고 역설한다.

　그런데 정보기술은 사실 정보과학과 뗄려야 뗄 수 없는 관계에 있다. 이 책에 실린 박성현 교수의 글에서 잘 드러나듯이, 통계학은 정보통계학, 경제학, 환경학, 생물학, 화학, 심리학, 사회학 등과 접목해서 널리 사용되고 있으며, 이러한 데이터기술은 첨단과학기술의 기초에 해당하는 '원초적 과학기술'의 역할을 맡고 있다.

　바이오기술을 이야기하면서 생명공학만 생각하고 생명과학을 빠뜨리는 것은 무지에 다름 아니다. 성노현 교수의 글은 분자생물학이 병원균의 항원 단백질 중 일부를 합성하거나 항원 단백질을 체내에서 직접 발현시키는 것과 같은 기법을 사용해서 백신기술에 혁명을 가져오고 있음을 보여주고 있으며, 김병문 교수의 글은 효소의 3차원 구조에 대한 연구와 컴퓨터 모델링이 신약개발에 큰 기여를 하고 있음을 잘 보여준다. 동물의 번식과 개량, 의학용 단백질의 생산, 특정 영양물질 생산, 장기이식동물 생산과 같은 다양한 응용 가능성을 지닌 생명복제 연구의 가능성을 보여주는 황우석 교수의 글, 줄기세포의 체외배양과, 줄기세포를 특정 조직으로 부화하도록 유도하는 기술적 어려움을 해결하는 데에도 생명과학자들의 역할이 중요함을 역설하는 이건수 교수의 글도 생명과학이 이미 바이오기술에 핵심적인 부분으로 자리잡고 있음을 보여준다.

물질이 나노 단위에서 그 특성이 달라지는 것을 산업적으로 이용하는 나노기술은 나노튜브와 같은 분자에 대한 과학적 연구를 빼면 부가가치가 높은 것이 많지 않다. 우리는 이를 나노과학기술에 대한 국양 교수의 글에서 잘 볼 수 있다. 이렇게 과학과 기술과의 관련이 밀접함에도 불구하고 정부의 육성 분야에서 과학은 빠지고 기술만 강조되는 상황이 바로 우리의 열악한 현실인 것이다.

이 책을 통해 우리가 볼 수 있는 것은 현대기술이 과학을 토대로 발전했다는 것이다. 이는 상식과도 같은 이야기다. 그런데 왜 과학의 중요성이 충분히 인식되지 못하는 것일까?

우선 첫 번째 이유는 중요한 기술혁신 중 많은 부분이 예상치 않은 과학적 발견에서 비롯되었다는 것이다. 즉, 과학에 기초한 핵심적인 기술혁신은 미리 예측하기가 힘든 경우가 종종 있다는 이야기다. 김수봉 교수의 글에서 볼 수 있듯이, 20세기 최고의 발명으로 꼽히는 월드와이드웹은 유럽입자물리연구소에서 일하던 물리학자가 물리학자들 사이에 문서를 공유하는 방식을 제안한 데서 시작되었다. 컴퓨터의 역사에서 우리는 이러한 예를 많이 볼 수 있는데, 필자의 글은 영국의 수학자 튜링이 무척 추상적인 수학문제를 푸는 과정에서 제안한 가상적인 기계가 나중에 프로그램 내장 컴퓨터의 모델이 되었음을 강조한다. 입자가속기에 대한 김선기 교수의 글은 소립자 연구를 위해 건설한 입자가속기가 이제는 암치료와 화학물질의 특성연구는 물론, 핵폐기물 처리에도 응용됨을 보여주고 있다. 영국의 과학자 퍼킨이 합성한 첫 번째 화학염료도 이를 만들기 위한 목적에서가 아니라 뇌염약 키니네를 합성하던 중 우연히 만들어졌다는 사실과, 합성섬유의 새 장을 연 나일론의 발명자인 듀폰의 캐로더스마저도 처음에는 자신이 발명한 나일론의 진가를 잘 이해하지 못했음을 우리는 김재필 교수와 진정일 교수의 글에서 각각 볼 수 있다.

　　과학에서 야기된 기술혁신은 새로운 과학·기술의 연구 분야를 만들어내는 데 한몫 하기도 한다. 이러한 의미에서 과학과 기술의 관계는 상승하는 나선형 곡선을 그리면서 서로 상호작용하는 보완적인 관계로 볼 수 있다. 전헌수 교수의 글은 반도체에 대한 물리학자들의 연구가 트랜지스터를 만들어 전자시대의 서곡을 열었다면, 트랜지스터는 고체 물리학의 핵심적인 분야로 자리잡으면서 반도체 레이저, 초고속 트랜지스터, 직접회로 등 새로운 기술혁신의 모태가 되었음을 강조하고 있다.

　　두 번째 이유는 과학이 기술로 응용되는 데 시간이 걸리는 경우가 많다는 것이다. 김희준 교수는 1906년에 발명되고 1930년대에 개량되어 화학자들 사이에서 널리 쓰인 크로마토그래피가 1950년대에 들어와서 샤가프에 의한 DNA 염기비율 발견의 기초가 되었고, 이는 다시 20세기 과학의 최대 개가 중 하나라고 알려진 왓슨과 크릭의 DNA 구조 발견으로 이어졌으며, 이로부터 분자생물학과 생명공학이 탄생했음을 보여주고 있다. 최근 새로운 녹색혁명의 씨앗으로 각광받고 있는 식물형질 전환에 쓰이는 애그로박테리아도 1950년대에 발견되어 1980년대에 이르러서야 비로서 응용에 사용되기 시작한 것이다. 이일하 교수는 애그로박테리아에 기초한 새로운 식물형질 전환이 제초제에 저항성이 있거나, 제충성 유전자가 포함된 GMO는 물론, 비타민 A를 포함하는 쌀등의 생산에 널리 응용되고 있음을 흥미롭게 보여주고 있다.

과학에서 야기된 기술혁신이 예측하기 힘들고 또 그 응용에 시간이 걸리는 것이 있지만, 그 효과는 광범위하고 동시에 심원하다. 20세기 들어 과학의 연구는 인류 삶의 질적 향상을 가져왔지만 동시에 환경오염, 과학의 군사화, 항생제의 남용 등 문제점을 야기한 것이 사실이다. 그렇지만 최근의 과학연구 중에는 그 동안 과학연구의 응용을 통해 생긴 문제점을 스스로 극복하는 방향으로 진행되는 것들이 눈에 띈다. 이후성 교수는 플라스틱과 같은 신소재가 공해물질로 경원의 대상이 되다가 1970년대 후반에 전도성 고분자물질이 발견되면서 분자전자공학의 토대가 되는 등 다시 각광을 받게 되어 현재 연료전지 등에 응용됨을 보여주고 있다. 암모니아 고정을 통해 얻어진 질소비료는 농업생산량을 비약적으로 증가시켰지만 환경오염의 요인으로 비난받곤 했는데, 김태영 교수의 글을 통해 우리는 토양의 박테리아가 질소를 고정하는 방법을 흉내낸 친환경적인 방법을 모방해서 질소를 고정시키는 방법에 대한 연구가 최근 활발하게 진행중임을 알 수 있다.

　과학연구의 효과는 다양한 분야에 걸쳐서 드러나기도 하고, 또 다양한 분야들의 협동연구가 중요한 기술적 혁신을 낳는 모태가 되기도 하는데, 이는 NMR에 대한 신정휴 교수의 글과 PET에 대한 최용 교수의 글에서 잘 드러난다. 핵스핀 물리학자들에 의해 개발된 NMR은 컴퓨터공학, 물리학, 전기공학 등 다양한 분야로부터의 공헌에 힘입어 지금은 화학, 생물학, 약학, 의학과 같은 기초·응용 학문에서 널리 쓰이는 기기로 발전했다. 현대의학의 첨단 기기로 간주되는 PET는 신경학, 종양학, 심장학, 물리학, 화학, 의학, 공학 등의 공동연구로 개발되었다. 양자계산에 대한 지동표 교수의 글은 미래의 양자계산기가 암호해독과 같은 실용적인 목적에 응용될 수 있는 가능성을 시사한다.

　과학연구가 중요한 것은 기술에의 응용 때문만은 결코 아니다. 과학은 무엇보다 '우주의 신비'와 '전지구적 문제'를 해결할 수 있는 해법을 제공하는 열쇠이기도 하다. 구본철 교수와 이형목 교수의 글은 각각 과학적 탐구가 천체의 구조와 외계생명의 존재를 규명하고 우주에 존재하는 암흑물질의 종류를 탐구하고 있음을 잘 보여준다. 고생대나 중생대 시절에 지구가 겪었던 대절멸의 1만 배 이상의 속도로 지구상의 종들이 멸종되어가는 지금의 생태학이 '첨단'이 아니라서 지원대상에서 제외되었다는 최재천 교수의 술회는 과학에 대한 우리 사회의 인식이 얼마나 얄팍한 것인가를 잘 드러낸다. 지구 관측 위성 사진을 통한 지표, 해양, 대기 등 환경에 대한 연구와 재해관리를 소개한 문우일 교수의 글, 지구 온난화의 문제와 그 해결책을 촉구한 김경렬 교수의 글 모두 과학이 지금 지구가 앓고 있는 문제를 치유하기 위한 중요한 열쇠를 제공함을 보여주고 있다.

　　요즘 서점가에서 잘팔리는 책들은 '처세술'과 관련된 것들이라고 한다. 그 이유는 성공한 사람들의 경험담에서 성공의 비법을 얻으려는 사람들이 많기 때문일 것이다. 그런데 성공한 사람들의 경험담을 읽는다고 해서 세상 사람들이 다 그렇게 성공하는 것이 아니다. 그렇다면 우리 주변에는 이미 백만장자들로 가득 찰 것이기 때문이다.

　　성공을 한 사람들이 겪었던 인생역정, 이들이 해결해야 했던 문제들, 이들이 제시한 새로운 상품이나 새로운 경영기법들은 각각의 상황에 따라 모두 다르다. 이들이 처했던 상황은 이전에 그 누구도 겪어보지 못했던 상황인 경우가 많기 때문에 참고할 만한 모범답안이 없는 경우가 태반이다. 새로움에 대한 비전, 끈기와 노력, 강인한 심성, 실패에서 배우는 경험과 같은 '튼튼한 기초'가 이들의 성공의 비결이라면, 이는 처세술에 대한 책을 몇 권 읽는다고 얻어지는 것이 아니다.

　　결국 이런 '기초가 튼튼해야' 남들이 직면하지 못했던 상황에 부딪쳤을 때 새로운 돌파구를 만들어낼 수 있다. 이는 성공을 꿈꾸는 사람들은 물론, 한 나라가 혁신을 추진하고 이를 이룰 수 있는 역량을 갖추는 데에도 그대로 적용되는 말이다. 남들의 성공사례를 보고 우리도 그걸 그대로 따라하면 되겠구나라고 생각한다면, 이는 처세술에 대한 책 몇 권을 읽으면 나도 성공할 수 있겠다고 생각하는 것과 흡사하다.

기술혁신을 해서 기술선진국의 대열에 합류하는 것이 우리의 목표라면, 기술의 기초를 다지는 데 게을리 해서는 안 된다. 이 기술의 기초가 바로 자연과학이다.

과학, 그 위대한 호기심

1판 1쇄 펴냄 2002년 6월 2일
1판 3쇄 펴냄 2005년 3월 30일

펴낸곳 궁리출판

지은이 서울대학교 자연대 교수 외
엮은이 최재천 · 홍성욱
펴낸이 이갑수
편집 김현숙, 서영주, 이유나
영업 백국현, 도진호
관리 김유미

등록 1999. 3. 29. 제300-2004-162호
주소 110-043 서울시 종로구 통인동 31-4 우남빌딩 2층
전화 02-734-6591~3
팩스 02-734-6554
E-mail kungree@chol.com
홈페이지 www.kungree.com

ISBN 89-88804-65-1   03400

값 12,000원